职业教育精品系列教材

数控机床编程与加工

编审委员会

主　任	石伟平
副主任	骆德溢　雷正光　顾建明
委　员	尤庆华　周援朝　凌萃祥
	高　明　郑民章　马晓云
	江剑锋　孟富森
主　编	朱　勇
副主编	陈梅仙　杜振东
编　者	张雪峰　杨志红　姚永海
	唐卫华　蒋鸿申　孟富森
主　审	郑民章　马晓云

中国人事出版社

图书在版编目（CIP）数据

数控机床编程与加工/朱勇主编. —北京：中国人事出版社，2011
职业教育精品系列教材
ISBN 978-7-5129-0214-5

Ⅰ.①数… Ⅱ.①朱… Ⅲ.①数控机床-程序设计-职业教育-教材②数控机床-加工-职业教育-教材 Ⅳ.①TG659

中国版本图书馆 CIP 数据核字（2011）第 147840 号

中国人事出版社出版发行
（北京市惠新东街 1 号　邮政编码：100029）
出　版　人：张梦欣
＊
三河市华骏印务包装有限公司印刷装订　新华书店经销
787 毫米×1092 毫米　16 开本　16.5 印张　331 千字
2011 年 8 月第 1 版　2020 年 7 月第 6 次印刷
定价：29.00 元

读者服务部电话：（010）64929211/84209101/64921644
营销中心电话：（010）64962347
出版社网址：http：//www.class.com.cn

版权专有　　　侵权必究

如有印装差错，请与本社联系调换：（010）81211666
我社将与版权执法机关配合，大力打击盗印、销售和使用盗版图书活动，敬请广大读者协助举报，经查实将给予举报者奖励。
举报电话：（010）64954652

内 容 简 介

本教材根据上海市教育委员会教研室数控专业课程标准及上海市职业培训研究发展中心 1+X 数控铣工（四级）、数控车工（四级）、加工中心操作工（四级）职业技能鉴定细目组织编写。教材从强化培养操作技能，掌握实用技术的角度出发，较好地体现了当前最新的实用知识与操作技术，对于实现职业资格证书与学历证书的衔接，提高学员基本素质，掌握数控机床编程与操作的核心知识与技能有直接的帮助和指导作用。

本教材在编写中根据本专业与职业的工作特点，以能力培养为根本出发点编写。全书共分为 6 章，内容包括：数控机床基础知识、数控工艺基础知识、数控车床编程、数控铣床编程、加工中心编程、数控机床仿真加工。

本教材可作为中、高等职业院校数控专业的教材，也可作为社会培训班的培训教材，还可作为数控从业人员提高自身技能和水平的参考教材。

编者的话

随着机电一体化技术的迅猛发展，数控机床的应用已日趋普及，现代机械制造业正广泛采用数控技术以提高工件的加工精度和生产效率。随着数控机床的大量使用，社会急需大批熟练掌握现代数控机床编程、操作、维修的技能型人才。目前，机械领域的人才培养模式越来越完善，在职业院校和企业已推广并实施职业技能鉴定考试，通过技能鉴定考试取得数控职业资格证书。

本书根据教育部数控技能型紧缺人才培养方案的指导思想和《数控车工》《数控铣工》《加工中心操作工》国家职业标准编写，是数控技术应用专业的理论教材，也可用作职业资格鉴定培训用书。

本书涉及的数控技术追随国内外数控技术的发展方向，以适应经济建设和科技进步的需要，体现以职业能力为本位，以应用为核心，以"必需""够用"为度的原则；紧密联系生产实际；与职业资格标准相互衔接，针对性强；体系设计合理，循序渐进，语句通顺，条理清楚，图文并茂，可读性强。

本书由朱勇任主编并统稿，陈梅仙、杜振东任副主编。参编人员具体分工：朱勇（第2章第1、3、5节、第6章第1、2、3、4节）、陈梅仙（第2章第2、4节）、杜振东（第3章第1、2、3、4节）、张雪峰（第5章第2、3、4节）、杨志红（第1章第1、2节）、姚永海（第4章第1节）、唐卫华（第4章第3、4、5、6、7节）、蒋鸿申（第4章第8节）、孟富森（第3章第5节、第4章第2节、第5章第1节），全书由郑民章、马晓云审稿。

编　者
2011 年 6 月

目　　录

第1章　数控机床基础知识 …………………………………………（ 1 ）
 1.1　数控机床概述 ……………………………………………（ 2 ）
  1.1.1　数控机床的产生与发展 …………………………（ 2 ）
  1.1.2　数控机床的组成及工作原理 ……………………（ 4 ）
  1.1.3　数控机床的分类 …………………………………（ 7 ）
 1.2　常用数控机床 ……………………………………………（ 9 ）
  1.2.1　数控车床基础知识 ………………………………（ 9 ）
  1.2.2　数控铣床基础知识 ………………………………（ 13 ）
  1.2.3　加工中心基础知识 ………………………………（ 15 ）
  1.2.4　数控机床的加工方法 ……………………………（ 16 ）
 思考与练习 ……………………………………………………（ 18 ）

第2章　数控工艺基础知识 …………………………………………（ 19 ）
 2.1　零件图基础知识 …………………………………………（ 20 ）
  2.1.1　零件视图表达方法 ………………………………（ 20 ）
  2.1.2　零件图尺寸表达方法 ……………………………（ 22 ）
  2.1.3　零件表面粗糙度 …………………………………（ 23 ）
  2.1.4　零件的形位公差 …………………………………（ 25 ）
  2.1.5　零件图的识读 ……………………………………（ 29 ）
 2.2　数控加工基础知识 ………………………………………（ 37 ）
  2.2.1　工件材料与热处理 ………………………………（ 37 ）
  2.2.2　金属切削基础知识 ………………………………（ 38 ）
  2.2.3　数控机床的常用刀具 ……………………………（ 43 ）
 2.3　数控加工工艺文件分析 …………………………………（ 54 ）
  2.3.1　加工工艺基础知识 ………………………………（ 54 ）
  2.3.2　数控机床坐标系 …………………………………（ 55 ）
  2.3.3　数控加工尺寸标注 ………………………………（ 56 ）
  2.3.4　零件轮廓基点坐标计算 …………………………（ 57 ）
  2.3.5　零件加工工艺分析 ………………………………（ 59 ）

       2.3.6 车削加工工艺文件的阅读 ………………………………………………（61）
       2.3.7 铣削加工工艺文件的阅读 ………………………………………………（65）
   2.4 数控加工程序基础知识 ……………………………………………………………（69）
       2.4.1 数控程序的基本结构 ……………………………………………………（69）
       2.4.2 程序段格式 ………………………………………………………………（71）
       2.4.3 功能指令 …………………………………………………………………（71）
       2.4.4 数控机床的初始状态 ……………………………………………………（76）
   2.5 零件检测与质量管理知识 …………………………………………………………（76）
       2.5.1 常用测量器具 ……………………………………………………………（76）
       2.5.2 质量管理知识 ……………………………………………………………（82）
   思考与练习 …………………………………………………………………………………（84）

第3章 数控车床编程 ………………………………………………………………………（85）

   3.1 数控车床编程基础 …………………………………………………………………（86）
       3.1.1 数控车床编程基本概念 …………………………………………………（86）
       3.1.2 数控车床坐标系 …………………………………………………………（86）
       3.1.3 数控车床的坐标值和尺寸 ………………………………………………（89）
   3.2 数控车床基本编程方法 ……………………………………………………………（90）
       3.2.1 工件坐标系指令 …………………………………………………………（90）
       3.2.2 车削加工基本指令 ………………………………………………………（93）
       3.2.3 刀具补偿 …………………………………………………………………（97）
   3.3 单一循环指令与编程 ………………………………………………………………（102）
       3.3.1 圆柱/圆锥车削单一循环指令 G90 ……………………………………（103）
       3.3.2 端面车削单一循环指令 G94 ……………………………………………（104）
       3.3.3 螺纹车削单一循环指令 G92 ……………………………………………（106）
   3.4 复合循环指令与编程 ………………………………………………………………（108）
       3.4.1 内外径粗车复合循环指令 G71 …………………………………………（108）
       3.4.2 精加工复合循环指令 G70 ………………………………………………（109）
       3.4.3 端面粗车复合循环指令 G72 ……………………………………………（111）
       3.4.4 固定形状粗车复合循环指令 G73 ………………………………………（113）
       3.4.5 端面钻孔复合循环指令 G74 ……………………………………………（116）
       3.4.6 外圆/内孔切槽复合循环指令 G75 ……………………………………（117）
       3.4.7 螺纹切削复合循环指令 G76 ……………………………………………（119）
   3.5 数控车床综合编程 …………………………………………………………………（121）
       3.5.1 盘类零件车削加工 ………………………………………………………（121）
       3.5.2 轴类零件车削加工 ………………………………………………………（129）

思考与练习 …………………………………………………………………… (137)

第4章 数控铣床编程 …………………………………………………… (141)

4.1 数控铣床坐标系及常用编程指令 ……………………………………… (142)
4.1.1 机床坐标系和工件坐标系 ……………………………………… (142)
4.1.2 设定坐标系指令 ………………………………………………… (144)
4.1.3 常用基本指令 …………………………………………………… (146)

4.2 刀具半径补偿 …………………………………………………………… (150)
4.2.1 刀具半径补偿原理 ……………………………………………… (150)
4.2.2 刀具半径补偿指令与编程 ……………………………………… (150)
4.2.3 顺铣与逆铣的特点 ……………………………………………… (152)

4.3 子程序调用指令 ………………………………………………………… (153)
4.3.1 子程序 …………………………………………………………… (153)
4.3.2 子程序应用 ……………………………………………………… (153)

4.4 极坐标指令 ……………………………………………………………… (156)
4.4.1 极坐标指令格式 ………………………………………………… (157)
4.4.2 极坐标指令应用 ………………………………………………… (157)

4.5 坐标系旋转指令 ………………………………………………………… (159)
4.5.1 坐标系旋转指令格式 …………………………………………… (159)
4.5.2 坐标系旋转指令应用 …………………………………………… (160)

4.6 镜像指令 ………………………………………………………………… (161)
4.6.1 镜像指令格式 …………………………………………………… (161)
4.6.2 镜像指令应用 …………………………………………………… (161)

4.7 缩放指令 ………………………………………………………………… (163)
4.7.1 比例缩放指令 …………………………………………………… (163)
4.7.2 比例缩放应用 …………………………………………………… (163)

4.8 数控铣床综合编程 ……………………………………………………… (165)
4.8.1 轮廓铣削加工 …………………………………………………… (165)
4.8.2 简单曲面铣削加工 ……………………………………………… (167)
4.8.3 盘类零件铣削加工 ……………………………………………… (168)

思考与练习 …………………………………………………………………… (175)

第5章 加工中心编程 …………………………………………………… (177)

5.1 加工中心坐标系 ………………………………………………………… (178)
5.1.1 机床坐标系 ……………………………………………………… (178)
5.1.2 工件坐标系 ……………………………………………………… (179)

5.2 孔加工固定循环指令 ………………………………………………………… (180)
　5.2.1 孔加工固定循环概述 …………………………………………………… (180)
　5.2.2 孔加工固定循环指令格式 ……………………………………………… (181)
　5.2.3 孔加工固定循环指令说明 ……………………………………………… (183)
　5.2.4 孔加工进给路线 ………………………………………………………… (190)
5.3 加工中心刀具补偿 …………………………………………………………… (192)
　5.3.1 加工中心刀库种类及换刀方法 ………………………………………… (192)
　5.3.2 加工中心换刀指令 ……………………………………………………… (194)
　5.3.3 加工中心刀具补偿指令 ………………………………………………… (196)
5.4 加工中心综合编程 …………………………………………………………… (199)
　5.4.1 加工中心模块化编程 …………………………………………………… (199)
　5.4.2 孔加工程序 ……………………………………………………………… (200)
　5.4.3 钻螺纹孔与铰孔加工程序 ……………………………………………… (202)
　5.4.4 加工中心综合编程实例 ………………………………………………… (205)
思考与练习 …………………………………………………………………………… (209)

第6章 数控机床仿真加工 ………………………………………………………… (211)

6.1 仿真软件安装与运行 ………………………………………………………… (212)
　6.1.1 仿真软件简介 …………………………………………………………… (212)
　6.1.2 仿真软件的安装与卸载 ………………………………………………… (212)
　6.1.3 仿真软件的运行 ………………………………………………………… (212)
6.2 数控机床仿真系统基本操作 ………………………………………………… (212)
　6.2.1 软件功能操作 …………………………………………………………… (212)
　6.2.2 视图的基本操作 ………………………………………………………… (215)
　6.2.3 数控机床系统的选择 …………………………………………………… (215)
　6.2.4 数控车床工件的装夹和刀具选择 ……………………………………… (215)
　6.2.5 数控车床工件测量 ……………………………………………………… (217)
　6.2.6 数控铣床(加工中心)工件的装夹和刀具选择 ………………………… (218)
　6.2.7 数控铣床(加工中心)工件测量 ………………………………………… (221)
6.3 数控车床仿真加工 …………………………………………………………… (222)
　6.3.1 数控车床面板简介 ……………………………………………………… (222)
　6.3.2 数控车床启停操作 ……………………………………………………… (225)
　6.3.3 数控车床常规操作 ……………………………………………………… (226)
　6.3.4 数控车床对刀操作 ……………………………………………………… (227)
　6.3.5 数控车床程序处理 ……………………………………………………… (228)
　6.3.6 数控车床参数设定 ……………………………………………………… (229)

6.3.7　数控车床加工 ……………………………………………………………（230）
6.3.8　数控车床仿真加工实例 …………………………………………………（230）
6.4　数控铣床(加工中心)仿真加工 …………………………………………………（237）
6.4.1　数控铣床(加工中心)面板简介 …………………………………………（237）
6.4.2　数控铣床(加工中心)启停操作 …………………………………………（237）
6.4.3　数控铣床(加工中心)常规操作 …………………………………………（238）
6.4.4　数控铣床对刀操作 …………………………………………………………（239）
6.4.5　数控铣床(加工中心)程序处理 …………………………………………（241）
6.4.6　数控铣床(加工中心)参数设置 …………………………………………（242）
6.4.7　数控铣床(加工中心)加工 ………………………………………………（242）
6.4.8　数控铣床(加工中心)仿真加工实例 ……………………………………（243）
思考与练习 ……………………………………………………………………………（249）

参考文献 ……………………………………………………………………………（253）

第1章
数控机床基础知识

1.1 数控机床概述

1.2 常用数控机床

1.1 数控机床概述

1.1.1 数控机床的产生与发展

1. 数控机床的产生

20 世纪 40 年代，随着航空航天技术的飞速发展，对各种飞行器的加工提出了更高的要求，大多数飞行器零件形状复杂，材料为难加工的合金，用传统的机床和工艺加工不能保证精度。1952 年，美国帕森斯公司和麻省理工学院研制成功了世界上第一台数控机床，半个多世纪以来，数控技术得到了迅猛的发展，加工精度和生产效率不断提高。数控机床的核心是数控系统。数控系统包含数控装置、伺服系统与测量反馈装置，其中数控装置的发展经历了 2 个阶段共 6 代。

（1）数控（NC）阶段（1952—1970 年）。早期计算机运算速度慢，不能适应机床实时控制，当时用分离元件组成的逻辑电路和控制系统，称为数字控制系统（简称 NC）。随着电子元器件的发展，这个阶段经历了 3 代，1952 年第 1 代的电子管数控机床、1959 年第 2 代的晶体管数控机床及 1965 年第 3 代的集成电路数控机床。

（2）计算机数控（CNC）阶段（1970 年至今）。1970 年，通用小型计算机投入批量生产，把计算机作为数控系统的数控装置，从此进入计算机数控阶段。这个阶段也经历了 3 代，1970 年第 4 代的小型计算机数控机床、1974 年第 5 代的工控计算机数控机床及 1990 年第 6 代的基于 PC 的数控机床（又称开放式数控系统）。

微电子技术和计算机技术的发展日新月异，从而推动了数控技术与现代制造业的发展，数控系统几乎每 5 年更新换代一次，使得数控机床的功能越来越强大。

2. 数控机床的特点与应用

（1）数控机床的特点

1）加工精度高。数控机床传动链短，其传动系统与机床结构都有较高的精度、刚度、热稳定性及动态敏感度；大多数数控机床移动部件的脉冲当量普遍达到了 0.001 mm，减小了数控机床的插补误差。

2）生产效率高。现代数控机床能实现的主轴转速与进给速度越来越快，意味着数控机床的生产效率大幅度提高。随着数控机床向复合化的方向发展，多工作台、多主轴、多刀架、复合型加工中心等新型数控机床层出不穷，一台数控机床能完成多道工序的连续加工，使数控机床的生产效率成倍提高。

3）减轻劳动强度、改善劳动条件和劳动环境。对于批量零件的加工，数控机床解放了操作人员的重复劳动，而且改善了工作条件、环境，减轻了劳动强度。

4）提高生产的经济效益。数控机床加工精度稳定，从而降低了加工的废品率，使生产成本进一步下降。

5）有利于生产的现代化管理。数控机床适于与计算机网络连接，通过计算机远程控制，为计算机辅助设计、制造与管理一体化奠定了基础。

(2) 数控机床的应用

1) 加工批量零件。对于多品种、小批量零件的生产优先考虑数控机床加工。

2) 加工复杂的零件。结构复杂、精度要求高的零件无法用手工操作方法完成，如复杂的曲线轮廓与曲面轮廓，只能依靠数控机床完成零件的加工。

3) 加工多道工序的零件。加工中心最适于多道工序的零件加工，通过自动换刀，可以实现零件一次装夹后完成钻孔、扩孔、铰孔、攻螺纹等工序的加工，还可借助回转工作台或回转主轴加工零件不同方位的加工面。

4) 加工试制产品。数控机床加工又称为柔性加工，只要改变加工程序就可以用同一台数控机床加工不同的产品，故数控机床适用于新产品的试制以及产品频繁的改型。

3. 数控机床的发展

数控机床的发展给传统制造业带来了革命性的变化，制造业是工业化的象征，以数控技术为核心的现代制造业在关系国计民生的 IT、汽车、轻工、医疗等重要行业中，起着越来越重要的作用，当前世界上数控机床的发展呈现如下趋势。

(1) 高速度与高精度。速度和精度是数控机床的两个重要技术指标，其直接关系到产品的加工质量和效率。当前，数控机床主轴转速可达 40 000～100 000 r/min，进给速度可达 120 m/min，最大加速度可达 3 m/s^2，定位精度的目标是亚微米级。纳米级五轴联动加工中心已经商品化。

(2) 多功能化。一台多功能的数控机床，可以最大限度地提高设备的利用率。如数控加工中心配有机械手和刀具库，工件一次装夹，能够自动更换刀具，连续完成铣削、镗削、扩孔、铰孔、攻螺纹等多道工序加工，从而避免了多次装夹所造成的定位误差，减少了设备台数、工装夹具和操作人员，节省了占地面积和辅助时间，提高了产品的加工质量和效率。

数控机床的多功能化表现为多主轴、多工作台及数控机床类型的复合，如数控车床与加工中心的复合形成车削中心与车铣复合加工中心。高端的数控系统能控制的轴数多达 15 轴，同时联动的轴数已达到 6 轴。

(3) 智能化

1) 自适应控制技术（Adaptive Control，简称 AC）。在随机加工过程中，能将自动测得的机床工作状态和特性，按照给定的评价指标自动校正机床的工作参数，以达到或接近最佳工作状态，数控机床具备的这种自动调节功能为自适应控制技术。

AC 系统在数控机床加工过程中能自动测量主轴转速、切削力、切削温度、刀具磨损等参数值，通过 CPU 运算、分析、优化，随后发出修正信号。AC 系统确保机床处于最佳的切削状态，从而保证产品的加工质量和生产效率。现在宇航等工业部门加工特种材料时就广泛使用 AC 技术。

2) 人机会话自动编程功能。在数控系统中存储刀具库、切削用量专家系统和示教系统，通过人机会话的示教系统，编程人员根据操作界面对话框的提示调用刀具库和切削用量专家系统的参数，这种方式能提高编程的效率与质量。数控机床具备的这种功能为人机会话自动编程功能。

3）故障自诊断功能。故障自诊断系统在开机时检索数控硬件与软件，当测得故障与系统参数丢失时能发出报警信号；在数控机床加工过程中，故障自诊断系统随机诊断，测得故障及时停机与报警，以避免事故的发生；当数控机床出了故障后，故障自诊断系统能够进行自动诊断，并提示排除故障的措施。数控机床具备的这种功能为故障自诊断功能。

(4) 高可靠性。数控机床的高可靠性是投资效益的重要指标，在生产流水线上的数控机床，其高可靠性是一个更重要的指标。为了提高数控机床的可靠性，通常采取如下措施。

1）提高线路集成度。采用大规模或超大规模的集成电路、专用芯片及混合式集成电路，可以减少元器件的数量、精简连线和降低功耗，从元件数量上减少了产生故障的概率，提高了数控机床的可靠性。

2）建立由设计、试制到生产的一整套质量保证体系。数控机床的设计与选型模块化、通用化及标准化，重要的元器件要通过拷机检测，严格筛选，从而保证产品质量的高可靠性。

3）增强自适应控制技术与故障自诊断功能。自适应控制技术保障数控机床处于最佳工作状态，故障自诊断功能可以随机诊断故障及提示排除故障的措施，如果这两种功能较强，那么数控机床的可靠性则相应得到提高。

平均无故障时间（MTBF）是衡量数控机床可靠性的一个指标，可靠性高的数控机床的平均无故障时间可达到 10 000 ~ 36 000 h。

4. 中国数控机床行业现状及前景

中国数控机床行业从 20 世纪 80 年代起步，目前仍处于发展阶段。"十五"期间，中国数控机床行业实现了超高速发展，其产量为 2001 年 17 521 台，2002 年 24 803 台，2003 年 36 813 台，2004 年 51 861 台，2005 年 59 639 台，接近 6 万台大关。"十一五"期间，中国数控机床产业步入快速发展期，年均增长率为 16.5%。

中国机床工具工业协会组织的用户调查表明，航天航空、国防军工制造业需要大型、高速、精密、多轴、高效数控机床；汽车、摩托车、家电制造业需要高效、高可靠性、高自动化的数控机床和成套柔性生产线；电站设备、船舶、冶金石化设备、轨道交通设备制造业需要高精度、大型的数控机床；IT 业、生物工程等高新技术产业需要纳米级、亚微米级超精密加工数控机床；工程机械、农业机械等传统制造行业的产业升级，特别是民营企业的蓬勃发展，都需要大量数控机床。

1.1.2 数控机床的组成及工作原理

1. 数控机床的概念

数字控制（Numerical Control，简称 NC）是采用数字化信息实现加工自动化的控制技术，用数字化信号对机床的运动及其加工过程进行控制的机床称作数控机床。

计算机数控（Computer Numerical Control，简称 CNC）是采用微处理器或专用计算机的数控系统，由事先存放在存储器里的系统程序（软件）来实现逻辑控制，从而实现部分或全部数控功能，并通过接口与外围设备进行连接，这样的机床称为 CNC 机床。

2. 数控机床的组成

数控机床的组成如图 1—1 所示，主要包含五个主要部分，即控制介质、数控装置、伺服系统、机床本体和辅助装置；一个次要部分反馈装置。其中数控装置、伺服系统构成数控系统。反馈装置主要有感应同步器、光栅、编码器、磁栅、激光测距仪等。

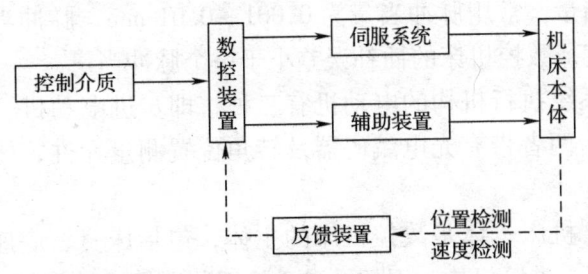

图 1—1 数控机床的组成

（1）控制介质。数控机床的控制介质是一种中间的信息载体，记载着加工零件所需的全部操作信息，包括刀具相对于工件运动轨迹的信息，建立了人与数控机床之间的某种联系。过去把穿孔带、穿孔卡作为信息载体，通过光电阅读机把信息传送给数控装置；现在把磁盘作为常用的信息载体，通过磁盘驱动器等输入装置将信息输入数控装置。除了上述几种控制介质以外，有的数控机床采用机床 CF 卡和 U 盘或者利用键盘将程序及数据输入数控装置。随着 CAD（计算机辅助设计）/CAM（计算机辅助制造）技术的发展，有些数控设备利用 CAD/CAM 软件自动编程，生成的加工程序通过计算机通信系统与网络系统直接传送给数控装置。

（2）数控装置。数控装置是数控机床的控制中心，数控装置包括输入装置、运算控制器和输出装置等，如图 1—2 所示，图中虚线内包含部分为数控装置。

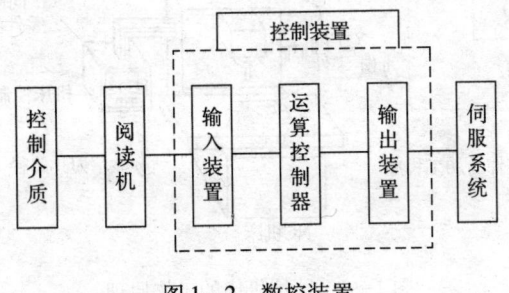

图 1—2 数控装置

数控装置的功能是接收控制介质上的各种信息，经过识别与译码后，送到运算控制器进行运算与处理，再通过输出装置将运算控制器发出的控制命令送到伺服系统，控制数控机床完成加工程序指定的运动。

过去把单片机、工控机作为数控装置，现在开放式数控系统把计算机作为数控装置，其中微型计算机的中央处理单元（CPU）又称为微处理器，是一种大规模集成电路，它将运算器、控制器集成在一块集成电路芯片中，输入与输出电路也采用大规模集成电路，即I/O接口。

（3）伺服系统。伺服系统是数控系统的执行机构，接收数控系统的指令信息，发出位置与速度信号，通过伺服驱动装置控制数控机床移动部件的动作，加工出符合图样要求的工件。伺服系统的指令信息以脉冲信号表示，一个脉冲信号产生的机床移动部件的移动量称为脉冲当量，常用脉冲当量为 0.001~0.01 mm，脉冲当量的大小直接影响数控机床的插补精度。数控机床的插补误差小于一个脉冲当量。

作为数控伺服系统执行机构的电动机有三种，即步进电动机、直流伺服电动机和交流伺服电动机。后两者带有光电编码器及转角位置测量元件，能组成半闭环控制系统。

（4）机床本体。机床本体是数控机床的主体，包括床身、底座、立柱、横梁、滑座、工作台、主轴箱、进给机构、刀架及自动换刀装置等机械部件，它们是数控机床上自动完成各种切削加工的执行部件。

（5）辅助装置。保证充分发挥数控机床功能所必需的，不直接加工工件的装置均称为辅助装置。常用的辅助装置包括气动装置、液压装置、排屑装置、冷却与润滑装置、回转工作台和数控分度头、防护、照明等各种辅助设备。

3. 数控机床的工作原理

如图1—3所示，数控机床的工作原理是根据图样的加工要求与加工工艺编写加工程序，通过控制介质把加工程序输入数控装置，经过计算机系统的运算与处理，把程序中的指令代码转变成脉冲信息，由伺服系统功率放大，控制数控机床传动机构运动，从而加工出符合图样要求的工件。

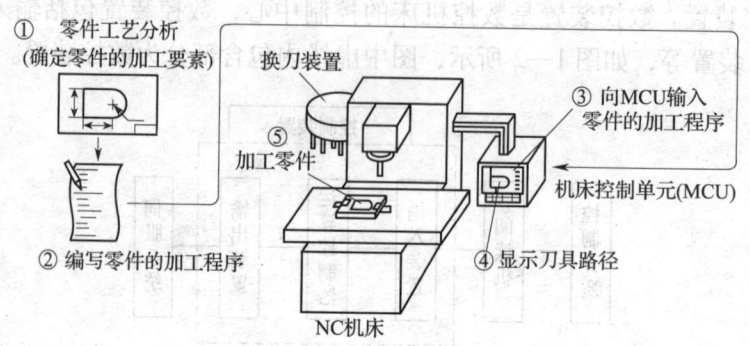

图1—3 数控机床的工作原理

1.1.3 数控机床的分类

1. 按加工方式分类

(1) 金属切削类数控机床。采用车、铣、镗、钻、铰、磨及刨等多种切削工艺的数控机床，包括数控车床、数控钻床、数控铣床、数控磨床、数控镗床以及加工中心等。

(2) 金属成形类数控机床。采用挤、冲、压及拉等成形工艺的数控机床，包括数控折弯机、数控组合冲床、数控弯管机及数控压力机等。

(3) 特种加工数控机床。采用电火花成形、火焰切割、水切割、激光切割的数控机床，包括数控线切割机床、数控电火花成形加工机床、数控火焰切割机床、数控水切割机床及数控激光切割机床等。

(4) 其他类型的数控机床。如数控三坐标测量仪、数控对刀仪及数控绘图仪等。

2. 按运动轨迹分类

(1) 点位控制数控机床。点位控制是指数控系统只控制刀具或工作台准确定位，然后进行定点加工，而点与点之间的路径不需控制，刀具在移动和定位过程中不切削加工，如图1—4所示。具有点位控制功能的数控机床有数控钻床、数控镗床和数控坐标镗床等。

(2) 直线控制数控机床。直线控制是指数控系统除控制直线轨迹的起点和终点的准确定位外，还要控制在这两点之间以指定的进给速度进行直线切削，如图1—5所示。具有直线控制功能的数控机床有数控车床、数控铣床和数控磨床等。

(3) 轮廓控制数控机床。轮廓控制又称连续轨迹控制，这类数控机床能够对两个或两个以上的运动坐标的位移及速度进行连续相关的控制，因而可以进行曲线或曲面加工，如图1—6所示。具有轮廓控制功能的数控机床有数控车床、数控铣床和加工中心等。

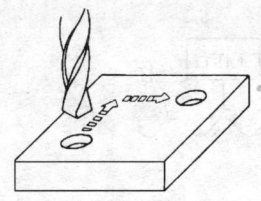
图1—4 点位控制示意图

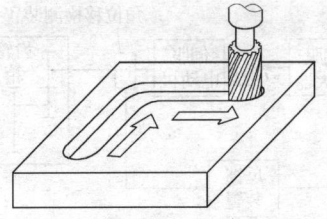
图1—5 直线控制示意图

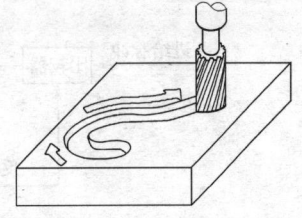
图1—6 轮廓控制示意图

3. 按控制方式分类

(1) 开环控制数控机床。开环控制系统是不带反馈装置的控制系统，由步进电动机及其驱动机构组成。数控装置经过控制运算发出脉冲信号，每一脉冲信号使步进电动机转动一定的角度，通过滚珠丝杠推动工作台移动一定的距离，其工作原理如图1—7所示。

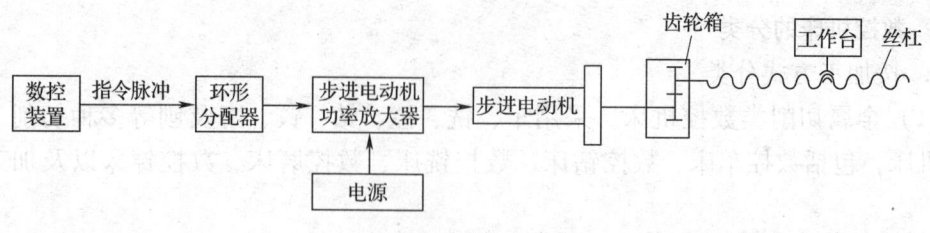

图1—7 开环控制系统

(2) 闭环控制数控机床。闭环控制系统是在机床移动部件上直接装有直线位移检测装置的控制系统。控制系统将检测到的实际位移值反馈到数控装置的比较器中,与输入的原指令位移值进行比较,通过运算的差值控制移动部件的位移,直到差值消除为止,其工作原理如图1—8所示。

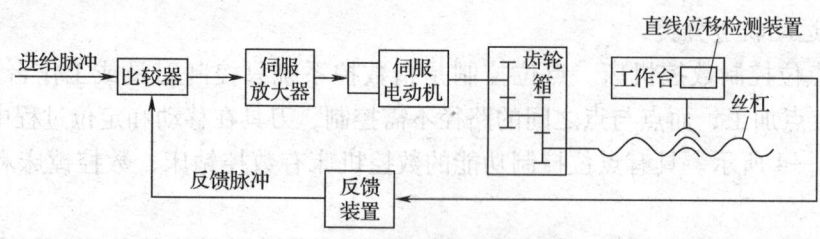

图1—8 闭环控制系统

(3) 半闭环控制系统。半闭环控制系统是在开环控制系统的伺服机构中装有角位移检测装置的控制系统。控制系统将检测到的伺服机构的转角,通过传动系统速比关系转换成移动部件的位移,反馈到数控装置的比较器中,与输入的原指令位移值进行比较,又通过运算的差值转换成转角来控制移动部件的位移,直到差值消除为止,其工作原理如图1—9所示。

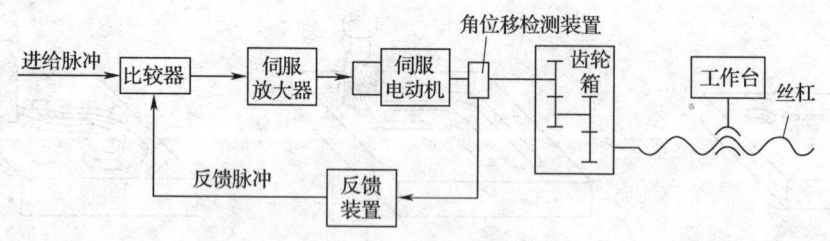

图1—9 半闭环控制系统

在三种控制系统中,开环控制系统结构简单,工作稳定,但精度和速度的提高受到限制;半闭环控制系统能达到的精度、速度和动态特性优于开环控制系统,故为多数中小型数控机床所采用;半闭环控制系统的控制精度受传动系统精度的影响,而闭环控制系统直接控制移动部件的位移,因此直线闭环控制系统的定位精度高于半闭环控制系统,但其结构比较复杂,调试维修的难度较大,常用于高精度和大型数控机床。

4. **按联动轴数分类**

数控系统控制多个坐标轴并按需要的函数关系协调坐标轴运动,称为坐标联动。按照联动坐标轴的轴数也可以对数控机床进行分类。

(1) 两轴联动。数控机床能同时控制两个坐标轴联动,适用于旋转曲面的车削加工与平面轮廓的铣削加工。

(2) 两轴半联动。两轴半联动是在两轴联动的基础上增加了 Z 轴的移动,适用于二维轮廓的分层铣削加工,如轮廓加工轨迹固定不变,Z 轴作周期性进给,这样就形成两轴半联动。能对有一定深度的二维轮廓实现分层铣削加工。

(3) 三轴联动。数控机床能同时控制三个坐标轴的联动,适用于一般曲面零件的加工。一般型腔模具均可以用三轴联动的数控机床完成加工。

(4) 多轴联动。数控机床能同时控制四个及四个以上坐标轴的联动,适用于叶轮、叶片类形状复杂零件的加工。多轴联动的数控机床结构复杂,精度要求高,对于形状复杂的零件,无法手工编程,只能借助于 CAD/CAM 软件自动编写加工程序。

5. 按档次分类

数控机床的档次表示其具有的功能,按照数控机床具备的功能将其划分为低、中、高三个档次,见表1—1。数控机床低、中、高档次的界限是相对的,不同时期,划分标准会有所不同。

表 1—1　　　　　　　　数控机床的功能及其指标

功能	低档	中档	高档
系统分辨率(μm)	10	1	0.1
进给速度(m/min)	3~8	10~24	24~100
伺服进给	开环控制系统 步进电动机	半闭环控制系统 直流、交流伺服电动机	闭环控制系统 直流、交流伺服电动机
联动轴数	2~3	2~4	≥5
通信功能	无	RS-232C 或 DNC	RS-232C、DNC、MAP
显示功能	数码管显示	CRT、图形、人机对话	CRT、三维图形、自诊断
内装 PLC	无	有	强功能内装 PLC
主 CPU(bit)	8	16、32	32、64

1.2　常用数控机床

1.2.1　数控车床基础知识

数控车床主要加工回转类零件,其中大部分是轴类零件与盘套类零件。

1. 数控车床主要组成部分

(1) 主机。主机是数控车床的机械部件,包括主轴箱、床身、滑板、刀架、尾座、进给机构等。

1）主轴箱。数控车床主轴箱由变频电动机或伺服电动机驱动，主轴转速可以实现无级调速，有的主轴配两对齿轮，分高速挡与低速挡，这样能实现高速恒功率、低速恒转矩的主轴调速功能。

2）床身。床身上有滑板导轨与尾座导轨，并支撑主轴箱等机械部件。

3）滑板。滑板有上下两块，下面的滑板称为床鞍，其底部能沿床身滑板导轨作纵向运动，床鞍上部有垂直导轨，引导上面的中滑板作横向运动。

4）刀架。刀架固定在中滑板上，其纵向运动与横向运动分别由伺服电动机带动滚珠丝杠传动，即随大床鞍板作纵向运动，随中滑板作横向运动。刀架有四刀位回转刀架与多刀位回转刀塔两种。刀架换刀时，传动机构将刀盘推出，通过刀架转动实现换刀，传动机构再将刀盘收回并锁紧。

5）尾座。尾座的主要作用是通过顶尖支撑长轴。尾座顶尖的调整一般由液压动力控制，简易数控机床多数是手动控制。

（2）控制部分（CNC装置）。数控机床控制部分由数控装置及PLC组成。

（3）驱动装置。驱动装置是数控车床执行机构的驱动部件，包括主轴电动机、进给伺服电动机等。

2. 数控车床的分类

（1）按主轴位置分类

1）立式数控车床。立式数控车床简称数控立车，其主轴垂直于水平面，并有一个直径很大的圆形工作台，供装夹工件用。这类机床主要用于加工径向尺寸大、轴向尺寸相对较小的大型复杂工件。

2）卧式数控车床。卧式数控车床又分为卧式数控水平导轨车床和卧式数控倾斜导轨车床，前者使用四刀位回转刀架，后者使用多刀位回转刀塔。倾斜导轨可使数控车床具有更大的刚度，并易于排出切屑。

（2）按刀架数量分类

1）单刀架数控车床。普通数控车床一般都配置有各种形式的单刀架，如一刀位固定刀架、四刀位回转刀架或多刀位回转刀塔，如图1—10所示。

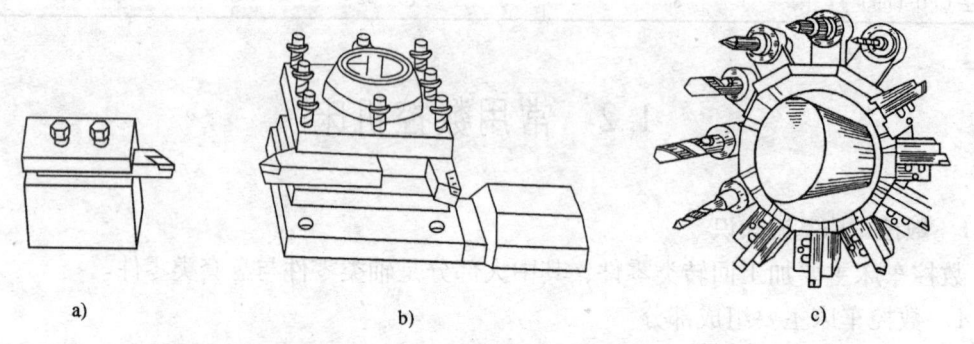

图1—10　单刀架形式的自动回转刀架

a）一刀位固定刀架　b）四刀位回转刀架　c）多刀位回转刀塔

2) 双刀架数控车床。双刀架的配置可以是平行交错结构，也可以是同轨垂直交错结构，如图 1—11 所示。

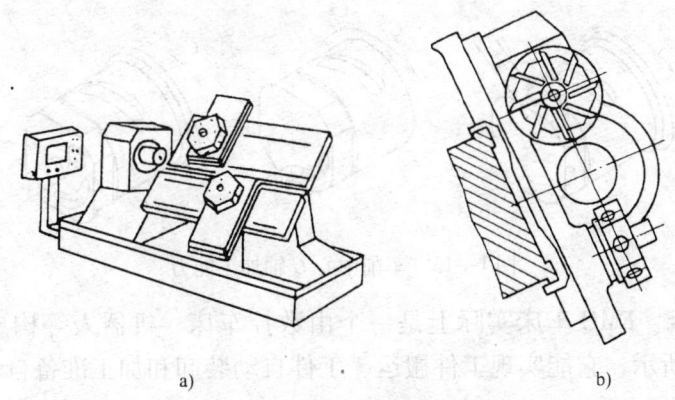

图 1—11　双刀架形式的自动回转刀架
a）平行交错双刀架　b）同轨垂直交错双刀架

（3）按数控系统的功能分类

1）经济型数控车床。经济型数控车床通常是基于普通车床进行数控改造的机床，一般采用开环或半闭环控制系统；主轴采用变频调速，在主轴装有脉冲编码器后方能车削螺纹；刀架为前置四刀位回转刀架；机床功能简单，主要用于精度要求不高、形状复杂工件的加工。

2）全功能型数控车床。全功能型数控车床的总体结构先进、控制功能齐全、辅助功能完善、加工的自动化程度高、稳定性和可靠性好，适用于精度高、形状复杂、工序多、品种多变的中小批量工件的加工。

3）车削中心。车削中心是以全功能型数控车床为主体，并配置刀库、换刀装置、分度装置、铣削动力头和机械手等，能实现多工序复合加工的机床，如图 1—12 所示。

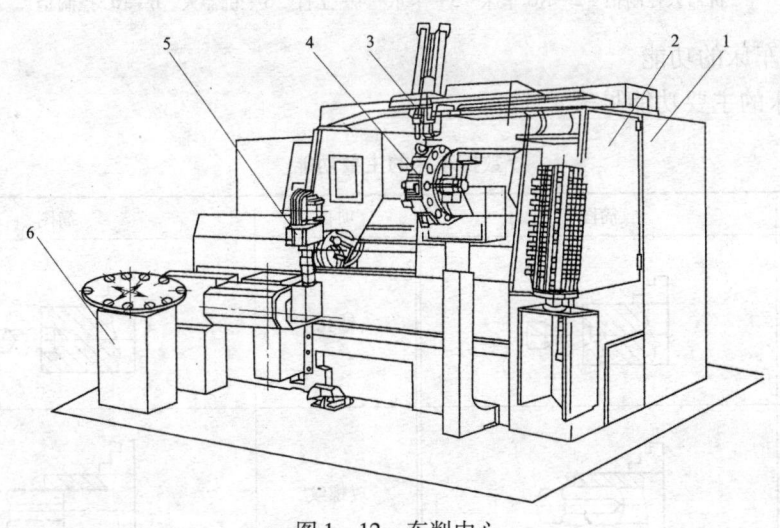

图 1—12　车削中心
1—车床主体　2—刀库　3—自动换刀装置　4—刀架　5—工件装卸机械手　6—载料机

在工件一次装夹后,可完成回转类零件的车、铣、钻、铰、攻螺纹等多道工序的加工,如图1—13所示,车削中心具有 C 轴与移动轴联动的功能。

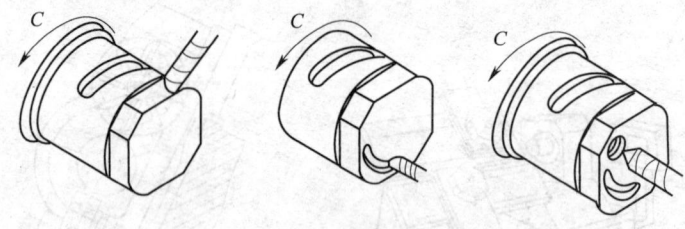

图1—13 车削中心 C 轴加工能力

4) FMC车床。FMC车床实际上是一个由数控车床、机器人等构成的柔性加工单元,如图1—14所示,它能实现工件搬运、工件自动装卸和加工准备自动调整。

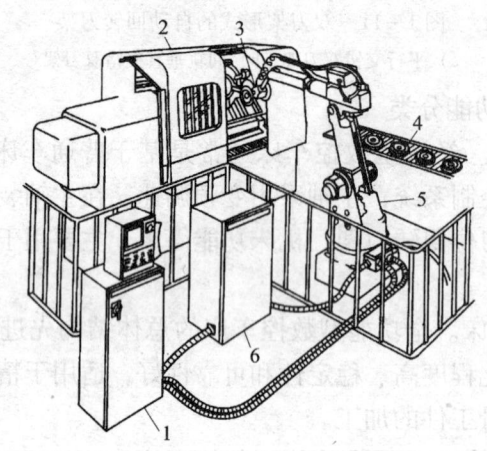

图1—14 FMC车床
1—机器人控制柜 2—NC车床 3—卡爪 4—工件 5—机器人 6—NC控制柜

3. 数控车床的功能
数控车床的主要功能见表1—2。

表1—2 数控车床的主要功能

项目	简图	项目	简图
钻中心孔		钻孔	
铰孔		攻螺纹	

续表

项目	简图	项目	简图
车外圆		镗孔	
车端面		车槽	
车成形面		车圆锥	
滚花		车螺纹	

1.2.2 数控铣床基础知识

数控铣床的主要功能是铣削加工零件的平面、曲面，以及对孔系零件进行加工。数控铣床结构图如图1—15所示。

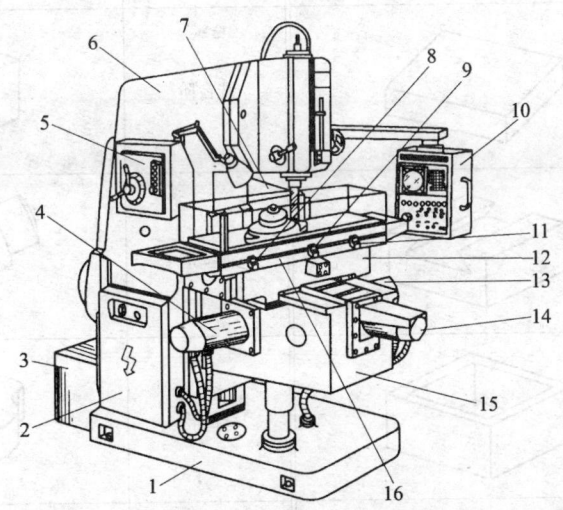

图1—15 数控铣床结构图

1—底座 2—强电柜 3—变压器箱 4—升降伺服电动机 5—主轴变速手柄和按钮板 6—床身立柱
7—数控柜 8、11—纵向行程限位保护开关 9—纵向参考点设定挡铁 10—操纵台 12—横向溜板
13—纵向进给伺服电动机 14—横向进给伺服电动机 15—升降机 16—纵向工作台

1. 数控铣床主要组成部分

（1）主机。主机是数控铣床的机械部件，包括底座与立柱、主轴箱、工作台、进给机构等，一般工作台下面配置十字导轨，控制工作台前后与左右运动，主轴箱附在立柱上可以作上下运动，主轴箱配置重锤平衡。

（2）控制部分（CNC装置）。数控铣床控制部分由数控装置及PLC组成。

（3）驱动装置。驱动装置是数控铣床执行机构的驱动部件，包括主轴电动机、进给伺服电动机等。

2. 数控铣床的分类

（1）立式数控铣床。小型数控立铣一般采用工作台移动、升降的方式；中型数控立铣工作台沿导轨水平运动，主轴随主轴箱沿立柱上的垂直导轨作上下运动；大型数控立铣采用龙门式结构，其工作台固定不动，主轴箱在横梁导轨上作横向运动，在龙门立柱上作上下运动，龙门框架沿床身作纵向运动。

（2）卧式数控铣床。数控卧铣主轴轴线平行于水平面，通常采用数控回转工作台来实现4个或5个坐标轴的加工。这类铣床特别适合箱体类零件或需要在一次装夹中改变多个工位工件的加工。

（3）立卧两用数控铣床。立卧两用数控铣床主轴头方向可以变换，能达到一台机床上既能进行立式加工，又能进行卧式加工，即为加工五面体的数控铣床。

3. 数控铣床的功能

数控铣床的主要功能见表1—3。

表1—3　　　　　　　　数控铣床的主要功能

项目	简图	项目	简图
铣平面	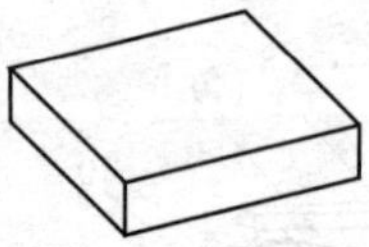	铣台阶	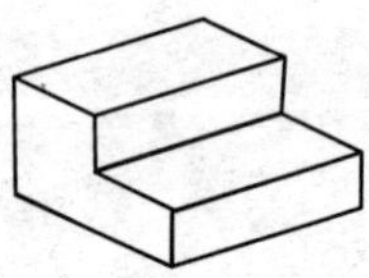
铣燕尾槽	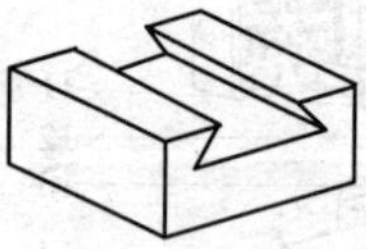	铣键槽	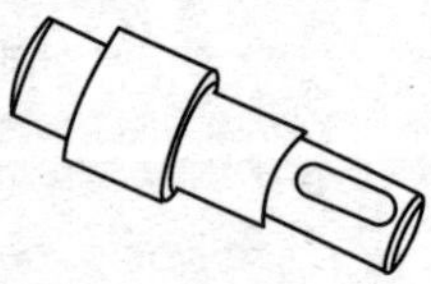
铣型腔	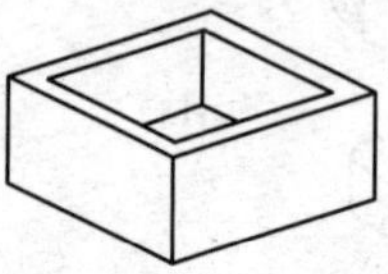	铣凸轮	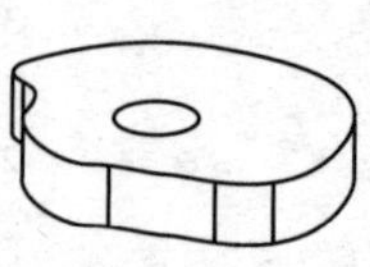
铣成形面	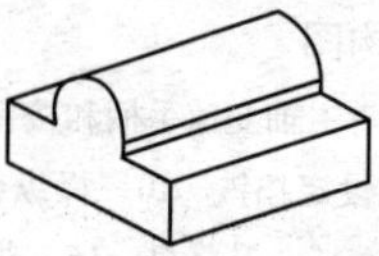	铣螺旋槽	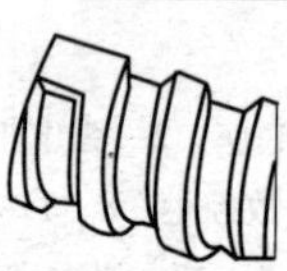

1.2.3 加工中心基础知识

加工中心是一种功能较全的数控加工机床,它把铣削、镗削、钻削、攻螺纹等多道工序集中在一台设备上进行加工。加工中心具有刀库和换刀机构,刀库中存放着各种备用刀具,在加工过程中由程序自动选用和更换,这是加工中心与数控铣床、数控镗床的主要区别。

1. 加工中心主要组成部分

加工中心本身的结构分为两大部分。

(1) 主机部分。主机部分主要是机械结构部分,包括底座与立柱(龙门式结构配置横梁)、主轴箱、工作台、进给机构、刀库、换刀机构、辅助系统(气、液、润滑、冷却)等。

(2) 控制部分。控制部分包括硬件部分和软件部分。硬件部分包括计算机数字控制装置(CNC)、可编程序控制器(PLC)、输出输入设备、主轴驱动装置、显示装置。软件部分包括系统程序和控制程序。

2. 加工中心的分类

(1) 按主轴的状态分类。加工中心的主轴处于垂直状态的称为立式加工中心。主轴处于水平状态的称为卧式加工中心,如图1—16所示。主轴可作垂直和水平状态转换的,称为立卧式加工中心或五面加工中心,也称复合加工中心。

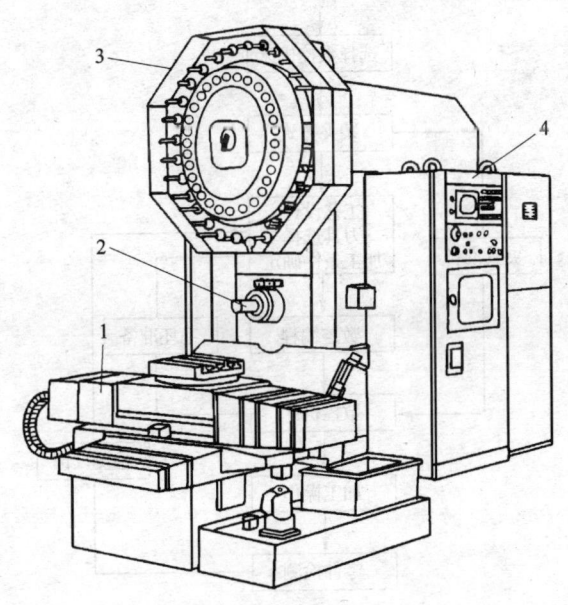

图1—16 卧式加工中心
1—工作台 2—主轴 3—刀库 4—数控柜

(2) 按加工中心立柱的数量分类。加工中心有单柱式和双柱式(龙门式)。

(3) 按加工中心运动坐标数和同时控制的坐标数分类。加工中心有三轴二联动、三轴三联动、四轴三联动、五轴四联动、六轴五联动等形式。轴数是指加工中心具有的运动坐标数,联动数是指控制系统可以同时控制运动的坐标数。控制运动的坐标可以实现刀具相对于工件的位置和速度控制。

(4) 按工作台的数量和功能特征分类。加工中心的工作台有单工作台、双工作台和多工作台等结构形式。按加工中心的功能分为镗铣式、钻削式和复合式加工中心。

(5) 按加工精度分类。加工中心有普通加工中心和高精度加工中心。普通加工中心的分辨率 1 μm,最大进给速度 15~25 m/min,定位精度 10 μm 左右。高精度加工中心的分辨率 0.1 μm,最大进给速度 15~100 m/min,定位精度介于 2~10 μm 之间。定位精度在 2 μm 左右的为精密级加工中心。

3. 加工中心的功能

加工中心的主要功能与数控铣床相似,其加工特点是通过一次装夹完成多道工序的加工,因此加工中心更适宜加工形状复杂、加工工序多、加工精度高的工件。其加工的主要对象有下列五类:箱体类零件、复杂曲面零件、异形零件、盘套类与板类零件、特殊类零件。

1.2.4 数控机床的加工方法

数控加工工艺包括从分析零件图样开始到零件检测的整个过程,如图 1—17 所示。

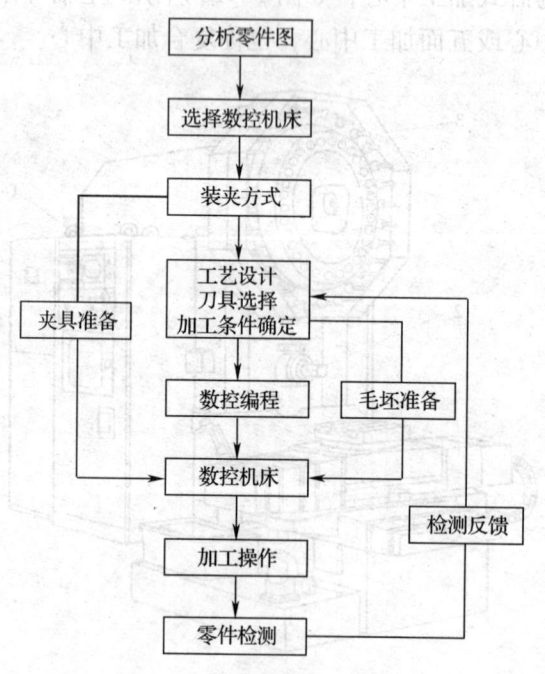

图 1—17 数控加工工艺步骤

1. 分析零件图样

(1) 图形分析。分析零件的结构与加工部位。

(2) 尺寸分析。确定数控编程所需的轮廓基点坐标,即定位尺寸与定形尺寸。

(3) 技术要求分析。根据尺寸公差和表面粗糙度要求合理选用数控机床。

(4) 工艺分析，制订工艺方案。合理选用工艺参数与工序基准。

(5) 材料分析。根据零件材料合理安排热处理与选用刀具及刀具材料。

2. 数控机床的选择

根据零件形状、加工内容与加工范围，确定零件的加工机床及机床型号。

3. 工件的装夹

工件的装夹方法直接影响产品的加工精度和加工效率，工件装夹尽可能使用通用夹具，批量生产零件装夹可选用组合夹具，成批生产零件装夹应该考虑设计制造专用夹具。

零件装夹时应该考虑的因素：

(1) 夹具要满足零件的定位精度要求。

(2) 夹具要满足夹紧工件不变形的刚度要求。

(3) 夹具结构易于排屑和清理。

(4) 夹具与刀具不会发生干涉。

(5) 夹具承受切削动载荷不松动。

(6) 夹具拆装方便。

4. 制定加工工艺

加工工艺为零件的加工顺序和方法，加工方法可分为粗加工、半精加工与精加工。粗加工留 3~5 mm 加工余量，在机床和刀具能力允许范围内短时间内加工完成。半精加工的切削量不宜过大，一般小于 0.5 mm，这样零件加工时的让刀、变形与尺寸波动小，从而保证精加工的尺寸精度，半精加工一般留 0.1 mm 的精加工余量。

5. 刀具的选择

(1) 加工精度要求高的零件，分别选用粗加工、精加工刀具。

(2) 在刀具不会发生干涉情况下，尽量选用刚度好的内孔刀具。

(3) 在刀具不会发生干涉情况下，尽量选用刀尖角大的刀片型号，以提高刀片切削加工的使用寿命。

(4) 根据工件材质与加工要求合理选用刀片材料与型号。

总之，选用的刀具要满足零件加工的质量和效率要求。

6. 程序编制

(1) 建立工件坐标系，要求坐标轴与零件的设计基准或工序基准重合。

(2) 加工图样的数学处理，根据零件图定位尺寸与定形尺寸计算相邻几何元素的基点坐标。

(3) 对于非圆曲线加工，使用曲线解析方程，采用宏程序编写加工程序。

(4) 对于自由曲线与曲面加工，借助计算机采用 CAD/CAM 方法自动编写加工程序。

总之，不论用哪种方法编写加工程序，在编制的加工程序中要充分体现零件加工工艺的合理性。

7. 加工操作

在零件加工以前要仔细校核加工程序，方法有图形模拟与测量模拟加工的零件，操作数控机床空运行加工程序，重要零件选用价廉材料进行试切削，保证检验的加工程序正确无误，然后操作数控机床进行加工。

8. 零件检测

零件检测是数控机床加工零件的重要环节，首先要做好首件质量检测工作，其次做好自检与抽检工作，自检由数控机床操作者完成，抽检由专职检验员承担，如果发现产品有质量问题，及时分析产生原因，制定解决措施。检验后质量合格的产品需做合格标记，重要零件编号标注，填写原始加工记录，分类归档保存。

思考与练习

1. 数控机床有什么特点？
2. 简述数控机床的发展趋势。
3. 什么是数字控制与计算机控制数控机床？
4. 简述数控车床、数控铣床、加工中心的组成与基本结构。
5. 简述数控机床按数控系统功能的分类。
6. 简述开环控制系统、闭环控制系统、半闭环控制系统的定义及使用场合。
7. 简述数控车床、数控铣床和加工中心的功能。
8. 简述数控机床加工零件的方法。

第 2 章
数控工艺基础知识

2.1 零件图基础知识

2.2 数控加工基础知识

2.3 数控加工工艺文件分析

2.4 数控加工程序基础知识

2.5 零件检测与质量管理知识

2.1 零件图基础知识

2.1.1 零件视图表达方法

机械图样是零件机械加工时的主要依据与技术文件。机械图样表达零件的形状、尺寸、技术要求等内容，是设计人员和技术工人之间进行交流的技术语言。

加工的零件主要通过视图表达，零件的视图符合机械制图方面的国家标准，因此技术工人识读零件图的过程也是熟悉机械制图国家标准及相关知识的过程，从中理解零件的结构与加工要求，掌握零件的加工方法。

1. 零件的基本视图

（1）零件的投影。用垂直于投影面的平行光线照射零件，如图2—1所示，在投影面上得到的投影称为零件的视图。

（2）三视图的位置关系和投影规律。将零件放在相互垂直的三面空间中，如图2—2所示，用平行光线分别从三个方向照射零件，在投影面上得到的零件投影称为零件的三视图。

1）主视图。正投影面（V）得到的投影称为主视图。

2）左视图。侧投影面（W）得到的投影称为左视图。

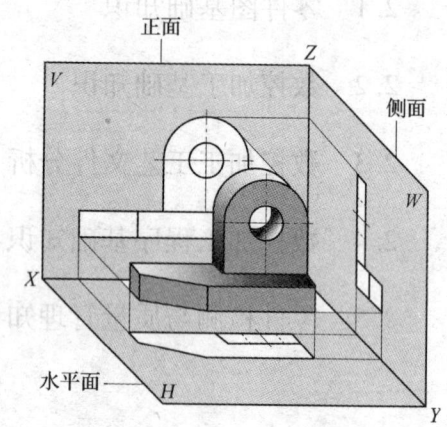

图2—1 投影的形成

3）俯视图。水平投影面（H）得到的投影称为俯视图。

零件的三视图清楚地体现了零件三个视图的投影规律及相互位置关系，如图2—3所示。

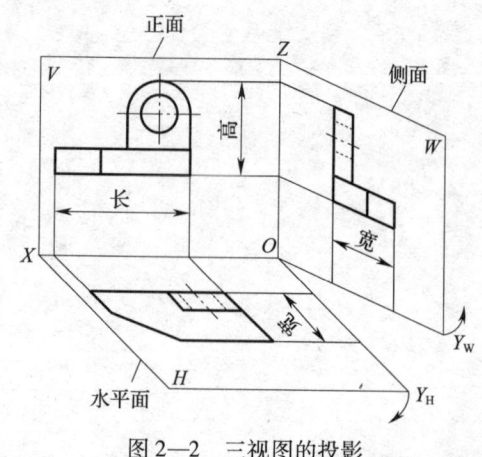

图2—2 三视图的投影

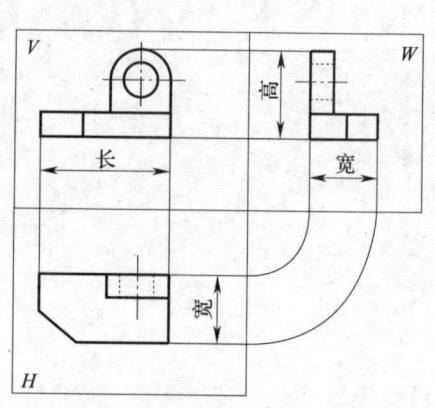

图2—3 三视图的投影关系

零件三视图的位置关系及投影规律可以归纳为"三等",即主视图与俯视图长对正(等长),主视图与左视图高平齐(等高),俯视图与左视图宽相等(等宽)。

2. 零件的其他视图

零件的基本视图有6个,其中有主视图、后视图、左视图、右视图、俯视图和仰视图。对于复杂零件仅用基本视图不能完全表达零件的结构,特别是零件中看不见的内部结构,常常需要用局部视图、斜视图和剖视图等表达方法,以完整、正确、合理、清晰地表达零件的内外结构,见表2—1。

表 2—1　　　　　　　　　　其他视图的示例

序号	类型	图例	意义
1	局部视图	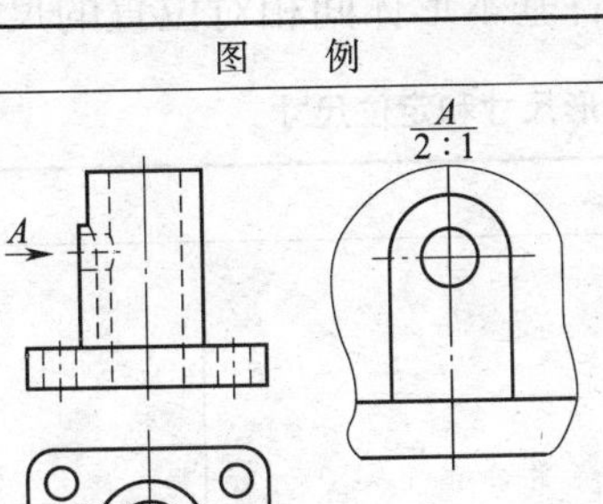	如左图所示,主视图表达零件的主要形状结构,俯视图表示零件的顶部结构,左视图采用A向局部视图(零件上局部结构向基本视图投影面上投影),表达圆柱面上的凸台
2	斜视图	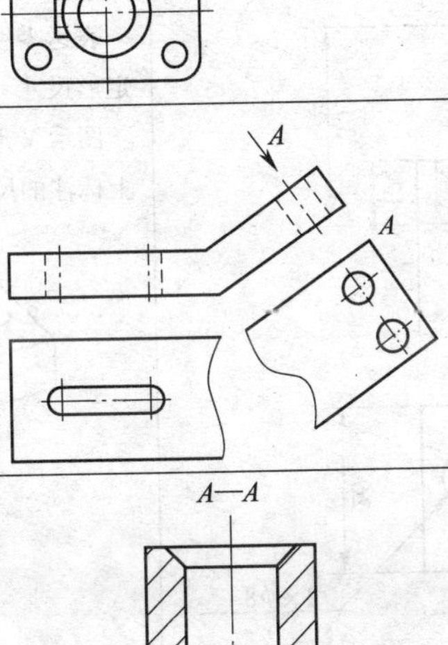	设置一个与机件的倾斜结构平行且垂直于投影方向的投影面(A向投射),这样的视图能反映倾斜结构的实形,得到的视图称为斜视图。如左图所示,这个斜视图清楚地表达了零件圆孔的实形,可以省略绘制左视图
3	剖视图	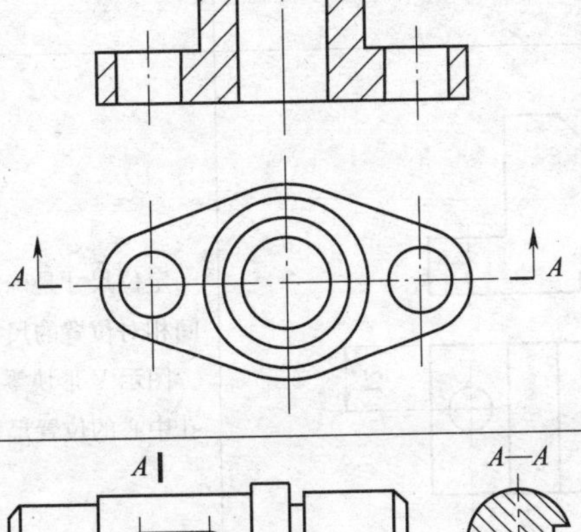	假想用剖切平面将零件剖开,将剖切平面与观察者之间的部分移走,剩下部分向投影面投影得到的视图称为剖视图
4	断面图	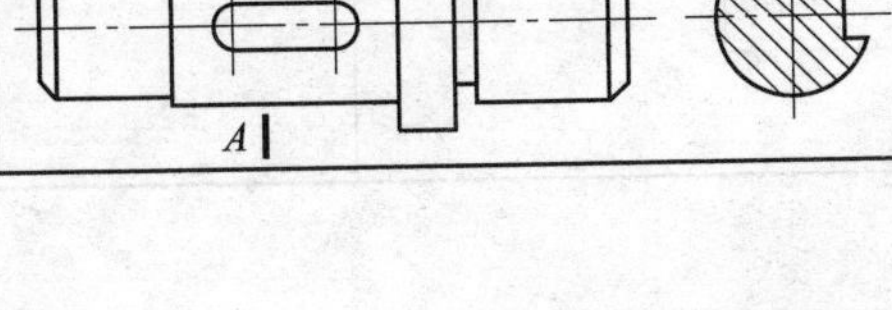	采用断面图表达的视图,即表达剖切平面与零件相交部分的图形,并绘制剖面线

2.1.2 零件图尺寸表达方法

零件图上的尺寸是加工、检验零件的重要依据。一个完整的尺寸包括尺寸数字、尺寸界线、尺寸线和尺寸线终端符号4个要素。识读零件图上尺寸标注时，如果没有标注尺寸单位，则默认为毫米（mm）。

1. 零件图的尺寸

零件图的尺寸分为零件的定形尺寸和零件的定位尺寸，见表2—2。

（1）零件的定形尺寸。表达零件上基本形体的形状与大小的尺寸称为定形尺寸。

（2）零件的定位尺寸。表达零件上各基本形体间相对位置的尺寸称为定位尺寸。

表2—2　　　　　　　　　零件的定形尺寸和定位尺寸

序号	名称	图例	说明
1	定形尺寸		表达零件结构形状和大小的尺寸为定形尺寸 图示V形块零件，主视图、俯视图上标注的尺寸为零件的定形尺寸 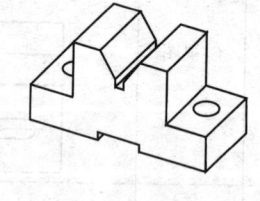
2	定位尺寸		定位尺寸是确定零件各组成部分之间相对位置的尺寸 图示V形块零件，俯视图上标注的孔中心的位置尺寸为定位尺寸

2. 零件的主要基准与辅助基准

构成零件形状的点、线、面中，总有一些用以确定其他点、线、面的相对位置或方向，这样的点、线、面称作基准，又称为零件的设计基准。设计基准又有主要基准与辅助基准之分，主要基准与辅助基准之间有尺寸联系，见表2—3。

（1）主要基准。任何一个零件都有长、宽、高三个方向（回转体为轴向、径向两个方向）的尺寸，每个方向的尺寸至少有一个基准，分别用于表达三个方向的尺寸，这样的基准为主要基准。

（2）辅助基准。根据设计、加工、测量上的要求，增加一些尺寸基准，称为辅助基准。

表2—3　　　　　　　　　　零件的主要基准与辅助基准

序号	名称	说明	图例
1	主要基准	零件在长、宽、高三个方向上分别至少有一个主要基准，通常以零件对称中心面为长度方向的主要基准，以零件后平面为宽度方向的主要基准，以零件底面作为高度方向的主要基准	
2	辅助基准	图示V形块，零件的上表面为高度方向的辅助基准，标注零件高度方向的尺寸，其中"30"为主要基准与辅助基准之间的关联尺寸	

2.1.3 零件表面粗糙度

1. 表面粗糙度的概念

如图2—4所示，零件的加工表面总是存在着宏观和微观的几何形状特性，微小峰谷和较小间距所组成的微观几何形状特征称为表面粗糙度。表面粗糙度对零件的耐磨性、抗腐蚀性、密封性、抗疲劳的能力都有影响。表面粗糙度是评定零件表面质量的一项重要指标，数值越小，表面粗糙度要求越高，但加工成本会成倍增长。

2. 表面粗糙度的表示方法

按国家标准，表面粗糙度的评定参数有轮廓算术平均偏差 R_a、微观不平度十点高度 R_z 和轮廓最大高度 R_y 三种。在一般机械制造加工中，表面粗糙度常用 R_a 来评定。轮廓算术平均偏差 R_a 是指在取样长度 L（用

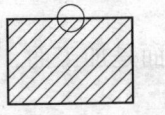 

图2—4　表面粗糙度概念

于判别具有表面粗糙度特征的一段长度）内，轮廓偏差 y（表面轮廓上的点至基准线的距离）绝对值的算术平均值。常用的 R_a 值为 25 μm、12.5 μm、6.3 μm、3.2 μm、1.6 μm、0.8 μm 等。表 2—4 为 R_a 值与应用举例。

表 2—4　　　　　　　　　　　　R_a 值与应用举例

R_a（μm）	表面特征	主要加工方法	应用举例
25	可见刀痕	粗车、粗铣、粗刨、钻、粗砂轮加工	表面质量较差的加工面，很少使用
12.5	微见刀痕	粗车、刨、立铣、平铣、钻	不接触表面、不重要的接触面，如螺钉孔、倒角、机座底面等
6.3	看不见加工刀痕	精车、精铣、精刨、铰、镗、粗磨等	没有相对运动的零件接触面，如箱、盖、套筒等要求紧贴的表面，键和键槽工作表面；相对运动速度不高的接触面，如支架孔、衬套的工作表面等
3.2	微见加工痕迹		
1.6	看不见加工痕迹		
0.8	可辨加工痕迹方向	精车、精铰、精拉、精镗、精磨等	要求很好配合的接触面，如与滚动轴承配合的表面、锥销孔等；相对运动速度较高的接触面，如滑动轴承的配合表面等

在图样上表达零件表面粗糙度的符号，见表 2—5。

表 2—5　　　　　　　　　　　　表面粗糙度符号

符号	意义及说明
∨	基本符号，表示表面可用任何方法获得。当未加注表面粗糙度参数值或有关说明时，仅适用于简化代号标注
∇	基本符号加一短划，表示表面是用去除材料的方法获得，如车、铣、磨、剪切、抛光、腐蚀、电火花加工、气割等
∨○	基本符号加一小圆，表示表面是用不去除材料的方法获得，如铸、锻、冲压变形、热轧、冷轧、粉末冶金等，或用于保持原供应状况的表面（包括保持上道工序的状况）
∇̄ ∨̄ ∨̄	在上述三个符号的长边上均可加一横线，用于标注有关参数和说明
∇○ ∨○ ∨○	在上述三个符号上均可加一个小圆，表示所有表面具有相同的表面粗糙度要求

若仅表示表面是加工面，对表面粗糙度的其他规定没有要求时，只标注表面粗糙度符号。

在图样上标注的表面粗糙度高度参数值，表示允许实测值中超过规定值的个数占总数的 16%。表面粗糙度高度参数值的意义见表 2—6。

表2—6　　　　　　　　　　表面粗糙度高度参数值的意义

代号	意义	代号	意义
3.2 ∇	用任何方法获得的表面粗糙度，R_a的上限值为3.2 μm	3.2max ∇	用任何方法获得的表面粗糙度，R_a的最大值为3.2 μm
3.2 ∇	用去除材料的方法获得的表面粗糙度，R_a的上限值为3.2 μm	3.2max ∇	用去除材料的方法获得的表面粗糙度，R_a的最大值为3.2 μm
3.2 ∇	用不去除材料的方法获得的表面粗糙度，R_a的上限值为3.2 μm	3.2max ∇	用不去除材料的方法获得的表面粗糙度，R_a的最大值为3.2 μm
3.2 1.6 ∇	用去除材料的方法获得的表面粗糙度，R_a的上限值为3.2 μm，R_a的下限值为1.6 μm	3.2max 1.6min ∇	用去除材料的方法获得的表面粗糙度，R_a的最大值为3.2 μm，R_a的最小值为1.6 μm

3．表面粗糙度在零件图上的标注

表面粗糙度代（符）号在图样上的标注见表2—7。

2.1.4 零件的形位公差

1．形位公差的基本概念

零件几何特征中的点、线、面称为图形要素，零件的视图由这些图形要素表达零件的内外轮廓。加工零件为满足零件的使用要求和装配互换性，对零件加工部位的形状与相互位置提出的加工要求，见表2—8，可以通过零件的形状与位置公差来表达。

表2—7　　　　　　　　表面粗糙度代（符）号在图样上的标注

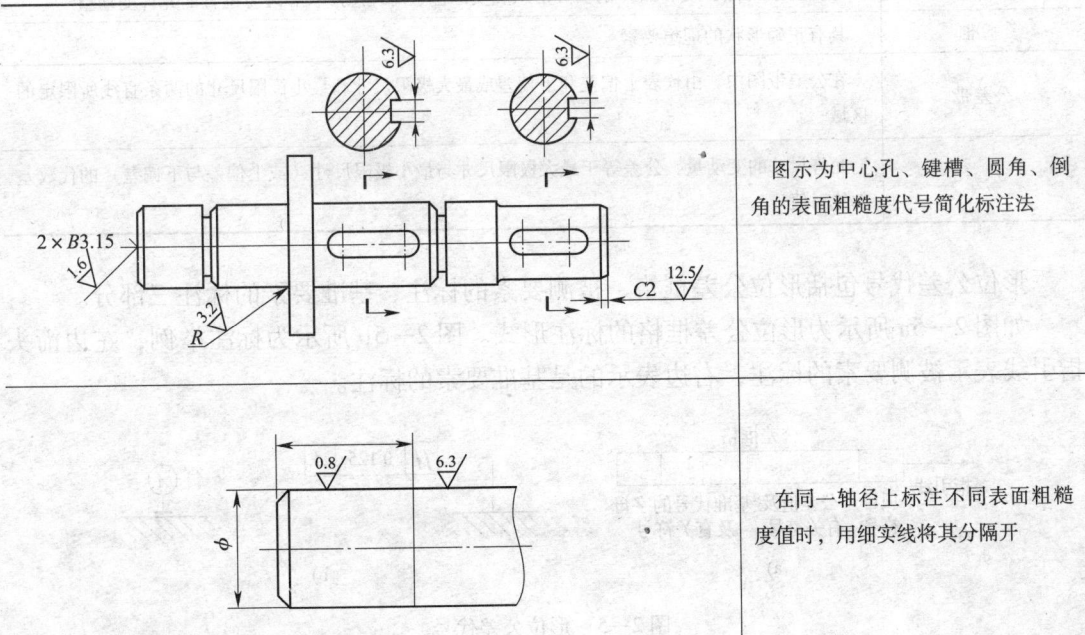

图示为中心孔、键槽、圆角、倒角的表面粗糙度代号简化标注法

在同一轴径上标注不同表面粗糙度值时，用细实线将其分隔开

续表

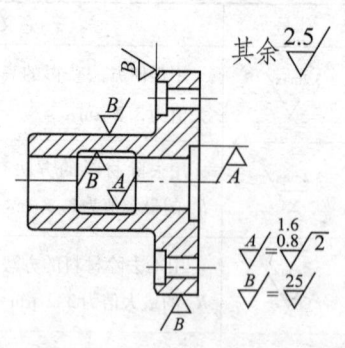	零件上所有表面具有相同的表面粗糙度要求时,在图样右上角统一标注
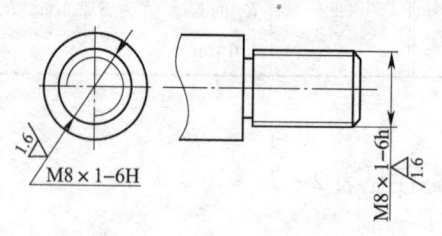	螺纹的工作表面一般不标注表面粗糙度代(符)号,需要标注时与螺纹代号一起引出标注

表 2—8　　　　　　　　　　形位公差相关概念

概念	定 义
形状误差	被测要素的实际形状对其理想形状的变动量
位置误差	被测要素的实际位置对其理想位置的变动量
形位公差	零件要素(点、线、面)的实际形状和实际位置对理想形状和理想位置的允许变动量
基准	具有正确形状的理想要素
公差带	在公差带图中,由代表上偏差和下偏差或最大极限尺寸和最小极限尺寸的两条直线所限定的区域
公差	允许尺寸的变动量,公差等于最大极限尺寸与最小极限尺寸(或上偏差与下偏差)的代数差的绝对值

形位公差代号包括形位公差框格、被测要素的标注、基准要素的标注三部分。

如图 2—5a 所示为形位公差框格的标注形式。图 2—5b 所示为标注举例,左边箭头指引线表示被测要素的标注,右边表示的是基准要素的标注。

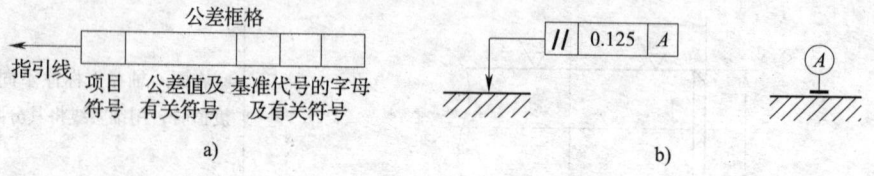

图 2—5　形位公差代号

2. 形状公差和位置公差要求

分析图样时要看形位公差要求，形位公差特征项目及符号见表 2—9。

表 2—9　　　　　　　　　　形位公差特征项目及符号

公差	特征项目	符号	公差		特征项目	符号
形状公差	直线度	—	位置公差	定向	平行度	∥
	平面度	□			垂直度	⊥
					倾斜度	∠
	圆度	○		定位	同轴度	◎
	圆柱度	⌭			对称度	═
					位置度	⌖
形状公差或位置公差	线轮廓度	⌒		跳动	圆跳动	↗
	面轮廓度	⌒			全跳动	⌰

（1）形状公差。形状公差要求用形状公差带表达。形状公差带包括公差带形状、方向、位置和大小四要素。形状公差项目有直线度、平面度、圆度、圆柱度、线轮廓度（无基准要求时）、面轮廓度（无基准要求时）6 项。

1）直线度。直线度是针对零件上的直线要素实际形状保持理想直线的状况而提出的要求，也就是通常所说的平直程度。直线度公差是实际直线对理想直线所允许的最大变动量。

2）平面度。平面度是针对零件上的平面要素实际形状保持理想平面的状况而提出的要求，也就是通常所说的平整程度。平面度公差是实际平面对理想平面所允许的最大变动量。

3）圆度。圆度是针对零件上的圆要素实际轮廓与其中心保持等距的情况而提出的要求，即通常所说的圆整程度。圆度公差是在同一截面上，实际圆对理想圆所允许的最大变动量。

4）圆柱度。圆柱度是针对零件上圆柱面外形轮廓上的各点对其轴线保持等距状况而提出的要求。圆柱度公差是实际圆柱面对理想圆柱面所允许的最大变动量。

5）线轮廓度。线轮廓度是针对在零件的给定平面上任意形状的非圆曲线保持其理想形状的状况而提出的要求。线轮廓度公差是指非圆曲线的实际轮廓线的允许变动量。

6）面轮廓度。面轮廓度是针对零件上的任意形状的曲面保持其理想形状的状况而提出的要求。面轮廓度公差是指非圆曲面的实际轮廓面对理想轮廓面的允许变动量。

(2) 位置公差。位置公差是指关联实际要素的位置对基准所允许的变动全量，位置公差可分为定向公差、定位公差与跳动公差。

1) 定向公差。定向公差是指关联实际要素对基准在方向上允许的变动全量。这类公差包括平行度、垂直度、倾斜度3项。

①平行度。平行度是针对零件上被测实际要素相对于基准保持等距离的状况而提出的要求，也就是通常所说的保持平行的程度。平行度公差是被测要素的实际方向对于与基准相平行的理想方向之间所允许的最大变动量。

②垂直度。垂直度是针对零件上被测要素相对于基准要素保持正确的90°夹角的状况而提出的要求，也就是通常所说的两要素之间保持正交的程度。垂直度公差是被测要素的实际方向对于与基准相垂直的理想方向之间所允许的最大变动量。

③倾斜度。倾斜度是针对零件上两要素相对方向保持任意给定角度的状况而提出的要求。倾斜度公差是被测要素的实际方向对于与基准成任意给定角度的理想方向之间所允许的最大变动量。

2) 定位公差。定位公差是指关联实际要素对基准在位置上允许的变动全量。这类公差包括对称度、同轴度、位置度3项。

①对称度。对称度是针对零件上两对称中心要素保持在同一中心平面内的状况而提出的要求。对称度公差是实际要素的对称中心面（或中心线、轴线）对理想对称中心面所允许的最大变动量。

②同轴度。同轴度是针对零件上被测轴线相对于基准轴线保持在同一直线上的状况而提出的要求，也就是通常所说的共轴程度。同轴度公差是被测实际轴线相对于基准轴线所允许的最大变动量。

③位置度。位置度是针对零件上的点、线、面等要素相对于其理想位置的状况而提出的要求。位置度公差是被测要素的实际位置相对于理想位置所允许的最大变动量。

3) 跳动公差。跳动公差是以特定的检测方式为依据而给定的公差项目。跳动公差可分为圆跳动与全跳动。

①圆跳动。圆跳动是针对零件上的回转表面在限定的测量面内相对于基准轴线保持固定位置的状况而提出的要求。圆跳动公差是被测实际要素绕基准轴线无轴向移动地旋转一整圈时，在限定的测量范围内所允许的最大变动量。

②全跳动。全跳动是指零件绕基准轴线作连续旋转时，沿整个被测表面上的跳动量。全跳动公差是被测实际要素绕基准轴线连续旋转时，指示器沿其理想轮廓相对移动时所允许的最大跳动量。

3. 形位公差应用举例

形位公差应用实例如图2—6所示。

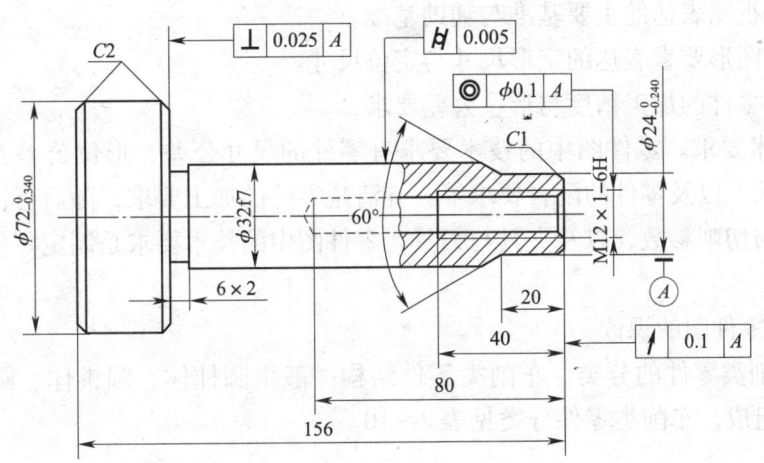

图 2—6 形位公差应用实例

$\boxed{H\ 0.005}$ 表示 $\phi 32f7$ 圆柱面的圆柱度公差为 0.005 mm，即该被测圆柱面必须位于半径差为公差值 0.005 mm 的两同轴圆柱面之间。

$\boxed{\odot\ \phi 0.1\ A}$ 表示 M12×1 螺纹孔的轴线对基准 A（$\phi 24$ 圆柱面轴线）的同轴度公差为 0.1 mm，即被测螺纹孔的轴线必须位于直径为公差值 0.1 mm，且与基准轴线 A 同轴的圆柱面内。

$\boxed{\nearrow\ 0.1\ A}$ 表示 $\phi 24$ 的端面对基准 A 的端面圆跳动公差为 0.1 mm，即被测面围绕基准 A（基准轴线）旋转一周时，任一测量直径处的轴向圆跳动量不得大于公差值 0.1 mm。

$\boxed{\perp\ 0.025\ A}$ 表示 $\phi 72$ 的右端面对基准 A 的垂直度公差为 0.025 mm，即该被测端面必须位于距离为公差值 0.025 mm，且垂直于基准 A（基准轴线）的两平行平面之间。

2.1.5 零件图的识读

1. 识读零件图的基本方法

（1）零件图标题栏。零件图标题栏中标注零件的设计单位、零件名称与图号、零件材料、视图比例、图样设计与图样更改等信息，通过识读零件图标题栏可大致对零件有一个初步的了解。

（2）零件视图

1）通过基本视图，了解零件的基本轮廓。

2）通过局部视图、向视图、斜视图等了解零件的细微结构。

3）通过各种类型的剖视图、断面图等了解零件的内部轮廓。

4）从线与面着手对零件形体进行分析，找出构造零件的基本体与组合体，确认这些形体的相互位置关系。

5）综合所有视图，从形体入手、由小到大、由局部到整体想象零件的结构与形状。

（3）零件的尺寸分析

1）分析视图表达的主要基准与辅助基准。
2）分析图形要素表达的定形尺寸与定位尺寸。
3）了解零件的加工精度与形位公差要求。

（4）技术要求。零件图中的技术要求有零件的尺寸公差、形位公差、表面粗糙度和热处理要求，以及零件的配合要求等，弄清楚零件的加工要求，随后可以选用零件加工用的机床与切削参数，以及夹具与刀具，零件图中的技术要求是制定零件加工工艺的重要依据。

2. 车削零件图的识读

（1）车削类零件的分类。车削类零件结构一般由圆柱体、圆锥体、圆弧回转体等基本几何体组成，车削类零件分类见表2—10。

表2—10　　　　　　　　　　车削类零件分类

序号	类型	图例
1	轴类零件	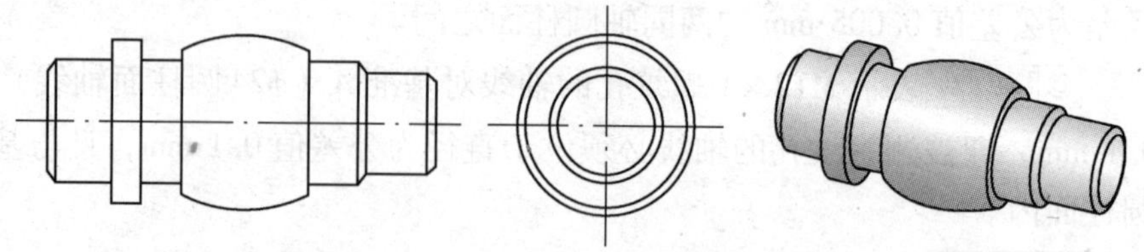
2	盘套类零件	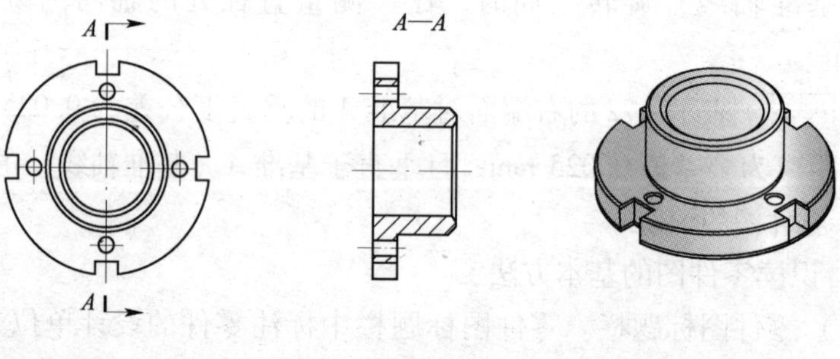

1）轴类零件。轴类零件的特征是它由同一轴线的不同直径的回转体组成，零件的轴向尺寸一般比径向尺寸大。实心轴类零件一般用主视图表达轴的外轮廓，用移出断面图来表达键槽尺寸；中空轴类零件通常用主视图表达轴的外轮廓，用剖视图表达轴的内孔结构，也可以用半剖的方法表达中空轴类零件的内外结构，用局部视图表达轴上的键槽尺寸。

2）盘套类零件。盘套类零件的特点是轴向尺寸相对比径向尺寸小。盘套类零件又可分为盘类零件与套类零件，盘类零件有法兰，分有孔与无孔两种，常用半剖视图表示零件的内外结构，左视图表达法兰的螺栓连接孔、定位孔、拆卸用的螺纹孔以及键槽尺寸等；套类零件上有孔，表达方式与中空轴类零件的表达方式相似。

（2）车削类零件的常见结构

1）倒角和倒圆。为便于装配和去除零件的毛刺、锐边以保证操作安全，常在轴或孔的端部倒角（见图2—7），倒角一般为45°，也可以为30°或60°。一般要求如零件上倒角的尺寸相同，在图样的技术要求中说明，例如，"全部倒角C1""其余倒角C1"，没有标注的锐角上也应考虑C0.5的倒角。

对于轴类零件的阶梯孔、阶梯轴等，为了避免在轴肩、孔肩等处产生应力集中（构件上有切口、开槽、螺纹等会造成零件内部应力分布不均匀），应以圆角结构作为过渡，称为倒圆（见图2—7）。零件上倒圆尺寸全部相同时，可在图样的技术要求中标注，如"全部圆角R3"或"其余圆角R3"等。

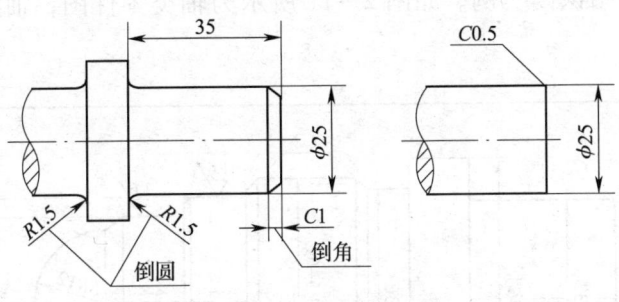

图2—7 倒角和倒圆

2）退刀槽和砂轮越程槽。零件在车削或磨削时，为保证零件加工质量，在轴肩处、孔的台肩处清角，而切削出退刀槽和砂轮越程槽。如图2—8所示，退刀槽和砂轮越程槽的具体尺寸与构造可查阅有关标准和设计手册。图2—9所示为退刀槽和砂轮越程槽的尺寸标注。

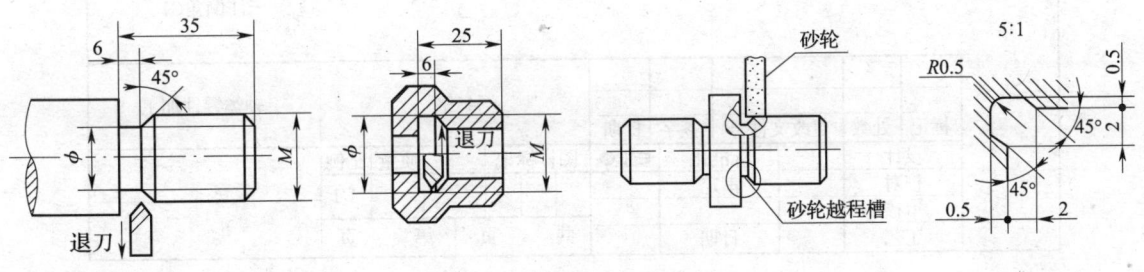

图2—8 退刀槽和砂轮越程槽

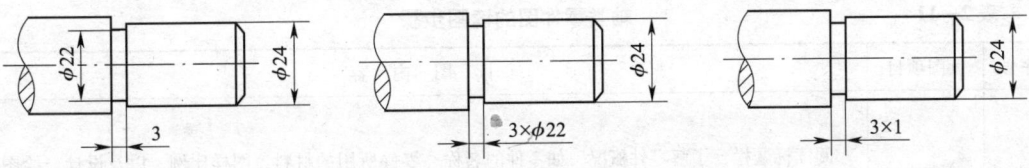

图2—9 退刀槽和砂轮越程槽的尺寸标注

3）螺纹。螺纹也是轴类零件中最常用的结构，螺纹的绘制如图 2—10 所示。

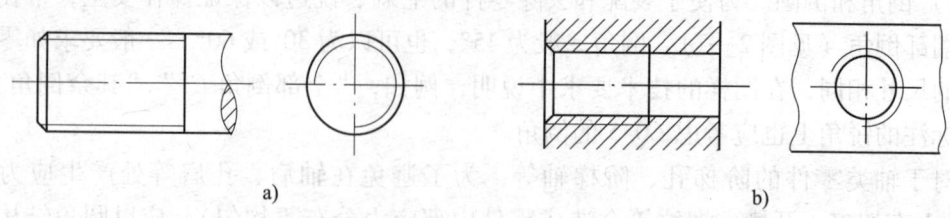

图 2—10　螺纹的绘制
a）外螺纹　b）内螺纹

（3）车削零件图识读实例。如图 2—11 所示为轴类零件图，轴类零件图的读图步骤见表 2—11。

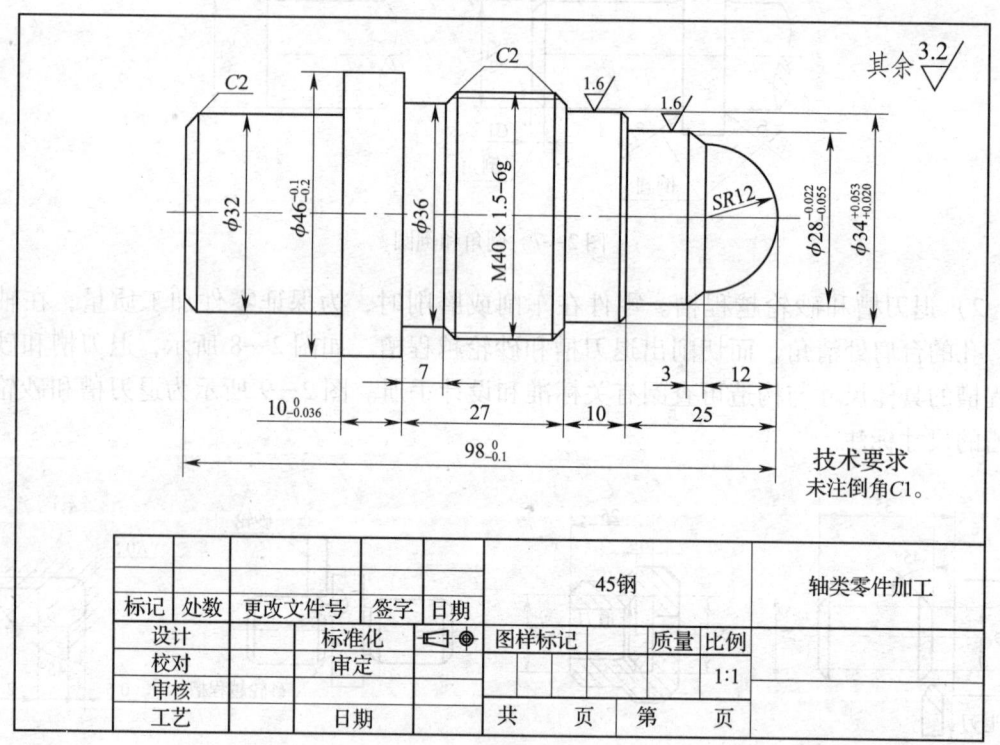

图 2—11　轴类零件图

表 2—11　　　　　　　　　　　　轴类零件图的读图步骤

序号	读图项目	读图内容
1	标题栏	阅读标题栏，了解零件概况，如零件的名称、零件所用的材料、图样比例，以及设计、绘图、审核人员等信息

续表

序号	读图项目	读 图 内 容
2	零件视图	分析图形，想象零件形状，视图清楚地表达了零件的形状结构，从左向右由 8 个不同直径的回转体组成，分别为 φ32×26（左端 C2 倒角）圆柱体、φ46×10 圆柱体、φ36×7 圆柱体、螺杆 M40 mm（螺距 1.5、长 20、两端 C2 倒角）、φ34×10（右端 C1 倒角）圆柱体、φ28×10 圆柱体、圆锥体（大端 φ28、小端 φ24、长 3）、半球体 SR12，轴总长 98
3	尺寸标注	分析尺寸，根据数控车床加工程序的编程特点，零件图要素的交点或切点称为基点，分别用基点坐标表示，定形尺寸直径是基点的 X 坐标，其轴向定位尺寸是基点的 Z 坐标 (1) 图中定形尺寸有公差，如 $\phi 34^{+0.053}_{+0.020}$、$\phi 28^{-0.022}_{-0.055}$、$\phi 46^{-0.1}_{-0.2}$，编程时用其中间值 (2) 图中定位尺寸有公差，编程时也用其中间值，并根据尺寸链计算封闭环尺寸，确定工件坐标系后，根据尺寸链，变尺寸分散表示法为尺寸集中表示法
4	技术要求	分析技术要求，明确零件的加工质量要求 (1) 表面粗糙度要求。零件图中两个圆柱表面标注 $\overset{1.6}{\triangledown}$，表示 R_a 值为 1.6 μm，采用精车或粗磨工艺均可满足加工要求，零件图右上角标注"其余 $\overset{3.2}{\triangledown}$"，表示 R_a 值为 3.2 μm，一般用车削加工方法可满足加工要求 (2) 形位公差要求。在此图中没有标注形位公差要求。一般对于轴类零件，圆柱度要求很重要，对于掉头车削的零件来说，同轴度的要求更重要

3. 铣削零件图的识读

(1) 铣削类零件的分类。铣削类零件的分类见表 2—12。通常铣削类零件主要有型腔类、凸台类和孔系类等类型，以及这些类型的组合。

表 2—12　　　　　　　　　铣削类零件的分类

序号	类型	图 例
1	型腔类零件	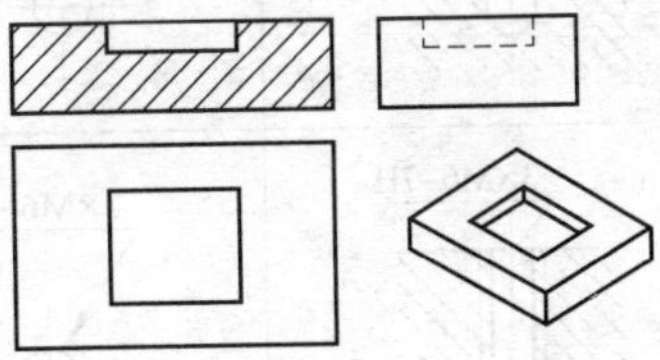
2	凸台类零件	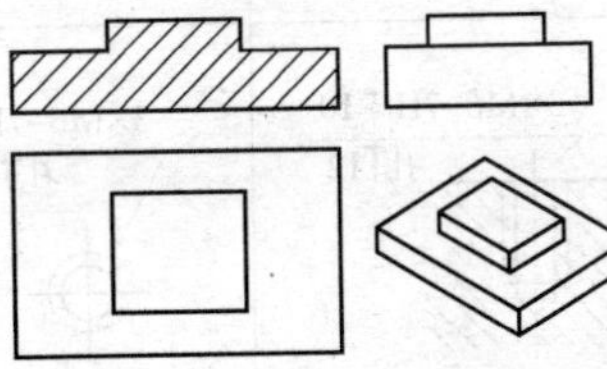

续表

序号	类型	图例
3	孔系类零件	

（2）铣削类零件的常见结构

1）凸台与型腔。零件之间的接触面一般都要进行加工，为保证配合零件的相对位置，设计配合零件的凸台与型腔结构，如图2—12所示。

2）孔与孔系。孔的结构形式很多，常见孔的结构形式见表2—13。

（3）铣削零件图的识读过程。如图2—13所示为板类零件图，板类零件图的读图步骤见表2—14。

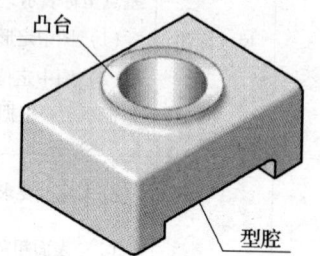

图2—12 凸台和型腔

表2—13　　　　　　　　常见孔的结构形式

序号	结构类型		简化注法	普通注法	说明
1	光孔	一般孔	4×φ4↧10	4×φ4	孔深10 mm，直径4 mm
2		精加工孔	4×φ4H7↧10 孔↧12	4×φ4H7	孔深12 mm，精加工孔深10 mm，直径4H7
3	螺纹孔	通孔	3×M6-7H	3×M6-7H	普通螺纹M6，通孔
4		不通孔	3×M6-7H↧10 孔↧12	3×M6-7H	普通螺纹M6，螺孔深10 mm，孔深12 mm

续表

序号	结构类型		简化注法	普通注法	说明
5	沉孔	柱型沉孔	4×φ6.4 ⌴φ12▼4.5	4×φ6.4 ⌴φ12▼4.5	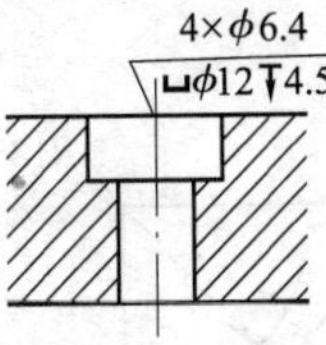 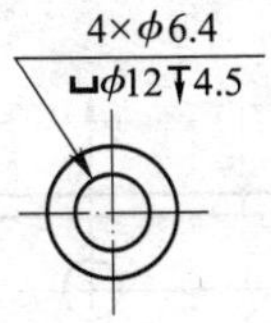 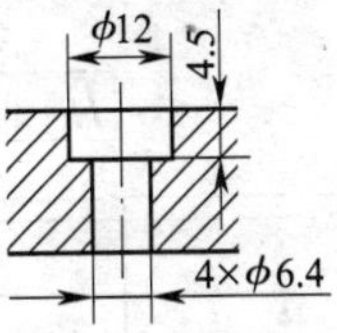 通孔直径6.4 mm，柱形沉孔直径12 mm，深4.5 mm
6		锪平孔	4×φ9 ⌴φ20	4×φ9 ⌴φ20	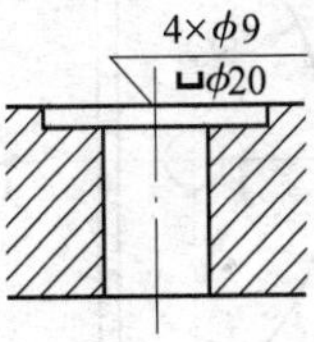  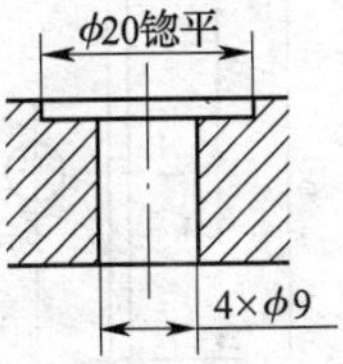 通孔直径9 mm，锪平孔直径20 mm

表2—14　　　　　　　　　　　　板类零件图的读图步骤

序号	读图项目	读 图 内 容
1	标题栏	阅读标题栏，了解零件概况，如零件的名称、零件所用的材料、图样比例，以及设计、绘图、审核人员等信息
2	零件视图	分析图形，想象零件形状，主视图表达零件的整体形状和结构，其中有2个凸台轮廓，5个孔。A—A剖视图表达零件凸台、型腔与孔的结构，以及加工的深度要求，其中2个轮廓均为凸台，第一层凸台在里面，深2 mm，凸台上面有1平底不通孔，深3 mm；第二层凸台在外面，深4 mm，凸台上面有4个平底不通孔，深7 mm
3	尺寸标注	(1) 图形轮廓的定形尺寸。图中100×80×20表达零件的外形尺寸，4×φ6表示零件上4个直径均为6 mm的平底不通孔，中间不通孔定形尺寸$\phi 22^{+0.053}_{+0.020}$，且有位置度要求。第一层凸台轮廓由8条圆弧组成，圆弧半径分别为R25、R30与R40，第二层凸台轮廓由4条直线与4条圆弧组成，圆弧半径均为R18 (2) 图形轮廓的定位尺寸。两个凸台轮廓对称分布，凸台的中心、一个平底不通孔的中心与矩形轮廓的中心重合，矩形轮廓中心为工件坐标系XOY平面的原点，通过E、D两点坐标，根据第一层凸台轮廓的对称关系，可以分别求出8条圆弧的起点与终点坐标，4个不通孔中心分别关于坐标轴对称，中心矩分别为60与80 (3) 第二层凸台直线尺寸。尺寸标注40、60分别表示4条直线的定形尺寸，尺寸标注$76^{-0.030}_{-0.076}$、96分别表示两组直线之间的距离，即定位尺寸，4条直线的端点分别为4条圆弧的起点与终点
4	技术要求	(1) 中间不通孔加工有位置度的定位尺寸加工要求，直径与深度有尺寸公差的定形尺寸要求 (2) 第二层凸台轮廓中一组直线有互为基准的定位精度要求，通过尺寸精度约束 (3) 零件图的右上角标注零件表面粗糙度"全部$\sqrt{3.2}$"，采用铣削加工方法能满足零件的加工质量要求

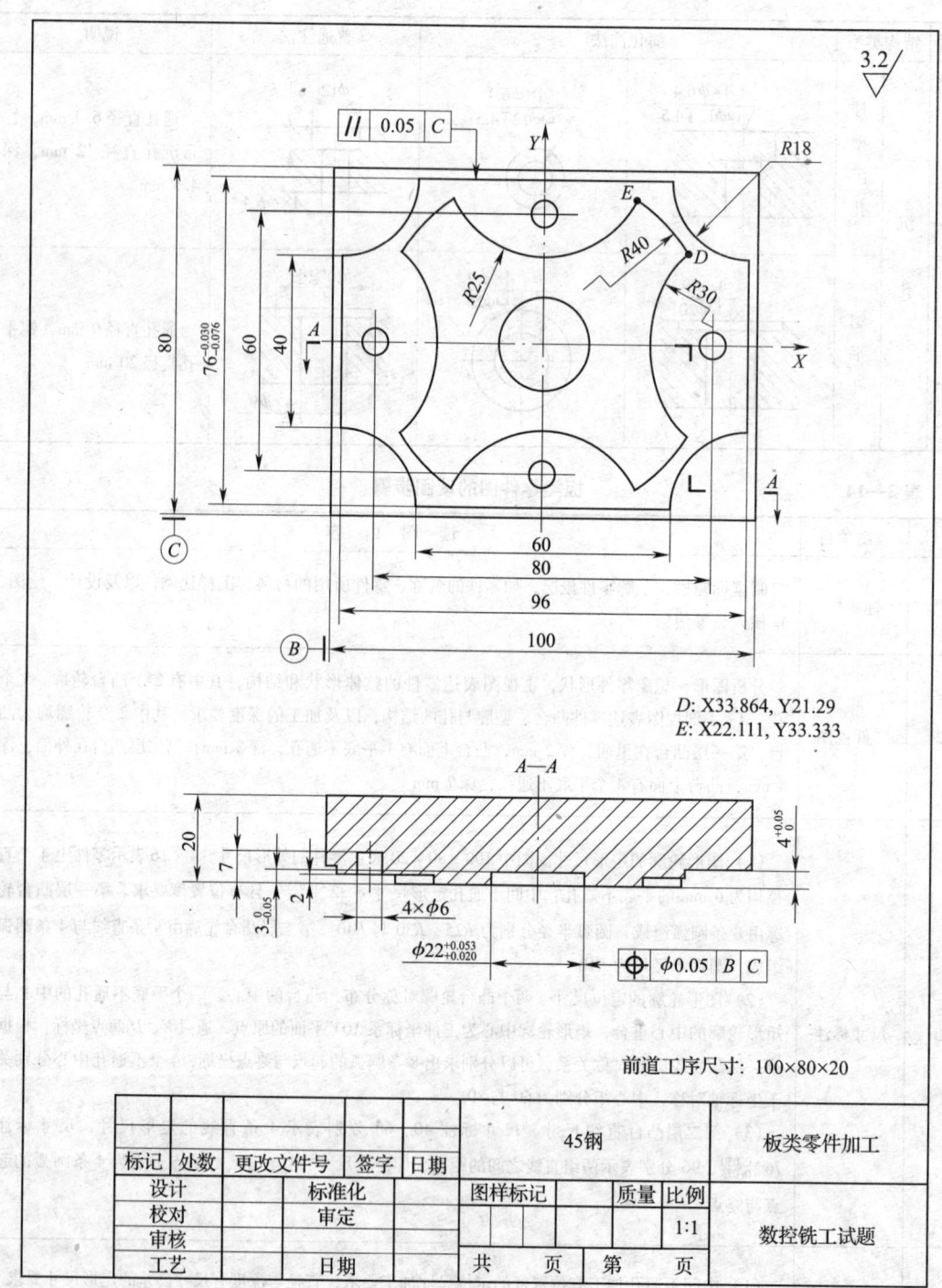

图 2—13 板类零件图

2.2 数控加工基础知识

2.2.1 工件材料与热处理

数控机床加工零件的材料大部分是金属材料,金属材料的加工性能可表示为工艺性能和加工后的使用性能,工艺性能指金属材料在加工条件下表现出的性能;在这里使用性能指金属材料通过加工后在使用条件下表现出的性能,经过金属材料热处理能改变金属材料的使用性能。

1. 金属材料的性能

金属材料的性能包括物理性能、化学性能和力学性能,并决定了金属材料的使用范围与工艺性能。以下主要介绍与切削加工有关的金属材料性能。

(1) 导热性与热膨胀性

1) 导热性。金属材料传导热量的能力称为导热性,金属材料的导热性比非金属材料好,金属材料的切削过程是刀具对材料的挤压过程,这种挤压与摩擦会产生大量的热量,需要通过金属导热散发热量,还需要借助切削液带走热量。

2) 热膨胀性。金属材料在受热时体积增大,冷却时体积收缩,这种现象称为热膨胀性。

刀具对金属材料的切削过程所产生的切削热,使得金属材料热膨胀,会造成零件加工尺寸的误差。为此,常常通过加切削液或用风冷的方法带走工件热量,待零件冷却后在常温下再测量零件的加工尺寸。

(2) 强度。强度是指金属材料在载荷作用下抵抗变形和破坏的能力。材料承受载荷的形式不同,其变形有多种形式,材料的强度分为抗拉强度、抗压强度、抗扭强度、抗弯强度、抗剪强度等。例如,当加工细长轴时,工件容易产生扭转变形与弯曲变形。因此加工细长轴应采取相应措施,如采用减小切削用量,使用尾架顶尖、中心架和跟刀架的方法,这样能增大其刚度,以减小工件的扭转变形与弯曲变形。

(3) 弹性与塑性。金属材料在切削过程中会产生弹性变形与塑性变形,弹性变形指金属材料在载荷作用下产生变形,变形随载荷消失而消失的性能,在车削细长轴或用细长刀具铣削加工时,这种变形会造成让刀现象;塑性变形指金属材料在载荷作用下产生永久变形而不破坏的能力。在加工薄壁工件时,应减小切削用量,避免载荷过大使工件产生塑性变形。

(4) 硬度。硬度是指金属材料抵抗更硬物体压入其表面的能力,它是材料塑性、强度等性能的综合表征,金属材料强度随硬度的提高而提高,其塑性随硬度的提高而减小,金属材料的硬度直接影响工件的切削性能。

2. 钢的热处理

钢的热处理是指用一定方式将其加热、保温和冷却,以获得预期的材料性能。钢通过合理的热处理，不仅能发挥材料的潜力，提高材料的使用性能和使用寿命，而且可以改善材料的加工工艺性能，提高材料的加工质量。

钢的热处理种类很多，可以分为普通热处理与表面热处理，普通热处理有退火、正火、淬火、回火，表面热处理包括表面淬火（感应淬火、火焰淬火）和化学热处理（渗碳、氮化等）。

（1）退火。将钢加热到适当温度，保温一定时间，然后缓慢冷却的热处理工艺。

退火的目的是降低材料硬度，有利于材料切削加工，消除材料组织缺陷和材料中的残余内应力，防止材料变形与开裂，改善材料的切削性能，并为材料的后续热处理做好组织准备。

退火分低温退火、中温退火和高温退火。

（2）正火。将钢加热到适当温度，保温一定时间，然后出炉空冷的热处理工艺。

正火的目的是细化组织，提高硬度，改善材料切削性能，也能为材料的后续热处理做好组织准备。正火与退火相比，经正火后材料的硬度高于退火，而且正火操作简便、生产周期短、成本低，对于硬度要求不高的工件，可用正火代替调质。

（3）淬火。将钢加热到适当温度，保温一定时间，然后快速冷却的热处理工艺。

淬火的目的是提高材料的硬度、强度和耐磨性。钢在淬火后，通过回火热处理，可防止材料变形与开裂，使其获得更佳的使用性能。

（4）回火。将淬火钢加热到低于727℃的某一温度，保温一定时间，然后空冷到室温的热处理工艺。

回火的目的是减小或消除工件淬火时产生的内应力，稳定尺寸，调整材料的性能，满足工件的使用性能。

回火可分为低温回火、中温回火和高温回火。淬火和高温回火相结合的热处理称为调质，调质处理能提高材料的综合性能。因此调质处理常作为螺栓、连杆、齿轮、轴等重要零件的热处理工艺。

退火与回火方法相似，退火是工件的预处理，回火是工件的最终热处理。

2.2.2　金属切削基础知识

1. 切削加工基础知识

（1）切削运动。在金属材料切削加工过程中，要求刀具材料比工件材料硬度大，通过刀具与工件之间产生相对运动切除工件上多余的金属，这种相对运动称为切削运动，切削运动是主运动与进给运动两种运动的合成，如图2—14所示。

1）主运动。在车削加工中，主运动指工件的旋转运动；在铣削加工中，主运动指刀具的旋转运动。通过主运动使刀具能够切削工件材料。

2）进给运动。在切削加工中，进给运动指刀具相对工件的运动，使刀具能够不断切削工件待加工的表面。

主运动使刀具能够对工件进行切削，进给运动保持刀具对工件连续切削。

（2）切削过程中的工件表面。在切削加工过程中，工件上始终有三个不断变化的

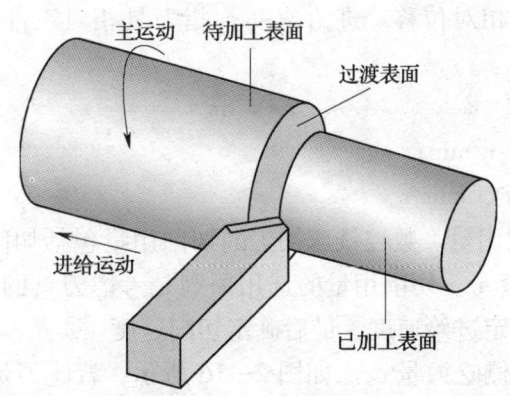

图2—14 切削运动

表面,待加工表面、已加工表面和过渡表面,如图2—14所示。

1)待加工表面指工件上将被加工的表面。

2)已加工表面指工件上经过刀具加工后的表面。

3)过渡表面指工件上在刀具切削过程中形成的表面,也称为待加工表面与已加工表面之间的过渡表面。

2. 数控机床切削用量

数控机床切削加工分粗加工、半精加工与精加工,粗加工切削用量选用原则是以提高劳动生产率为主,选用较小的切削速度与较大的进给量;半精加工和精加工切削用量选用原则是以提高工件的加工质量为主,选用较高的切削速度与较小的进给量。

(1)数控车床切削用量。数控车床加工的切削用量包括背吃刀量(切削深度)a_p、切削速度v_c和进给量f。

1)背吃刀量a_p。背吃刀量为待加工表面与已加工表面之间的垂直距离,如图2—15所示。背吃刀量a_p的计算公式为

$$a_p = \frac{d_w - d_m}{2}$$

式中 d_w——待加工表面外圆直径,mm;

d_m——已加工表面外圆直径,mm。

2)切削速度v_c。切削速度v_c指切削刃上参考点的线速度,在车削端面时,切削刃上各点的线速度是变量。切削速度v_c的计算公式为

$$v_c = \frac{\pi d n}{1\ 000}$$

式中 d——工件或刀尖的回转直径,mm;

n——工件或刀具的转速,r/min。

3)进给量f。刀具进给量指工件或刀具每旋转一周或往复一次,或刀具每转过一齿时,工件与刀

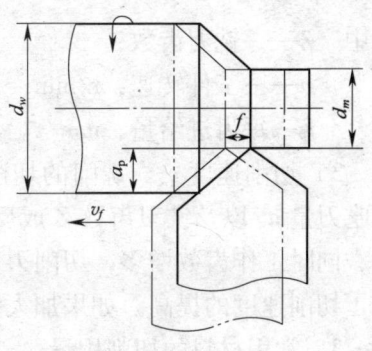

图2—15 车削进给量和背吃刀量

具在进给运动方向上的相对位移。进给速度 v_f 指刀具相对工件进给运动的速度。进给速度 v_f 的计算公式为

$$v_f = nf$$

式中　n——工件转速，r/min；
　　　f——刀具进给量，mm/r。

(2) 数控铣床切削用量。数控铣床加工的切削用量包括切削速度 v_c、进给速度 v_f、背吃刀量 a_p 和侧吃刀量 a_e。切削用量的选用原则是考虑刀具的耐用度，先选取背吃刀量或侧吃刀量，然后确定进给速度，最后确定切削速度。

1) 背吃刀量 a_p 与侧吃刀量 a_e。如图 2—16 所示，背吃刀量 a_p 是平行于铣刀轴线的切削层尺寸 (mm)，在端铣中背吃刀量为切削层深度，圆周铣削中为被加工表面的宽度。侧吃刀量 a_e 是垂直于铣刀轴线的切削层尺寸 (mm)，在端铣中 a_e 为被加工表面宽度，圆周铣削中 a_e 为切削层深度。端铣背吃刀量和圆周铣侧吃刀量主要根据零件的加工余量和零件表面的质量要求决定。

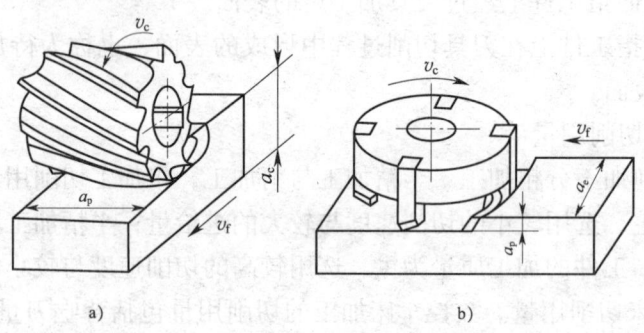

图 2—16　铣削用量
a) 圆周铣　b) 端铣

2) 进给速度 v_f。进给速度指单位时间内工件与铣刀沿进给方向的相对位移 (mm/min)，与铣刀转速 n、铣刀齿数 Z 及每齿进给量 f_z (mm/z) 有关，进给速度的计算公式为

$$v_f = f_z Z n$$

式中　Z——铣刀齿数；
　　　n——工件转速，r/min；
　　　f_z——每齿进给量，mm/z。

3) 切削速度 v_c。铣削的切削速度与刀具耐用度 T、每齿进给量 f_z、背吃刀量 a_p、侧吃刀量 a_e 以及铣刀齿数 Z 成反比，与铣刀直径 d 成正比。原因是 f_z、a_p、a_e、Z 增大时，同时工作齿数增多，切削刃负荷和切削热增加，加快刀具磨损，因此刀具耐用度限制了切削速度的提高。如果加大铣刀直径则可以改善散热条件，提高切削速度。

3. 常用材料的切削用量

(1) 车削加工切削用量选用

1) 硬质合金外圆车刀切削速度见表2—15。

表2—15　　　　　　　硬质合金外圆车刀切削速度

工件材料	热处理状态	$a_p = 0.3 \sim 2$ mm $f = 0.08 \sim 0.3$ mm/r	$a_p = 2 \sim 6$ mm $f = 0.3 \sim 0.6$ mm/r	$a_p = 6 \sim 10$ mm $f = 0.6 \sim 1$ mm/r
		v_c (m/min)		
低碳钢	热轧	140 ~ 180	100 ~ 120	70 ~ 90
中碳钢	热轧	130 ~ 160	90 ~ 110	60 ~ 80
	调质	100 ~ 130	70 ~ 90	50 ~ 70
工具钢	退火	90 ~ 120	60 ~ 80	50 ~ 70
灰铸铁	190 HBW	90 ~ 120	60 ~ 80	50 ~ 70
	190 ~ 225 HBW	80 ~ 110	50 ~ 70	40 ~ 60
铝及铝合金		300 ~ 600	200 ~ 400	150 ~ 200

2) 硬质合金车刀粗车外圆及端面进给量见表2—16。

表2—16　　　　　　　硬质合金车刀粗车外圆及端面进给量

工件材料	刀杆尺寸 $B \times H$ (mm²)	工件直径 d (mm)	背吃刀量 a_p (mm)				
			<3	3 ~ 5	5 ~ 8	8 ~ 12	>12
			进给量 f (mm/r)				
碳素结构钢 合金结构钢	16 × 25	20	0.3 ~ 0.4	—	—	—	—
		40	0.4 ~ 0.5	0.3 ~ 0.4	—	—	—
		60	0.5 ~ 0.7	0.4 ~ 0.6	0.3 ~ 0.5	—	—
		100	0.6 ~ 0.9	0.5 ~ 0.7	0.5 ~ 0.6	0.4 ~ 0.5	—
		400	0.8 ~ 1.2	0.7 ~ 1.0	0.6 ~ 0.8	0.5 ~ 0.6	—
	20 × 30 25 × 25	20	0.3 ~ 0.4	—	—	—	—
		40	0.4 ~ 0.5	0.3 ~ 0.4	—	—	—
		60	0.5 ~ 0.7	0.5 ~ 0.7	0.4 ~ 0.6	—	—
		100	0.8 ~ 1.0	0.7 ~ 0.9	0.5 ~ 0.7	0.4 ~ 0.7	—
		400	1.2 ~ 1.4	1.0 ~ 1.2	0.8 ~ 1.0	0.6 ~ 0.9	0.4 ~ 0.6

续表

工件材料	刀杆尺寸 $B \times H$ (mm^2)	工件直径 d (mm)	背吃刀量 a_p (mm)				
			<3	3~5	5~8	8~12	>12
			进给量 f (mm/r)				
铸铁铜合金	16×25	40	0.4~0.5	—	—	—	—
		60	0.5~0.8	0.5~0.8	0.4~0.6	—	—
		100	0.8~1.2	0.7~1.0	0.6~0.8	0.5~0.7	—
		400	1.0~1.4	1.0~1.2	0.8~1.0	0.6~0.8	—
	20×30 25×25	40	0.4~0.5	—	—	—	—
		60	0.5~0.9	0.5~0.8	0.4~0.7	—	—
		100	0.9~1.3	0.8~1.2	0.7~1.0	0.5~0.8	—
		400	1.2~1.8	1.2~1.6	1.0~1.3	0.9~1.1	0.7~0.9

注：1. 断续加工和加工有冲击的工件，表内进给量应乘系数 $k=0.75~0.85$。
2. 加工无外皮工件，表内进给量应乘系数 $k=1.1$。
3. 加工耐热钢及其合金，进给量不大于 1 mm/r。

3）按表面粗糙度选择进给量见表2—17。

表2—17　　　　　　　按表面粗糙度选择进给量

工件材料	表面粗糙度 R_a (μm)	切削速度范围 v_c (m/min)	刀尖圆弧半径 r (mm)		
			0.5	1.0	2.0
			进给量 f (mm/r)		
铸铁、铝合金	5~10	不限	0.25~0.40	0.40~0.50	0.50~0.60
	2.5~5		0.15~0.25	0.25~0.40	0.40~0.60
	1.25~2.5		0.10~0.15	0.15~0.20	0.20~0.35
碳钢、合金钢	5~10	<50	0.30~0.50	0.45~0.60	0.55~0.70
		>50	0.40~0.55	0.55~0.65	0.65~0.70
	2.5~5	<50	0.18~0.25	0.25~0.30	0.30~0.40
		>50	0.25~0.30	0.30~0.35	0.30~0.50
	1.25~2.5	<50	0.10	0.11~0.15	0.15~0.22
		50~100	0.11~0.16	0.16~0.25	0.25~0.35
		>100	0.16~0.20	0.20~0.25	0.25~0.35

(2) 铣削加工切削用量选用

1) 铣削加工切削速度见表2—18。

表2—18 铣削加工切削速度

工件材料	硬度（HBW）	切削速度 v_c（m/min）	
		高速钢铣刀	硬质合金铣刀
钢	<225	18~42	66~150
	225~325	12~36	54~120
	325~425	6~21	36~75
铸铁	<190	21~36	66~150
	190~260	9~18	45~90
	160~320	4.5~10	21~30

2) 铣削加工进给量见表2—19。

表2—19 铣削加工进给量

工件材料	每齿进给量 f_z（mm/z）			
	粗铣		精铣	
	高速钢铣刀	硬质合金铣刀	高速钢铣刀	硬质合金铣刀
钢	0.10~0.15	0.10~0.25	0.02~0.05	0.10~0.15
铸铁	0.12~0.20	0.15~0.30		

2.2.3 数控机床的常用刀具

在金属切削加工中，常用刀具有车刀、可转换刀具、孔加工刀具和铣削刀具。

1. 金属切削加工的刀具材料

为提高数控机床的加工精度、生产效率，及降低刀具材料的消耗，在选用刀具材料时，除满足普通机床应具备的基本条件外，还要考虑数控机床加工中刀具的工作条件等多方面因素，如断屑性能、刀具快速调整与更换，因此数控加工对刀具和刀具材料提出了更高的要求。

(1) 数控加工对刀具的要求

1) 金属材料切削刀具必须具备的硬度指标是大于60HRC。
2) 刀具材料要有足够的强度和韧性，能承受较高的冲击载荷。
3) 刀具材料导热性好，降低切削温度，提高刀具耐用度。
4) 刀具的制造精度高，提高刀具的互换性。
5) 刀具具有良好的断屑功能，使切削加工过程平稳。

6）刀具适应快速换刀，减少换刀辅助时间。

7）数控刀具设计制造标准化、模块化，构成刀具系统，更能降低刀具费用。

有的数控机床有刀具工作状态检测报警装置，还有刀具寿命管理系统，甚至能自动更换磨损和破损的刀具，从而避免发生产品的质量事故。

（2）数控加工对刀具材料的要求。在金属切削过程中，刀具与工件、切屑之间挤压与摩擦使刀具切削部分产生很高的热量，在断续切削加工中，刀具还受机械冲击的影响，加剧刀具的磨损，造成刀具破损，因此对刀具材料提出很高的要求。

1）较高的硬度和耐磨性。刀具切削部分的硬度必须高于工件材料的硬度，刀具材料的硬度越高，其耐磨性越好，但刀具材料过硬，脆性增加会影响刀具的使用性能，作为金属切削刀具材料，在常温下的硬度一般为62HRC左右。

2）足够的强度和韧性。刀具在切削过程中承受很大的挤压力，在冲击和振动条件下工作，要使刀具不崩刃和折断，刀具材料必须具有足够的强度和韧性。

3）较高的耐热性。耐热性是指刀具材料在高温下保持硬度、耐磨性、强度及韧性的能力，这是衡量刀具材料切削性能的主要指标，这种性能也称刀具材料热硬性。

4）较好的导热性。刀具材料的导热系数越大，刀具传出的热量越多，这样有利于降低刀具的切削温度和提高刀具耐用度。

5）良好的工艺性。为便于刀具加工制造，要求刀具材料具有良好的工艺性能，如刀具材料的锻造性能、轧制性能、焊接性能、切削加工性能等，对于硬质合金和陶瓷刀具材料还要求有良好的烧结与压力成形的性能。

（3）数控加工常用刀具材料

1）高速钢。高速钢是由钨（W）、铬（Cr）、钼（Mo）、钒（V）等合金元素组成的高合金工具钢。高速钢具有较高的热稳定性、高温强度和韧性，并有一定的硬度和耐磨性。因而适合于加工非铁金属和各种钢铁材料，又由于高速钢有很好的加工工艺性，适合制造复杂的成形刀具，特别是粉末冶金高速钢具有各向异性的力学性能，能减小淬火变形，适合于制造精密与复杂的成形刀具（钻头、丝锥、拉刀、齿轮刀具等）。

2）硬质合金。硬质合金是由难熔金属碳化物（TiC、WC等）和金属黏结剂（如Co、Ni等）经粉末冶金方法制成的。硬质合金的硬度和耐磨性都很高，其切削性能比高速钢高得多，刀具耐用度是高速钢的几倍至数十倍，但抗弯强度和冲击韧性较差。由于其具有优良的切削性能，绝大多数车刀、端铣刀采用硬质合金材料，深孔钻、铰刀、齿轮滚刀等一些复杂刀具也采用硬质合金材料。

ISO标准将切削用硬质合金分为三类：P类（相当于我国的YT类）、K类（相当于我国的YG类）和M类（相当于我国的YW类）。

3）涂层刀具。涂层刀具是在韧性较好的硬质合金基体上，涂覆一薄层耐磨性高的难熔金属化合物而获得的，为提高涂层材料的强度，硬质合金基体在涂覆涂层之前要作钝化处理，常用的涂层材料有TiC、TiN、TiB_2、ZrO_2、Ti（C，N）及Al_2O_3等。

涂层硬质合金刀具一般采用化学气相沉积法（CVD 法）生产，沉积温度 1 000℃，涂层物质以 TiC 应用最为广泛。数控机床上不重磨刀具的广泛使用，为发展涂层硬质合金刀具开辟了广阔的天地。实践证明，涂层硬质合金刀具的耐用度至少可提高 1 ~ 3 倍。涂层高速钢刀具一般采用物理气相沉积法（PVD）生产，沉积温度 500℃左右。涂层高速钢刀具主要有钻头、丝锥、滚刀、立铣刀等。涂层刀具是当代刀具技术发展的一个主要方向。

4）陶瓷刀具。陶瓷刀具材料是在陶瓷基体上添加各种碳化物、氮化物、硼化物等并按一定生产工艺制成的。它具有很高的硬度、耐磨性、耐热性和化学稳定性等独特的优越性能，用于高速切削以及加工某些难加工材料，包括涂层刀具在内的任何高速钢刀具和硬质合金刀具都无法与之相比，陶瓷刀具材料可用于制造各种成形车刀、镗刀、铰刀及铣刀等，涂覆涂层的陶瓷刀具在使用中表现出来的性能更佳。

5）立方氮化硼。立方氮化硼刀具是用立方氮化硼为原料，利用超高温、高压技术加工而成。立方氮化硼刀具有很好的热硬性，可以高速切削高温合金以及经过淬火的钢，进行车削加工能获得很高的尺寸精度和极好的表面质量，实现以车代磨的新工艺。

6）金刚石。金刚石刀具可分为天然金刚石刀具、人造聚晶金刚石刀具和复合金刚石刀具三类。金刚石有极高的硬度、良好的导热性及较小的摩擦因数。该刀具的使用寿命比硬质合金刀具寿命高几十倍以上，加工尺寸精度能达到纳米级，车削有色金属能获得很高的工件表面质量，由于金刚石刀具材料与金属元素铁存在亲和力，因此不能用于切削加工含铁的金属材料。

2. 数控车床常用刀具

数控车床刀具主要用于切削加工零件的回转表面，如车削回转零件的内外圆柱面、圆锥面、圆弧面及螺纹等，图 2—17 所示为常用车刀的种类、形状和用途，图中 1 是切断刀、2 是 90°左偏刀、3 是 90°右偏刀、4 是弯头车刀、5 是直头车刀、6 是成形车刀、7 是宽刃精车刀、8 是外螺纹车刀、9 是端面车刀、10 是内螺纹车刀、11 是内槽车刀、12 是通孔车刀、13 是不通孔车刀。

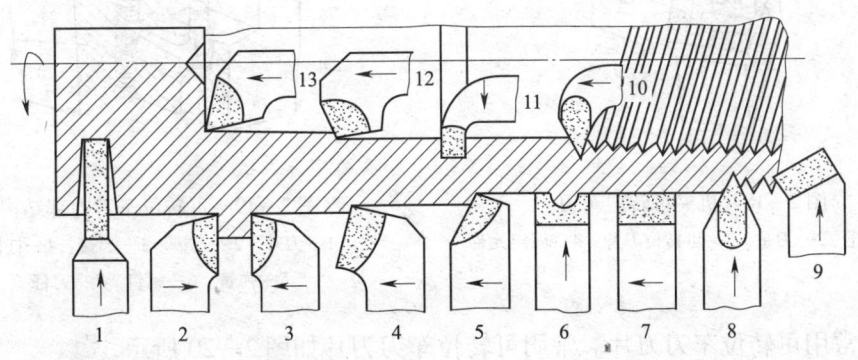

图 2—17 常用车刀的种类、形状和用途

(1) 按刀片形状分类。按数控车刀的刀片形状,可以归纳为三种,尖形车刀、圆弧形车刀和成形车刀。

1) 尖形车刀。以直线形切削刃为特征的车刀一般称为尖形车刀,这类车刀的刀尖是主切削刃与副切削刃的交点,如内外圆车刀、端面车刀和切断(车槽)车刀。

2) 圆弧形车刀。圆弧形车刀是较为特殊的数控加工用车刀。其特征是构成主切削刃的刀刃形状为一圆度误差或线轮廓度误差很小的圆弧,该圆弧刃上每一点都是圆弧形车刀的刀尖,因此,刀位点不在圆弧上,而在该圆弧的圆心上,圆弧形车刀可以用于车削内、外表面,特别适宜于车削各种光滑连接的凹形曲面。

3) 成形车刀。俗称样板车刀,刀片的形状和尺寸取决于被加工零件的轮廓形状。数控车床使用尖形车刀车削加工,其刀尖的运动轨迹能与零件的轮廓重合,因此数控车削加工可以不使用成形车刀。

(2) 按结构形式分类

车刀按结构形式可分为整体式车刀、焊接式车刀和机夹可转位车刀三大类。

1) 整体式车刀。主要是整体式高速钢车刀,通常用于小型车刀、螺纹车刀和形状复杂的成形车刀。它具有抗弯强度高、冲击韧性好、制造简单、刃磨方便、刃口锋利等优点。

2) 焊接式车刀。是将硬质合金刀片用焊接的方法固定在刀体上,经刃磨而成。这种车刀结构简单,制造方便,刚度较好,但抗弯强度低,冲击韧性差,切削刃不如高速钢车刀锋利,不易制作复杂刀具。

3) 机夹可转位车刀。是数控车床上用得比较多的一种车刀,如图2—18所示,它由刀杆、刀垫、可转位刀片、固定元件组成。如图2—19所示为可转位车刀内部结构。

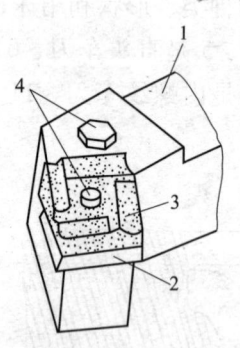

图2—18 机夹可转位车刀
1—刀杆 2—刀垫 3—可转位刀片 4—固定元件

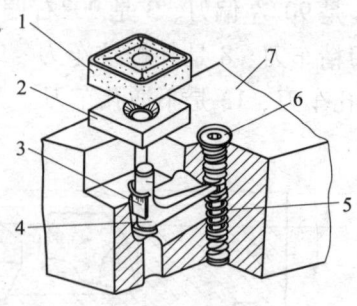

图2—19 可转位车刀内部结构
1—刀片 2—刀垫 3—卡簧 4—杠杆
5—弹簧 6—螺钉 7—刀杆

(3) 常用可转位车刀刀片。常用可转位车刀刀片如图2—20所示。

3. 数控铣床(加工中心)常用刀具

铣刀是一种在回转体表面上或端面上分布多个刀齿的多刃刀具,数控铣床上使用的

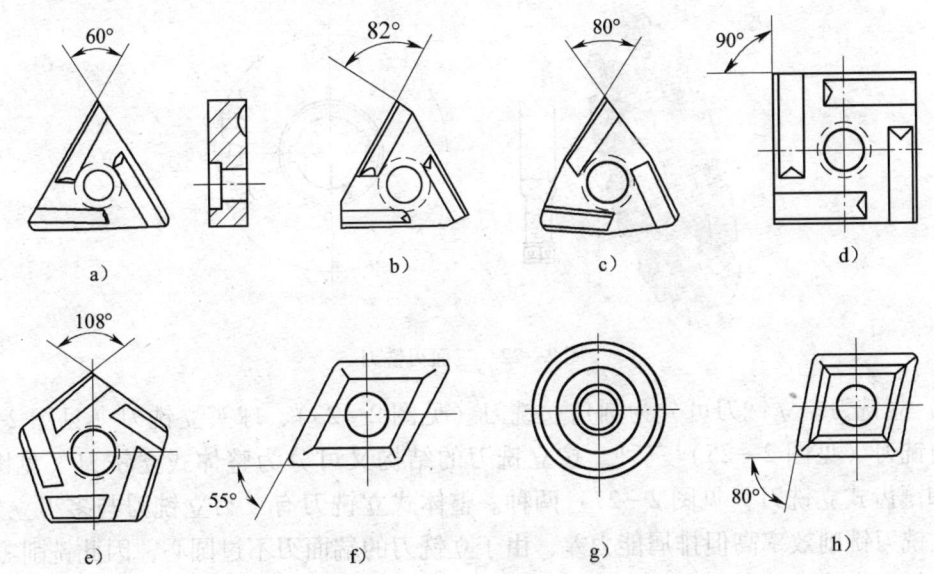

图 2—20 常用可转位车刀刀片

a) T型 b) F型 c) W型 d) S型 e) P型 f) D型 g) R型 h) C型

刀具也适用于加工中心。

(1) 数控铣刀分类

1) 面铣刀。端铣所用刀具为面铣刀，面铣刀可以是套式的，也可以是整体带柄式的，如图 2—21 所示。面铣刀适用于加工平面，尤其适合加工大面积平面。面铣刀的主切削刃分布在外圆柱面或外圆锥面上，其端面上的切削刃为副切削刃。面铣刀的直径一般较大，通常将其制成镶齿结构，即将其刀齿和刀体分开。刀齿是由硬质合金制成的可转位刀片，刀体的材料为 40Cr，把刀齿夹固在刀体上，刀齿的一个切削刃用钝后，只需更换刀片。面铣刀可以用于粗加工、精加工。

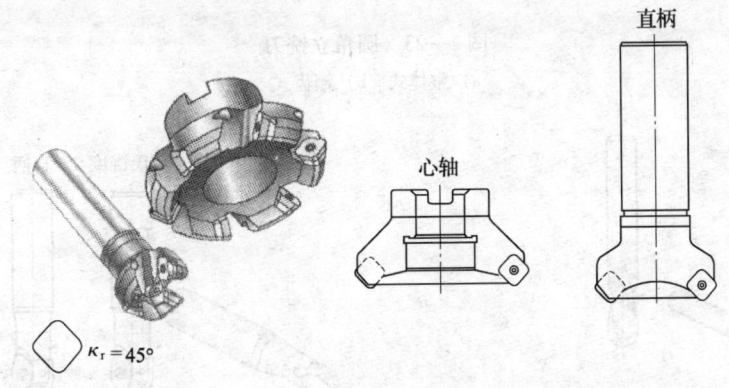

图 2—21 面铣刀

2) 三面刃铣刀。三面刃铣刀的外圆周和两边侧面都有切削刃，如图 2—22 所示。三面刃铣刀可以加工台阶面、沟槽等。

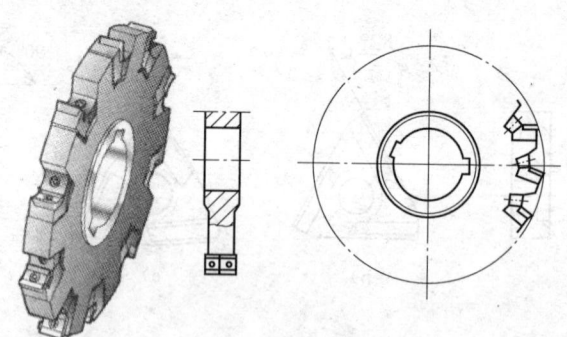

图 2—22 三面刃铣刀

3）立铣刀。立铣刀可分为圆角立铣刀（见图 2—23）、球头立铣刀（见图 2—24）和倒角铣刀（见图 2—25）三种。按立铣刀的结构又可分为整体式立铣刀（见图 2—26）和镶齿式立铣刀（见图 2—27）两种。整体式立铣刀有二刃立铣刀与多刃立铣刀，多刃立铣刀铣削效率高但排屑能力差，由于立铣刀的端面刃不过圆心，因此铣削零件型腔时需先用麻花钻钻孔，通过孔引导立铣刀铣削加工型腔；镶齿式立铣刀又分方肩式（见图 2—27a）和长刃式（见图 2—27b）两种。

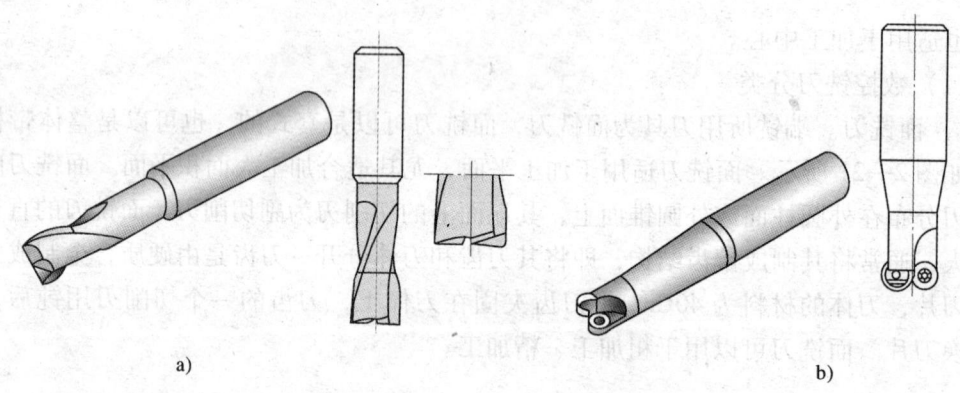

图 2—23 圆角立铣刀
a）整体式 b）镶齿式

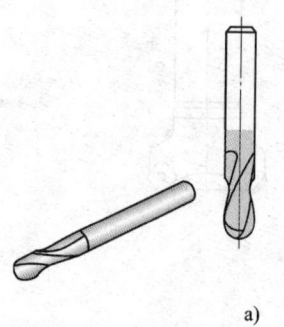

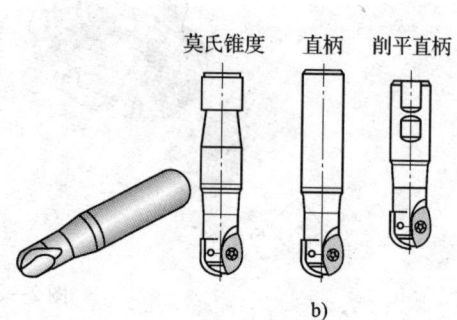

图 2—24 球头立铣刀
a）整体式 b）镶齿式

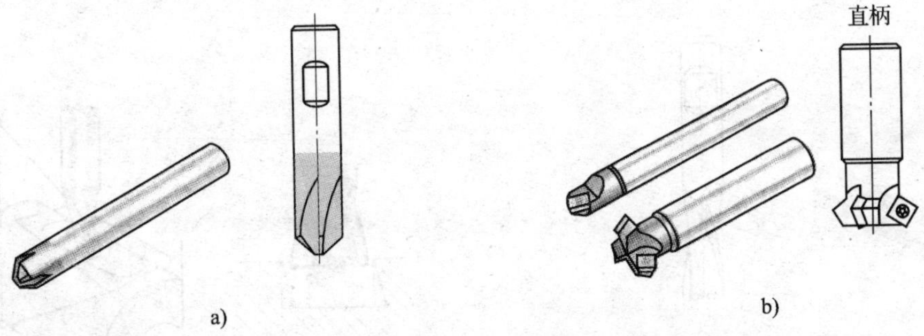

图 2—25 倒角铣刀
a) 整体式 b) 镶齿式

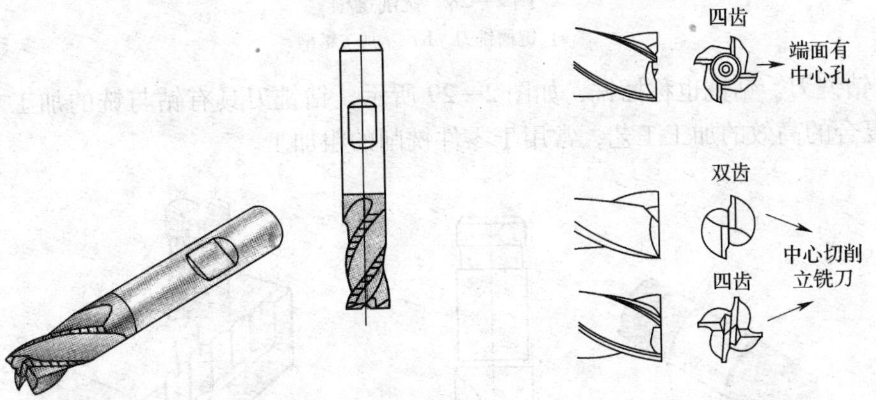

图 2—26 整体式立铣刀

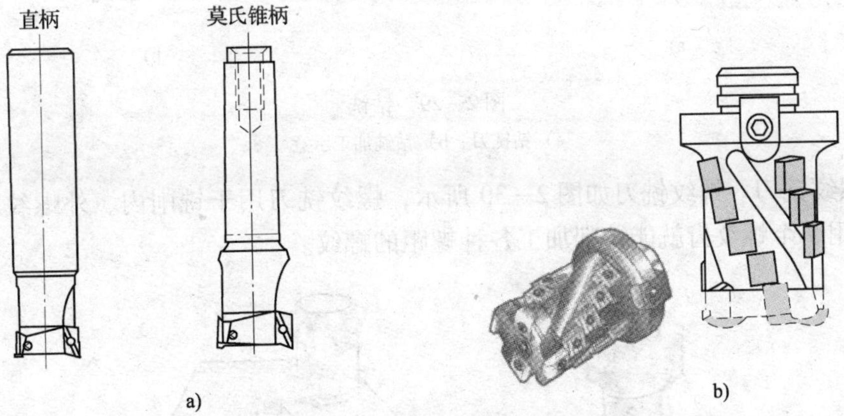

图 2—27 镶齿式立铣刀
a) 方肩式立铣刀 b) 长刃式立铣刀

4) 键槽铣刀。键槽铣刀即两齿中心切削立铣刀，如图 2—28 所示。圆柱面上和端面上都有切削刃，兼有铣孔和轮廓铣削的功能。由于键槽铣刀的端面刃过圆心，因此能沿其轴向铣孔与铣削键槽，也可像立铣刀一样铣削零件轮廓与平面。

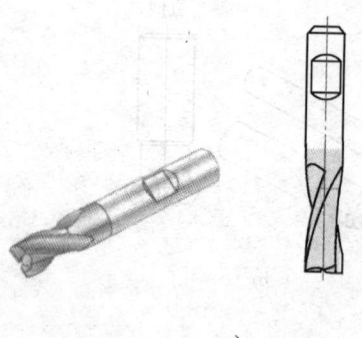

图2—28 铣削键槽
a) 键槽铣刀 b) 精加工键槽

5) 钻铣刀。钻铣也称插铣,如图2—29所示,钻铣刀具有钻与铣的加工功能,形成一种复合的高效的加工工艺,常用于零件铣削的粗加工。

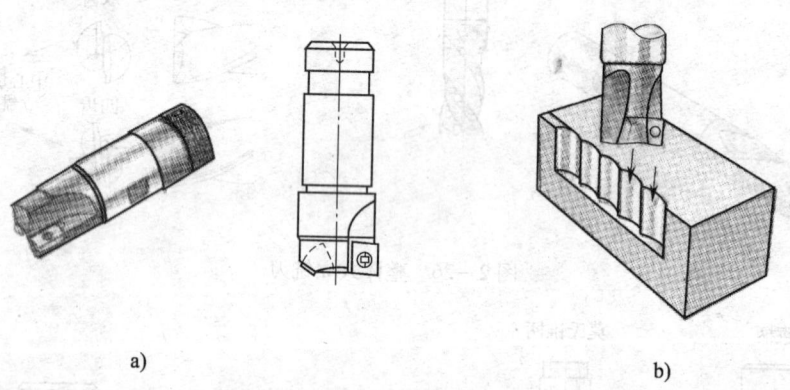

图2—29 钻铣
a) 钻铣刀 b) 钻铣加工示意

6) 螺纹铣刀。螺纹铣刀如图2—30所示,螺纹铣刀用于铣削内、外螺纹表面,该加工方法用一个螺纹齿就能铣削加工各种螺距的螺纹。

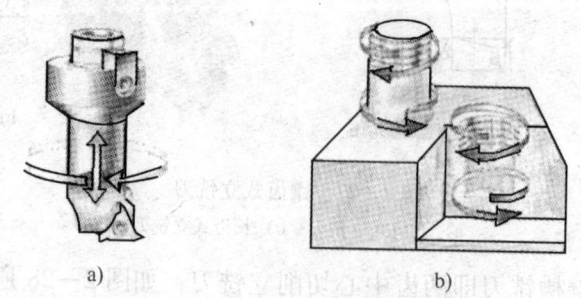

图2—30 螺纹铣刀
a) 螺纹铣刀结构 b) 铣削内外螺纹示意图

7)鼓形铣刀。鼓形铣刀切削刃是半径为 R 的圆弧形,绕回转轴线形成腰鼓形轮廓,如图 2—31 所示,其端面无切削刃。铣削加工时同时控制刀心轴向位置与刀具圆弧半径的补偿量,从而改变刀刃的切削部位,鼓形铣刀常用于铣削加工变斜角的工件。

8)成形铣刀。常见的成形铣刀如图 2—32 所示。成形铣刀一般为专用刀具,即为某个工件或某项加工内容而专门设计制造,它适用于加工零件特定形状的面、孔和槽,此种复合形刀具的加工效率很高,适用于批量复杂零件加工。

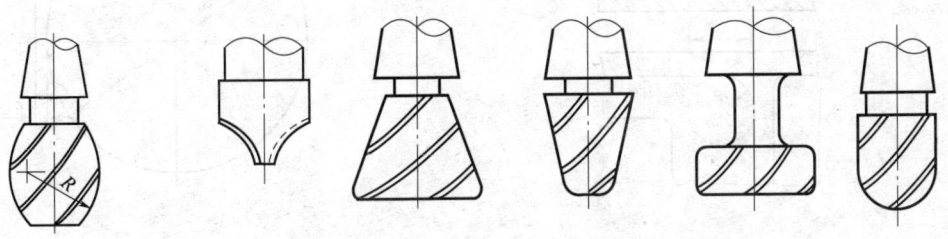

图 2—31 鼓形铣刀   图 2—32 常见的成形铣刀

(2)数控铣刀的选择。铣刀类型应与工件的表面形状与尺寸相适应。加工较大的平面选择面铣刀,加工凹槽、较小的台阶面及平面轮廓应选择立铣刀,加工空间曲面、模具型腔或凸模成形表面等多选用模具铣刀,加工封闭的键槽选择键槽铣刀,加工变斜角零件的变斜角面选用鼓形铣刀,加工各种直的或圆弧形的凹槽、斜角面、特殊孔等选用成形铣刀。数控铣床上使用最多的是可转位面铣刀和立铣刀。

(3)面铣刀主要参数的选择。标准可转位面铣刀直径为 16~630 mm,根据侧吃刀量选用铣刀直径,使之尽可能包容工件整个加工宽度,面铣刀切削时要考虑接刀的重叠量,避免产生接刀痕迹,以提高面铣刀的加工精度与效率。

(4)立铣刀主要参数的选择。立铣刀主切削刃的前角在法平面内测量,后角在端平面内测量,前角、后角都为正值,角度大小分别根据工件材料、加工要求与铣刀直径选取,立铣刀的尺寸参数如图 2—33 所示,推荐按下述经验数据选取。

1)刀具半径 R 应小于零件轮廓凹圆弧的最小曲率半径 ρ,一般取 $R = (0.8 \sim 0.9)\rho$。

2)零件的加工高度 $H \leq (4 \sim 6) R$,以保证刀具具有足够的刚度。

3)对不通孔(深槽),选取 $L = H + (5 \sim 10)$ mm(L 为刀具切削部分长度,H 为零件高度)。

4)加工外形及通槽时,选取 $L = H + r + (5 \sim 10)$ mm(r 为端刃圆角半径)。

5)粗加工内轮廓面时(见图 2—34),铣刀最大直径 D_{max} 可按下式计算:

$$D_{max} = \frac{2\left(\delta \sin \frac{\varphi}{2} - \delta_1\right)}{1 + \sin \frac{\varphi}{2}} + D$$

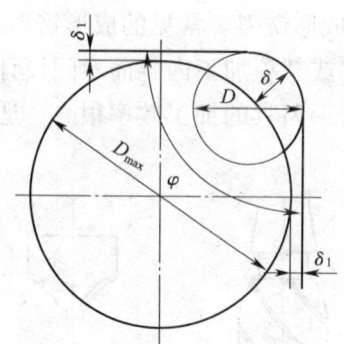

图 2—33 立铣刀的尺寸参数　　　图 2—34 粗加工立铣刀直径计算

式中　D——轮廓的最小凹圆角直径；
　　　δ——工件轮廓圆角邻边夹角等分线上的精加工余量；
　　　δ_1——工件轮廓圆角两邻边的精加工余量；
　　　φ——工件轮廓圆角两邻边的夹角。

6）加工肋板时，刀具直径为 $D = (5 \sim 10) b$（b 为肋板厚度）。

4. 常用孔加工刀具

孔加工在机械零件的切削加工中占有很大的比重，加工孔的种类也很多，有点孔、钻孔、扩孔、锪孔、铰孔、镗孔及铣孔等，数控铣床、加工中心上加工孔的方法很多，表 2—20 中列出了各种孔加工方法能达到的精度等级、表面粗糙度及适用范围。

表 2—20　　孔的加工方法、精度等级、表面粗糙度及适用范围

序号	加工方法	精度等级	表面粗糙度 R_a（μm）	适用范围
1	钻	IT14～IT11	50～12.5	
2	钻、粗铰	IT9	3.2～1.6	未淬火钢、铸铁实心毛坯、有色金属，孔径小于 15 mm
3	钻、粗铰、精铰	IT8～IT7	1.6～0.8	
4	钻、扩	IT11	6.3～3.2	
5	钻、扩、粗铰	IT9～IT8	1.6～0.8	未淬火钢、铸铁实心毛坯、有色金属，孔径大于 15 mm
6	钻、扩、粗铰、精铰	IT7	0.8～0.4	
7	粗镗	IT13～IT11	6.3～3.2	
8	粗镗、半精镗	IT9～IT8	3.2～1.6	除淬火钢外的各种材料，毛坯上有铸造孔或锻造孔
9	粗镗、半精镗、精镗	IT7～IT6	1.6～0.8	

(1) 孔加工种类

1) 点孔。点孔是钻孔之前用中心钻在工件表面打定位孔,由于麻花钻的横刃具有一定的长度,在平面上钻孔不易定心,使得钻头的旋转轴线不稳定,因此利用中心钻在平面上预钻一个凹坑,起钻孔定位作用。中心钻的直径较小,加工时主轴转速应不低于 1 000 r/min。

2) 钻孔。钻孔是用钻头在工件实体材料上加工孔,麻花钻是最常用的钻孔刀具,一般用高速钢制造。钻孔精度一般为 IT14~IT11 级,表面粗糙度 R_a 为 50~12.5 μm,钻孔直径范围为 0.1~100 mm,广泛用于孔的粗加工,也可作为不重要孔的最终加工。

3) 扩孔。扩孔是用扩孔钻对工件上已有孔进行扩大加工。由于钻孔用的麻花钻受制造工艺影响,钻头顶部有横刃,中心部位的钻头前角是负前角,麻花钻受这些不良刀具参数的影响,会增加钻削加工的阻力,而扩孔钻有 3~4 个主切削刃,没有横刃,刀具前角为正值,而且它的刚度及导向性好,因此扩孔加工精度可达到 IT10~IT9 级,表面粗糙度 R_a 值可达到 6.3~3.2 μm。扩孔常用于铸造孔、锻造孔或已钻孔,可作为精度要求不高的孔的最终加工或铰孔、磨孔前的预加工,常用于直径在 10~100 mm 内孔的扩孔加工。工件的扩孔可用麻花钻,对于精度要求较高或生产批量较大零件的扩孔应选用扩孔钻,扩孔加工余量为 2~5 mm。

4) 锪孔。锪孔是用锪钻或锪刀刮平孔的端面或切出沉孔的加工方法,通常用于加工沉头螺钉的沉头孔、锥孔、小凹台面等。锪孔时切削速度不宜过高,以免产生径向振纹或出现多棱形等质量问题。

5) 铰孔。铰孔是利用铰刀从工件孔壁上切除微量金属层,以提高其尺寸精度和减小表面粗糙度值的方法。铰孔精度等级可达到 IT8~IT7 级,表面粗糙度 R_a 值为 1.6~0.8 μm,适用于孔的半精加工及精加工。铰刀是定径刀具,有 6~12 个切削刃,刚度和导向性比扩孔钻更好,适合加工中小直径孔。铰孔之前,工件应经过钻孔、扩孔等加工,铰孔余量见表 2—21。

表 2—21　　　　　　　　铰孔余量(直径值)　　　　　　　　　　　　　　mm

孔的直径	<8	8~20	21~32	32~50	50~70
铰孔余量	0.1~0.2	0.15~0.25	0.2~0.3	0.25~0.35	0.25~0.35

6) 镗孔。镗孔是利用镗刀对工件上已有的较大孔进行的半精加工与精加工,特别适合于加工箱体上同轴的与平行的孔系,镗孔加工精度等级可达到 IT7 级,表面粗糙度 R_a 值为 1.6~0.8 μm,高精度镗孔要求镗刀和镗杆必须具有足够的刚度,镗刀夹紧装置要求牢固,装卸与调整要求方便,具有可靠的断屑和排屑措施,精镗孔的单边余量一般小于 0.4 mm。

7) 铣孔。加工单件或小批量零件上的孔、模具上的孔、非标准孔系的孔及孔径较大的孔可以不选用孔加工定形刀具而用立铣刀替代,这样可以降低刀具成本,起到事半功倍的效果,对于高精度机床,铣孔工艺可以代替铰削或镗削工艺。

(2) 孔加工刀具的选用

1) 数控机床孔加工一般不用钻模,麻花钻的刚度和切削条件差,所选用钻头直径 D 应满足 $\frac{L}{D} \leqslant 5$ (L 为钻孔深度) 的条件。

2) 麻花钻钻孔前,先用中心钻钻中心孔定位,保证孔加工的定位精度。

3) 精铰孔可选用浮动铰刀,铰孔前孔口要倒角。

4) 镗孔时应尽量选用对称的多刃镗刀头进行切削,以平衡径向力,减小镗削加工的振动。

5) 孔加工刀具尽量选择较粗和较短的刀杆,以减小切削加工的振动。

2.3 数控加工工艺文件分析

数控加工工艺文件的主要作用是记载数控机床加工零件的内容,包括数控机床的加工工序、走刀路线及刀具的选用,数控加工工艺文件是编写加工程序的依据。这些工艺文件在生产中不得随意更改,必须严格执行,只有这样才能使生产稳定,保证产品加工质量。

2.3.1 加工工艺基础知识

1. 数控加工工艺过程的相关概念

(1) 机械加工工艺过程。机械加工工艺过程是指改变毛坯的尺寸、形状、表面质量,使之变为半成品或成品的加工过程。

(2) 工序。工序是指一个(或一组)工人,在一台机床(或一个固定工作地),对一个(或几个)工件所连续完成的那一部分工艺过程。

工序是组成工艺过程的基本单元,工序可按粗加工、精加工来划分,也可按采用的不同刀具来划分,还可按切削加工的不同表面来划分。

(3) 工步。工步是指加工表面、切削工具和切削用量中转速与进给量保持不变的情况下所连续完成的那一部分工序内容。

数控加工中用一把刀具采用相同的切削用量对若干个完全相同的表面进行连续加工时,为简化工序内容,通常把其看作一个工步。

(4) 走刀。走刀是指刀具以进给速度相对于工件所完成的一次进给运动的工步内容。

(5) 安装。安装是指工件在夹具中定位与夹紧的过程。

安装也是工序中的一部分内容,一个工序中可以多次安装,但多一次安装就多出现一次安装误差,故在数控加工中应尽量减少安装次数。

(6) 工位。工位是指一次安装中,工件在夹具或机床中所占据的一个确定的加工位置。

工位是安装中的一部分内容，利用数控回转工作台可以实现工件在一次安装中获得多个工位，这样减少了安装次数，减小了安装误差，提高了生产率。

2. 基准的概念

（1）设计基准。在零件图上，用于确定其他点、线、面位置的基准为设计基准，如轴类零件的轴线，对称形状的中心线均为零件的设计基准。

（2）工艺基准。零件在定位、加工、测量、装配过程中所采用的基准称为工艺基准。

1）定位基准。在零件加工时，使零件在机床上或夹具中占据正确位置所依据的基准称为定位基准。定位基准有定位平面、定位孔与定位销等。

2）工序基准。在加工工序中使用的基准为工序基准。

3）测量基准。在检验零件时，测量已加工表面的尺寸与位置所采用的基准称为测量基准。

4）装配基准。装配时确定零件与零件、部件与部件及零件与部件之间相对位置的基准称为装配基准。

3. 定位基准要求

（1）定位基准要求与设计基准、工序基准以及编程基准统一。

（2）定位基准的设定满足工序集中的原则。

（3）工件按定位基准定位，避免人工调整工件位置。

确定定位基准是制定数控加工工艺文件的一项重要工作，它直接影响零件加工的顺序与质量。

4. 加工顺序的安排

制定数控加工工艺要遵循以下几个原则：

（1）先主后次的原则。区分零件的主要加工面与次要加工面，先考虑主要加工面的加工，次要加工面穿插在主要加工面的工序之中。

（2）先粗后精的原则。按粗加工、半精加工、精加工的次序对零件进行加工。

（3）基准面先行的原则。零件加工时需要有一个正确的定位基准，定位基准直接影响零件的加工精度，在加工工艺中，第一道工序先安排加工精基准面（加工此面时只能以粗基准定位，粗基准只能使用一次）。

（4）先面后孔的原则。由于孔加工刀具的刚度差，在孔加工时，刀具入口表面不平整会引起刀具振动，刀具轴线偏移，甚至造成刀具刃口崩裂，采用先面后孔的加工顺序可避免上述缺陷。

2.3.2 数控机床坐标系

为正确描述数控机床的刀具运动，简化程序的编制方法，要求在工件上建立坐标系。

1. 坐标系及运动方向

（1）坐标系确定原则

1) 以刀具相对静止工件而运动的原则描述刀具运动轨迹。
2) 按右手直角坐标系规则建立工件坐标系。
3) 运动方向的确定。与坐标轴同向运动方向为正，反向运动方向为负。

（2）机床坐标轴
1) 数控机床主轴为坐标轴的 Z 轴。
2) 工件安装面为坐标轴的 X 轴。
3) 按右手直角坐标系确定 Y 坐标轴（数控铣床）。

2．机床坐标系

机床坐标系是数控机床上固有的坐标系，如图 2—35 所示的坐标系 XOZ，机床坐标系原点又称机床零点，数控机床屏幕显示的刀具或工件位置表示机床坐标系中的坐标，机床回零又称回参考点，指机床设计时设定的位置，一般机床回零位置由机床零点限位开关限定。

3．工件坐标系

数控机床加工特点是刀具按加工程序沿零件轮廓走刀，编写加工程序时必须设定一个工件坐标系，这样才能确定零件轮廓的基点坐标，设定工件坐标系既要满足编程方便的要求，又要符合工件坐标系与零件的设计基准或工艺基准统一的原则，工件坐标系的坐标轴方向应与机床坐标系的坐标轴方向保持一致。

在数控车床中，如图 2—35 所示，O_P 点一般设定在工件的右端面与主轴轴线的交点上。在数控铣床中，如图 2—36 所示，Z 轴的原点一般设定在工件的上表面；对于非对称工件，X、Y 轴的原点一般设定在工件的左前角上；对于对称工件，X、Y 轴的原点一般设定在工件对称轴的交点上。

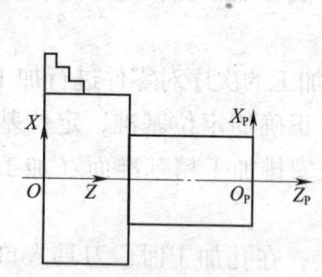

图 2—35　数控车床工件坐标系的原点

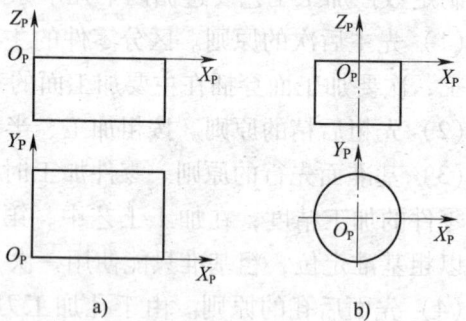

图 2—36　数控铣床工件坐标系的原点

2.3.3　数控加工尺寸标注

零件的尺寸标注有局部分散标注和统一基准标注两种方法。

1．局部分散标注

如图 2—37 所示，局部分散标注注重零件的装配与使用特性，但这样的标注方法给编排加工工艺与数控编程带来许多不便。

2. 统一基准标注

如图2—38所示,统一基准标注是以同一基准标注尺寸,这种标注方法最符合数控机床的加工特点,既方便编程,又保持了设计基准、工艺基准、测量基准与工件坐标系的一致性。

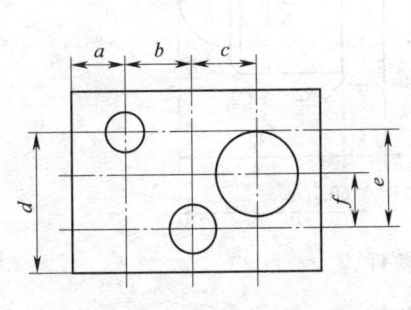

图2—37 局部分散标注

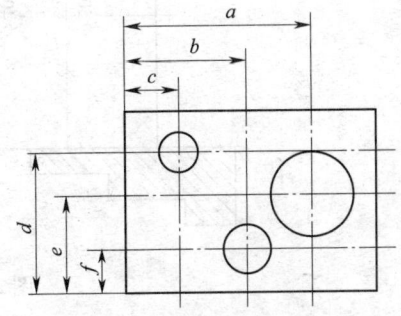

图2—38 统一基准标注

由于数控机床加工的定位精度与重复定位精度很高,编写加工程序时,如果将局部分散标注改为统一基准标注,对于零件的加工精度不会产生较大的累积误差。

2.3.4 零件轮廓基点坐标计算

零件轮廓基点是指轮廓几何要素的交点或切点,一条直线可用直线的起点与终点表示,一条圆弧可用圆弧的起点、终点、圆弧半径表示,直线与圆弧的连接方式可以是相交或相切。

1. 坐标表示方法

零件的工件坐标系确定之后,零件轮廓的基点坐标表示基点与工件坐标系原点的相互位置关系。基点坐标的表示方法有绝对坐标表示法与增量坐标表示法。

(1) 绝对坐标表示法。绝对坐标表示法是指零件轮廓基点坐标离工件坐标系原点的矢量距离。

(2) 增量坐标表示法。根据基点的先后顺序,基点的增量坐标表示目标点离当前点的矢量距离。增量坐标计算公式为

X 增量坐标 = 目标点 X 绝对坐标 − 当前点 X 绝对坐标

Y 增量坐标 = 目标点 Y 绝对坐标 − 当前点 Y 绝对坐标

基点坐标值表示零件图上的基本尺寸或极限尺寸的中间值。极限尺寸中间值计算公式为

极限尺寸中间值 = (最大极限尺寸 + 最小极限尺寸)/2

2. 数控车削加工零件的基点坐标计算

车削零件如图2—39所示,数控车床采用直径法编程时,车削零件轮廓基点坐标见表2—22。

3. 数控铣削加工零件的基点坐标计算

铣削零件如图2—40所示,铣削零件轮廓基点坐标见表2—23。

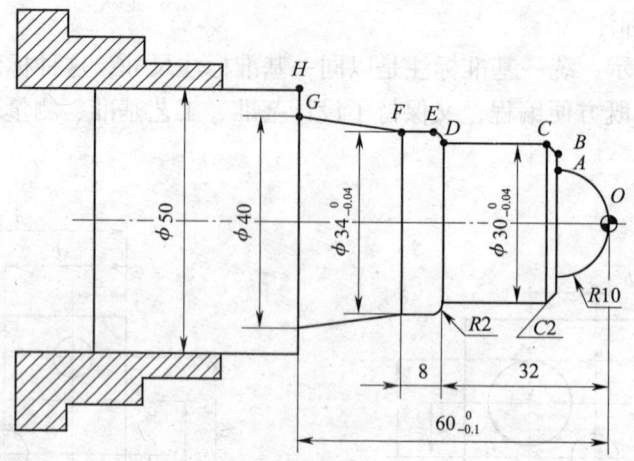

图 2—39 车削零件

表 2—22 车削零件轮廓基点坐标

序号	编号	绝对坐标		增量坐标	
		X	Z	U	W
1	O	0	0		
2	A	20	−10	20	−10
3	B	26	−10	6	0
4	C	30	−12	4	−2
5	D	30	−32	0	−20
6	E	34	−34	4	−2
7	F	34	−40	0	−6
8	G	40	−60	6	−20
9	H	50	−60	10	0

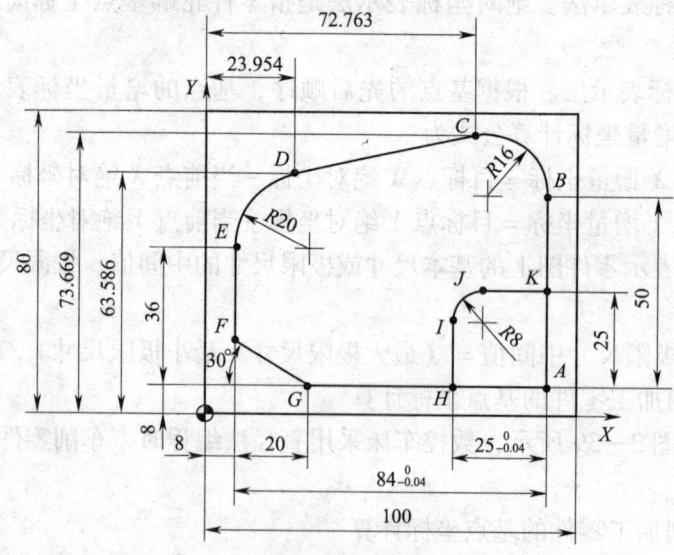

图 2—40 铣削零件

表 2—23　　　　　　　　　　铣削零件轮廓基点坐标

序号	编号	绝对坐标 X	绝对坐标 Y	序号	编号	绝对坐标 X	绝对坐标 Y
1	A	92	8	7	G	28	8
2	B	92	58	8	H	67	8
3	C	72.763	73.669	9	I	67	25
4	D	23.954	63.586	10	J	75	33
5	E	8	44	11	K	92	33
6	F	8	19.547				

2.3.5 零件加工工艺分析

1. 轴类零件车削加工工艺分析

轴类零件如图 2—41 所示。此轴首选工艺应考虑一次装夹完成外圆、螺纹加工，有利于保证工件的同轴度要求。采用掉头装夹方法，若先加工零件螺纹，掉头装夹时会夹坏已加工的螺纹，因此，应先考虑加工零件的圆柱体部分，后加工零件的螺纹，零件的加工工艺见表 2—24。

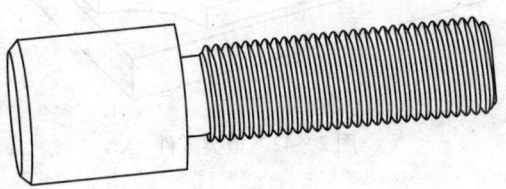

图 2—41　轴类零件

表 2—24　　　　　　　　　　轴类零件车削加工工艺分析

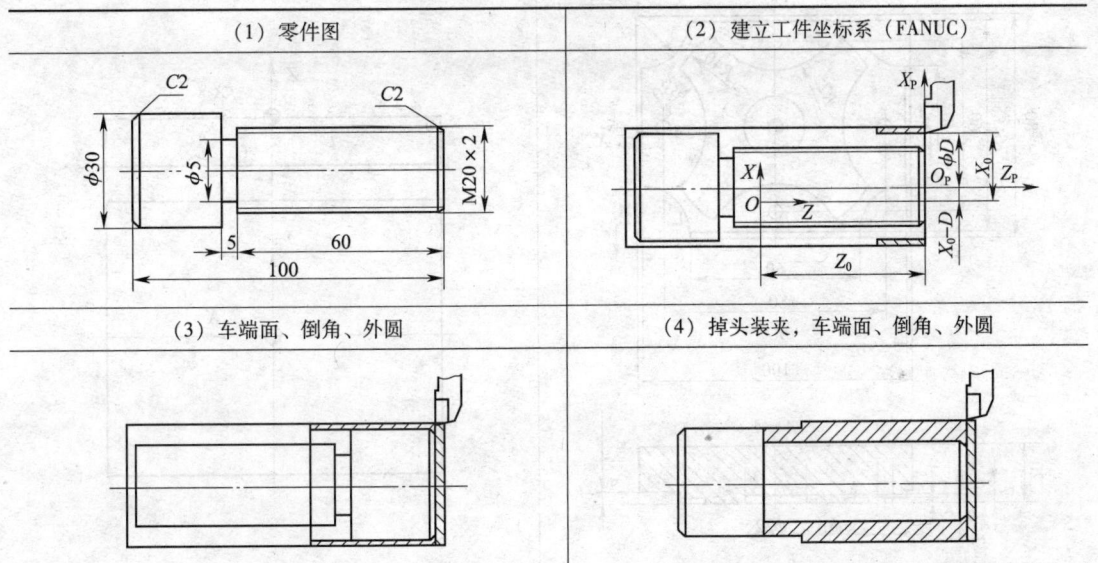

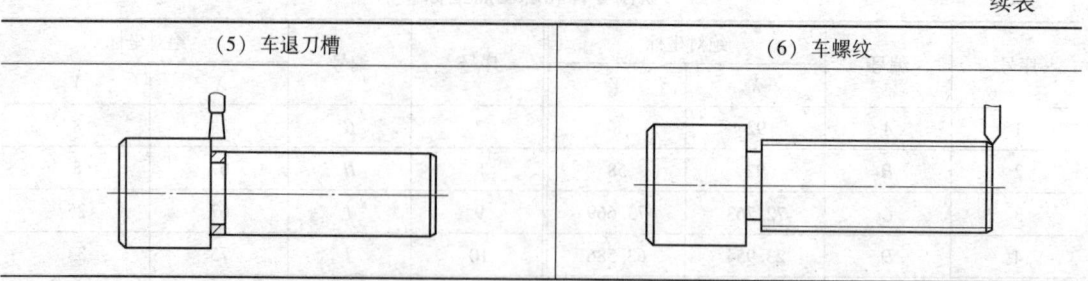

2. 板类零件铣削加工工艺分析

板类零件如图 2—42 所示，零件的加工工艺见表 2—25。

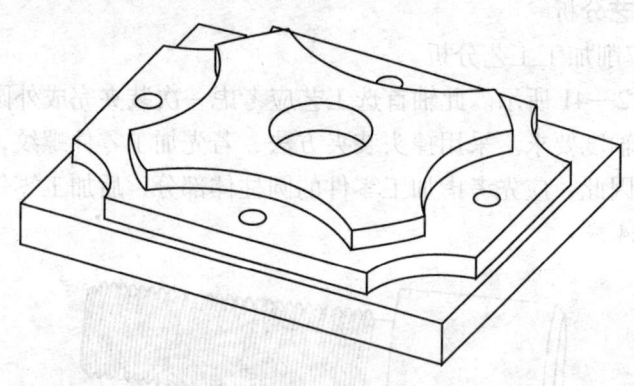

图 2—42 板类零件

表 2—25 　　　　　　　　　　板类零件加工工艺分析

（1）零件图	（2）建立工件坐标系（FANUC 0i）

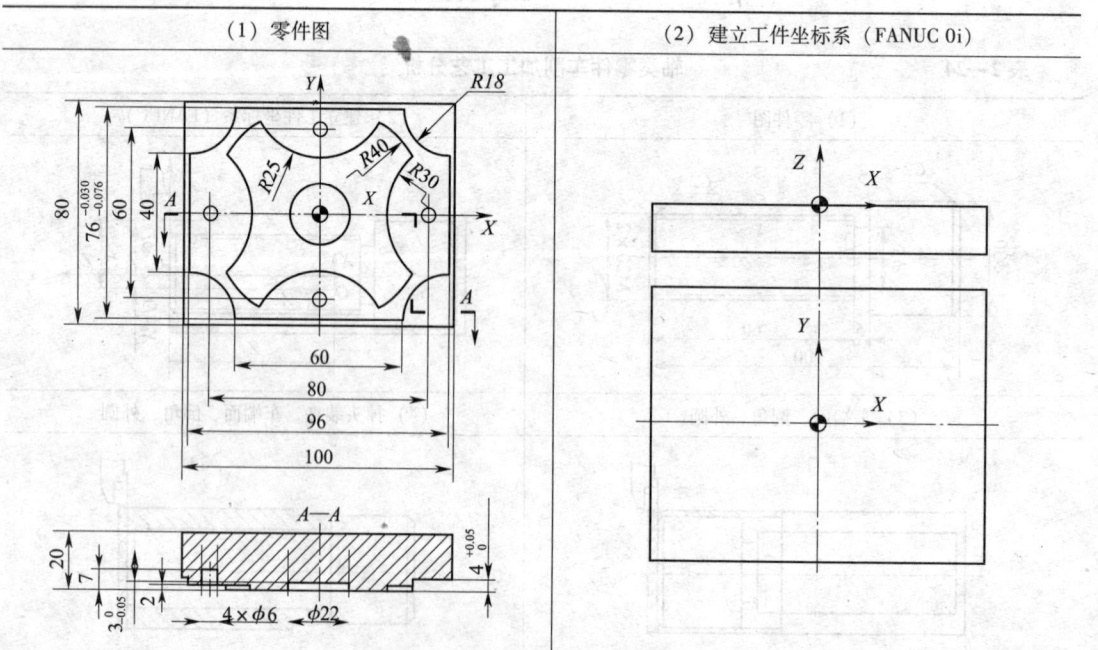

续表

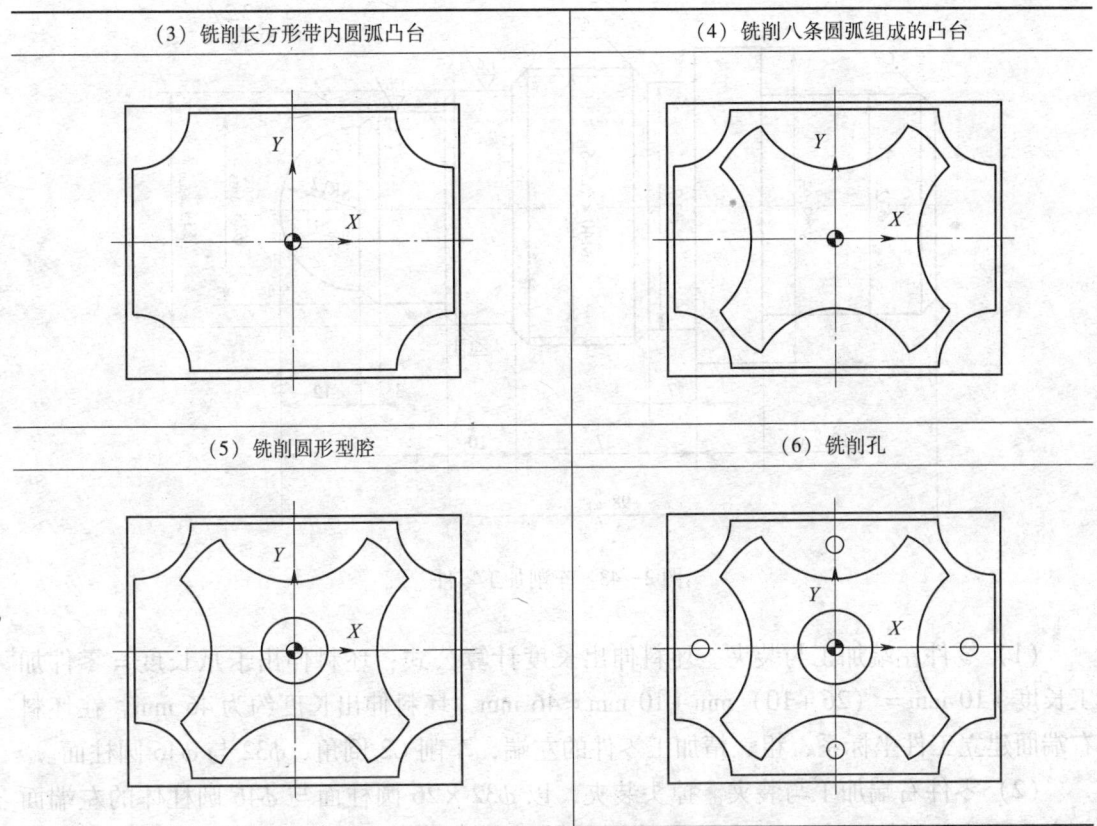

(3) 铣削长方形带内圆弧凸台	(4) 铣削八条圆弧组成的凸台
(5) 铣削圆形型腔	(6) 铣削孔

2.3.6 车削加工工艺文件的阅读

1. 零件的加工要求

车削加工零件如图2—43所示,零件的材料为45钢,加工表面有圆柱面、螺纹面、圆锥面、半球面,径向尺寸分别为 $\phi32$、$\phi46$、$\phi36$、$\phi40$、$\phi34$、$\phi28$、$\phi28/\phi24$、$SR12$;其中径向尺寸 $\phi46$、$\phi28$、$\phi34$ 分别有公差,相应极限尺寸的中间值分别为 $\phi45.85$、$\phi27.962$、$\phi34.037$;轴向尺寸10与98分别有公差,相应极限尺寸的中间值分别为9.982、97.95;两个封闭环尺寸分别为10与25.968,零件表面粗糙度全部为3.2 μm,选用粗加工与半精加工方法可满足加工质量的要求。

2. 选择加工设备

根据零件的外轮廓选用毛坯尺寸 $\phi50$ mm×100 mm,设备类型选用数控车床。

3. 定位基准与工件坐标系

以外圆与端面为定位基准,工件坐标系Z轴是回转零件的中心线,X轴位于零件的右端面,采用掉头加工的方法。

4. 定位与装夹

选用三爪自定心卡盘装夹工件,如果先加工带有螺纹的零件右端,掉头后装夹困难,因此先考虑加工图示零件的左端,后加工图示零件的右端。

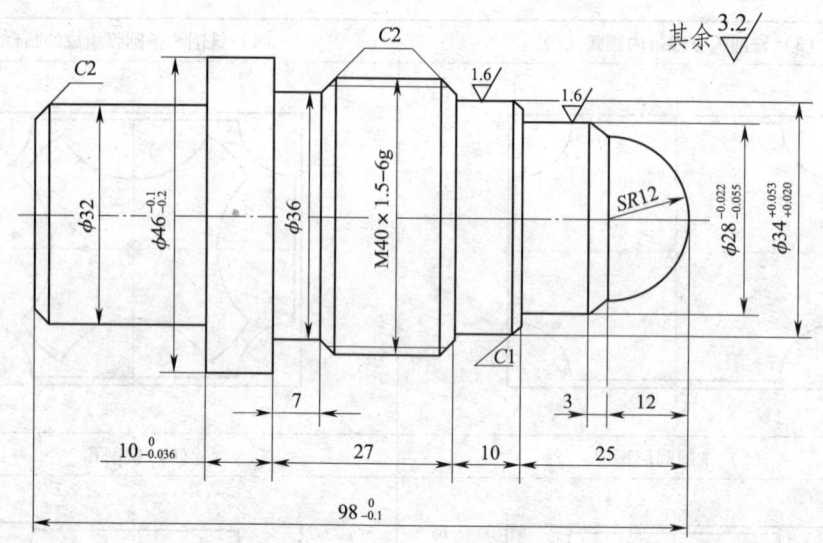

图 2—43 车削加工零件

(1) 零件左端加工与装夹。坯料伸出长度计算公式：坯料伸出卡爪长度 = 零件加工长度 + 10 mm =（26 + 10）mm + 10 mm = 46 mm，坯料伸出长度约为 46 mm，在坯料右端面建立工件坐标系，粗、精加工零件的左端，车削 C2 倒角、$\phi32$ 与 $\phi46$ 圆柱面。

(2) 零件右端加工与装夹。掉头装夹，以 $\phi32 \times 26$ 圆柱面与 $\phi46$ 圆柱体的左端面为定位面装夹零件，在坯料右端面建立工件坐标系，车削端面时使零件全长至尺寸（$98_{-0.1}^{\ 0}$ mm），粗、精加工零件的右端，车削 SR12 半球面、$\phi24$ 至 $\phi28$ 圆锥面、$\phi28$ 圆柱面、$\phi34$ 圆柱面以及 C1 倒角、$\phi40$ 圆柱面以及两边 C2 倒角、$\phi36$ 圆柱面、$\phi46$ 圆柱面的右端面。

(3) 更换外螺纹车刀，车削加工外螺纹 M40×1.5。

5. 刀具选用

(1) 选用刀尖角为 35°、主偏角为 93° 的外圆车刀。

(2) 选用刀尖角为 60° 的外螺纹车刀。

6. 选用切削用量

根据零件图技术要求，选用粗加工、半精加工的加工方法，其切削用量选用见表 2—26。

表 2—26　　　　　　　　　　切削用量选用

切削用量	外圆粗加工	外圆半精加工	螺纹粗加工	螺纹半精加工
转速（r/min）	600	800	300	300
背吃刀量（mm）	1	0.25		
进给速度（mm/r）	0.2	0.1	1.5	1.5

7. 走刀路线与基点坐标

(1) 加工零件左端外圆面走刀路线如图 2—44 所示,采用直径法编程基点坐标见表 2—27。

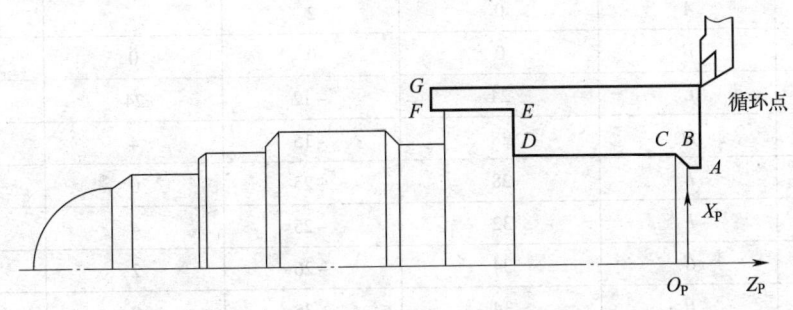

图 2—44 加工左端外圆面走刀路线

表 2—27　　　　　　　　加工左端外圆面基点坐标

序号	编号	绝对坐标		增量坐标	
		X	Z	U	W
1	A	28	2		
2	B	28	0	0	−2
3	C	32	−2	4	−2
4	D	32	−26	0	−24
5	E	46	−26	14	0
6	F	46	−38	0	−12
7	G	52	−38	6	0

(2) 加工零件右端外圆面走刀路线如图 2—45 所示,采用直径法编程,基点坐标见表 2—28。

螺纹外圆参数计算:

螺纹大径 = 公称直径 − 0.1 × 螺距 = 40 mm − 0.1 mm × 1.5 mm = 39.85 mm

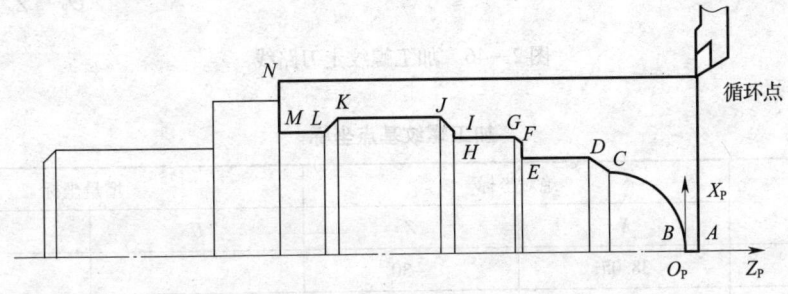

图 2—45 加工右端外圆面走刀路线

表 2—28　　　　　　　　　　加工右端外圆面基点坐标

序号	编号	绝对坐标		增量坐标	
		X	Z	U	W
1	A	0	2		
2	B	0	0	0	-2
3	C	24	-12	24	-12
4	D	28	-15	4	-3
5	E	28	-25	0	-10
6	F	32	-25	4	0
7	G	34	-26	2	-1
8	H	34	-35	0	-9
9	I	36	-35	2	0
10	J	39.85	-37	3.85	-2
11	K	39.85	-53	0	-16
12	L	36	-55	-3.85	-2
13	M	36	-62	0	-7
14	N	52	-62	16	0

（3）加工螺纹走刀路线如图 2—46 所示，基点坐标见表 2—29，车削螺纹时要考虑刀具运动的升速与降速，其升速与降速段一般大于螺纹的螺距长度。

螺纹小径参数计算：

螺纹小径 = 公称直径 - 1.3 × 螺距 = 40 mm - 1.3 mm × 1.5 mm = 38.05 mm

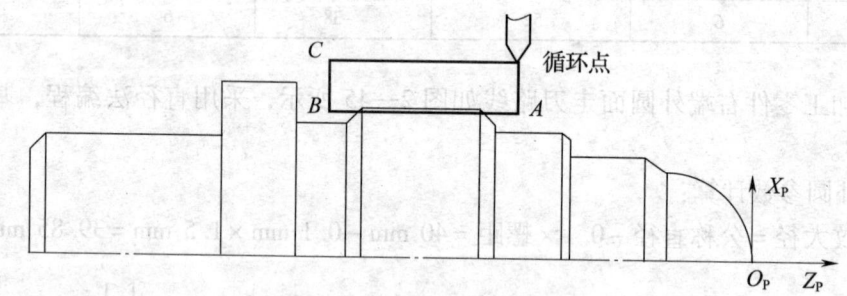

图 2—46　加工螺纹走刀路线

表 2—29　　　　　　　　　　加工螺纹基点坐标

序号	绝对坐标		增量坐标	
	X	Z	U	W
A	38.05	-30		
B	38.05	-57	0	-27
C	52	-57	13.95	0

8. 车削加工工艺单（见表2—30）

表2—30　　　　　　　　　　　车削加工工艺单

日期		姓名		设备		数控车床 CK7136	
图号	0001	零件名	轴	数量	1	材料	45钢
工序	程序名	刀具	刀补号	操作说明			
1	O1001	93°外圆车刀	T0101	试切削法以坯料轴线与端面建立工件坐标系，坯料伸出卡爪长度46 mm，粗、精加工零件的左端，车削C2倒角、φ32圆柱面与φ46圆端面			
2	O1002	93°外圆车刀	T0101	掉头装夹，试切削法以坯料轴线与端面建立工件坐标系，以φ32×26圆柱面定位，粗、精加工零件的右端，车削SR12半球面、φ24至φ28圆锥面、φ28圆柱面、φ34圆柱面以及C1倒角、φ40圆柱面以及两边C2倒角、φ36圆柱面、φ46右端面			
3	O1003	外螺纹刀	T0202	更换外螺纹车刀，加工外螺纹M40×1.5			

2.3.7　铣削加工工艺文件的阅读

1. 零件的加工要求

铣削加工零件如图2—47所示，零件材料为45钢，加工面上有两层凸台，第一层凸台由8条圆弧组成，深度为2 mm，中间是φ22×3平底孔，孔径有公差要求；第二层凸台是四角由4条圆弧组成的长方形凸台，深度为4 mm，长方形高度与凸台深度有公差要求。零件加工面表面粗糙度要求全部为3.2 μm，用铣削加工方法可以满足零件加工质量的要求。

2. 选择加工设备

零件毛坯尺寸100 mm×80 mm×20 mm，设备类型选择数控铣床。

3. 定位基准与工件坐标系

由于长方形板状零件的加工轮廓对称于零件的中心线，设定工件上表面的中心为工件坐标系原点。

4. 定位与装夹

以工件安装位置底平面为定位基准，用平口钳夹紧工件。

坯料上表面伸出高度计算公式：
$$坯料上表面伸出高度 = 零件凸台高度 + 5 \text{ mm}$$

5. 刀具选用

（1）由于零件轮廓凹圆弧的最小半径为18 mm，考虑零件的加工面不大，选用φ12 mm键槽铣刀较为合理。

（2）四个φ6 mm平底孔没有精度要求，用铣孔加工方法选用φ6 mm键槽铣刀。

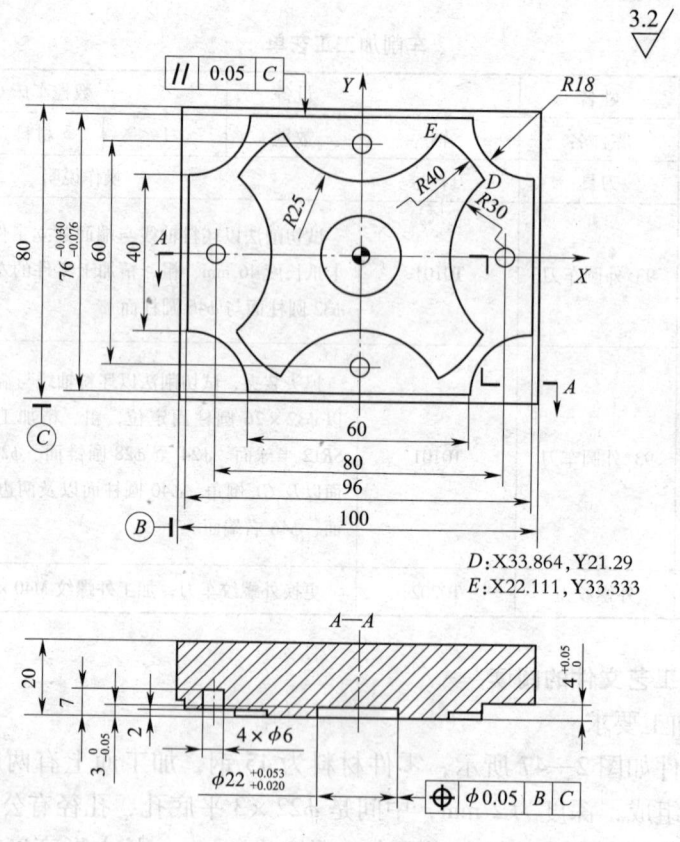

图 2—47 铣削加工零件

6. 选用切削用量

根据零件图技术要求，采用粗加工与半精加工的加工方法，选择高速钢键槽铣刀，铣削切削用量选用见表 2—31。

表 2—31　　　　　　　　　　　铣削切削用量选用

刀具	粗加工		半精加工	
	转速（r/min）	进给速度（mm/min）	转速（r/min）	进给速度（mm/min）
φ12 mm 键槽铣刀	800	50	1 000	60
φ6 mm 键槽铣刀	1 000	50	1 200	80

7. 走刀路线与基点坐标

（1）铣削四角带内圆弧的长方形凸台走刀路线如图 2—48 所示，基点坐标见表 2—32。

（2）铣削八条圆弧组成的凸台走刀路线如图 2—49 所示，基点坐标见表 2—33。

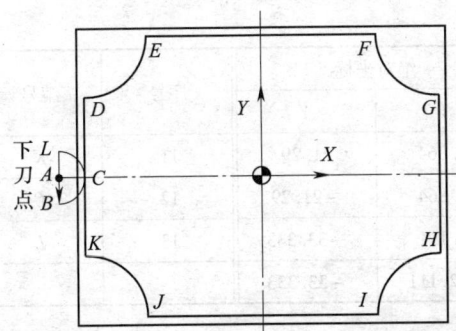

图 2—48 铣削带内圆弧的长方形凸台走刀路线

表 2—32　　铣削带内圆弧的长方形凸台走刀路线基点坐标

序号	编号	绝对坐标		序号	编号	绝对坐标	
		X	Y			X	Y
1	A	-55	0	8	H	48	-20
2	B	-55	-7	9	I	30	-38
3	C	-48	0	10	J	-30	-38
4	D	-48	20	11	K	-48	-20
5	E	-30	38	12	C	-48	0
6	F	30	38	13	L	-55	7
7	G	48	20				

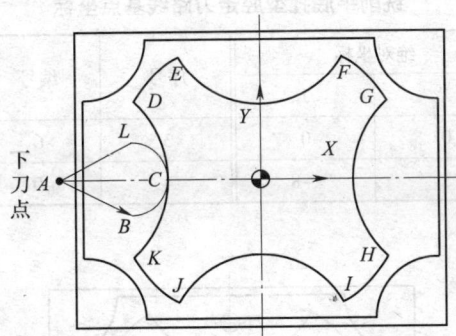

图 2—49 铣削八条圆弧组成的凸台走刀路线

表 2—33　　铣削八条圆弧组成的凸台走刀路线基点坐标

序号	编号	绝对坐标		序号	编号	绝对坐标	
		X	Y			X	Y
1	A	-55	0	4	D	-33.864	21.29
2	B	-35	-10	5	E	-22.111	33.333
3	C	-25	0	6	F	22.111	33.333

续表

序号	编号	绝对坐标		序号	编号	绝对坐标	
		X	Y			X	Y
7	G	33.864	21.29	11	K	-33.864	-21.29
8	H	33.864	-21.29	12	C	-25	0
9	I	22.111	-33.333	13	L	-35	10
10	J	-22.111	-33.333				

（3）铣削平底孔型腔走刀路线如图 2—50 所示，基点坐标见表 2—34。

（4）铣孔走刀路线如图 2—51 所示，基点坐标见表 2—35。

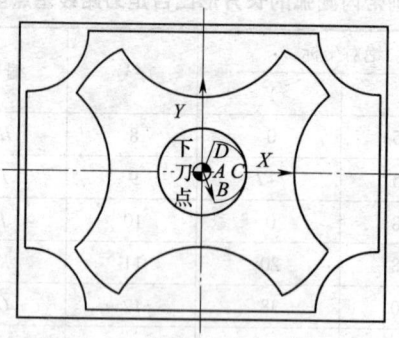

图 2—50　铣削平底孔型腔走刀路线

表 2—34　　　　　　　　铣削平底孔型腔走刀路线基点坐标

序号	编号	绝对坐标		序号	编号	绝对坐标	
		X	Y			X	Y
1	A	0	0	3	C	11	0
2	B	3	-8	4	D	3	8

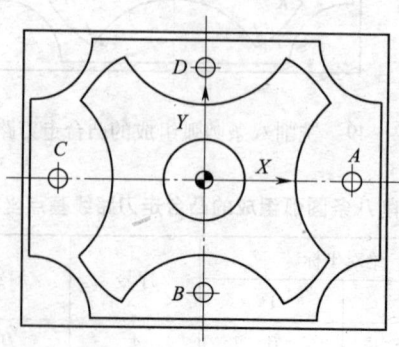

图 2—51　铣孔走刀路线

表2—35　　　　　　　　　　铣孔走刀路线基点坐标

序号	编号	绝对坐标		序号	编号	绝对坐标	
		X	Y			X	Y
1	A	40	0	3	C	-40	0
2	B	0	-30	4	D	0	30

8. 铣削加工工艺单（见表2—36）

表2—36　　　　　　　　　　铣削加工工艺单

日期		姓名		设备		数控车床CK7140	
图号	0001	零件名	板类零件	数量	1	材料	45钢
工序	程序名	刀具	刀补号	操作说明			
1	O2001	φ12 mm 键槽铣刀	D01	以底面为基准采用平口钳装夹工件，以工件上表面中心为原点建立工件坐标系，粗、精加工长方形凸台			
2	O2002	φ12 mm 键槽铣刀	D01	粗、精加工圆弧凸台			
3	O2003	φ12 mm 键槽铣刀	D01	粗、精加工平底孔型腔			
4	O2004	φ6 mm 键槽铣刀	D02	采用铣孔工艺加工4个φ6 mm平底孔			

2.4　数控加工程序基础知识

2.4.1　数控程序的基本结构

用直径为5 mm的键槽铣刀加工如图2—52所示工件的槽，加工程序见表2—37。

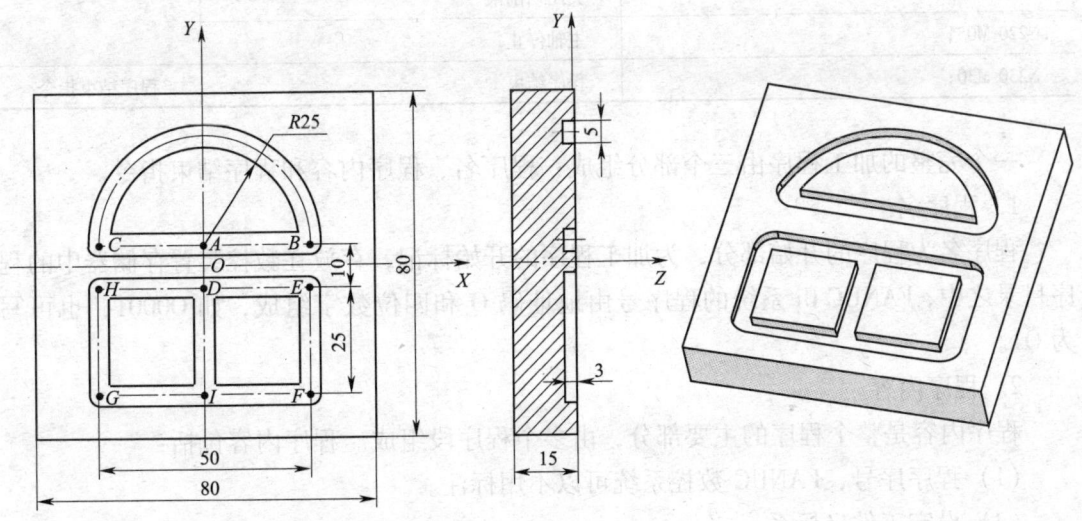

图2—52　铣槽实例

表 2—37　　　　　　　　　　铣槽加工程序

程序	说明	程序结构
O0001；	程序名	程序名
N10 G54 G90 G17；	调用工件坐标系	
N20 S1000 M03；	主轴转速 1 000 r/min	
N30 G00 X0 Y5.；	刀具快速定位至 A 点	
N40 M08；	打开切削液	
N50 G00 Z2.0；	刀具快速定位至安全平面	
N60 G01 Z−3.0 F50；	进刀至底平面	
N70 G01 X25.0 F100；	铣削直线（A→B）	
N80 G03 X−25.0 Y5.0 R25.0；	铣削圆弧（B→C）	
N90 G01 X0；	铣削直线（C→A）	
N100 G00 Z2.0；	退刀至安全平面	
N110 G00 X0 Y−5.0；	刀具快速定位至 D 点	程序内容
N120 G01 Z−3.0 F50；	进刀至底平面	
N130 G01 X25.0 F100；	铣削直线（D→E）	
N140 G01 Y−30.0；	铣削直线（E→F）	
N150 G01 X−25.0；	铣削直线（F→G）	
N160 G01 Y−5.0；	铣削直线（G→H）	
N170 G01 X0；	铣削直线（H→D）	
N180 G01 Y−30.0；	铣削直线（D→I）	
N190 G00 Z100.0；	退刀至初始平面	
N200 G00 X100.0 Y100.0；	退刀至初始位置	
N210 M09；	关闭切削液	
N220 M05；	主轴停止	
N230 M30；	程序结束	程序结束指令

　　一个完整的加工程序由三个部分组成：程序名、程序内容和程序结束指令。

1. 程序名

　　程序名为程序的开始部分，为加工程序的开始标记，存放在数控装置存储器中的程序目录之中，FANUC 0i 系统的程序号由地址码 O 和四位数字组成，如 O0001，也可写为 O1。

2. 程序内容

　　程序内容是整个程序的主要部分，由多个程序段组成。程序内容包括：

　　（1）程序序号，FANUC 数控系统可以不用标注。

　　（2）设定工件坐标系。

　　（3）设定主轴转速与进给速度。

（4）刀具切削加工路线。

（5）其他说明，如切削液泵的开启与关闭等。

采用 G、M 等指令代码由人工编写加工程序称为手工编程，这种编程方法比较简单，相对容易掌握，适用于编写简单零件的加工程序。当零件轮廓曲线比较复杂时，如加工汽轮机叶片类空间曲面、加工复杂的模具型腔等，需要借助于 CAD/CAM 软件，采用计算机自动编程的方法生成加工程序。

3. 程序结束指令

加工程序最后的程序段是结束指令，一般用 M02 或 M30 表示。

2.4.2 程序段格式

程序段由若干个程序字组成。在程序段的开头是程序顺序号，中间是程序段的内容，最后为程序段结束符。程序段格式见表 2—38。

表 2—38　　　　　　　　　　程序段格式

N__	G__	X__ Y__ Z__	F__	S__	T__	M__	;
顺序号	准备功能	坐标功能	进给功能	主轴功能	刀具功能	辅助功能	程序段结束符

2.4.3 功能指令

程序字由地址符与地址值（地址符后面的数字）组成，地址符是一个英文字母。每个程序字具有一定的功能，如"X__ Y__ Z__"代表刀具所在的位置。

1. 顺序号字

顺序号字位于程序段之首，用以识别程序段的编号。由地址符 N 和后面的若干位数字（常用 2~4 位）组成，如 N100 表示该程序段的编号为 100。一般将 N5 或 N10 作为第一程序段的顺序号，后面以 5 或 10 为间隔设置，以便于调试程序时插入新的程序段，如在 N10 和 N20 之间可插入 N11—N19 程序段。

（1）对于 FANUC 系统，可以不要程序的顺序号，若需要顺序号，在需要转移到的程序段前设置顺序号，这样可以对要转移到的程序段的位置进行检索。设程序段顺序号有利于程序校对与修改，方便编辑。

（2）程序段顺序号前可以加选择跳过符号"/"，如"/N40 M08;"，当机床操作面板上的"选择跳过开关"打开时，带有这个符号的程序段不执行。这种可选择的跳过功能用于程序调试或程序段的选用。

2. 准备功能字

准备功能字由地址符 G 和后面的两位数字组成，简称 G 指令或 G 代码。G 指令是使数控机床做好某种操作准备、进行某种运动方式的指令，如 G00 表示快速点定位，G01 表示直线插补。

FANUC 0i 数控系统的常用 G 指令见表 2—39。

表 2—39　　FANUC 0i 数控系统的常用 G 指令

G 代码	组别	用于数控车床的功能	用于数控铣床的功能
G00	01	快速定位	快速定位
G01		直线插补	直线插补
G02		顺时针圆弧插补	顺时针圆弧插补
G03		逆时针圆弧插补	逆时针圆弧插补
G04	00	暂停	暂停
G15	18	×	极坐标指令取消
G16		×	极坐标指令
G17	16	XY 平面选择	XY 平面选择
G18		ZX 平面选择	ZX 平面选择
G19		YZ 平面选择	YZ 平面选择
G20	06	英制（in）	英制（in）
G21		公制（mm）	公制（mm）
G28	00	参考点返回	参考点返回
G32	01	螺纹切削	螺纹切削
G40	07	刀尖半径补偿取消	刀尖半径补偿取消
G41		刀尖半径左补偿	刀尖半径左补偿
G42		刀尖半径右补偿	刀尖半径右补偿
G43	01	×	刀具长度正补偿
G44		×	刀具长度负补偿
G49		×	刀具长度补偿取消
G50	00	工件坐标系原点、主轴最高转速设置	取消比例
G51		×	比例
G54—G59	14	工件坐标系设置	工件坐标系设置
G68	16	×	坐标系旋转
G69		×	坐标系旋转取消
G70	00	精车循环	×
G71		内圆、外圆粗车复合循环	×
G72		端面粗车复合循环	×
G73		仿形车削复合循环	高速深孔加工循环
G74		端面钻孔复合循环	左旋螺纹攻螺纹固定循环
G75		外圆切槽复合循环	×
G76		螺纹切削复合循环	精镗固定循环
G80	00	×	固定循环取消
G81		×	钻孔固定循环
G82		×	带停顿的钻孔固定循环

·72·

续表

G 代码	组别	用于数控车床的功能	用于数控铣床的功能
G83	00	×	深孔排屑固定循环
G90		内圆、外圆车削单一循环	绝对坐标编程
G91		×	增量坐标编程
G92	01	螺纹切削单一循环	设定工件坐标系
G94		端面车削单一循环	每分钟进给
G95		×	每转进给
G96	02	恒转速功能	×
G97		恒线速度功能	×
G98	05	每分钟进给	返回初始平面
G99		每转进给	返回 R 点平面

说明：

（1）G 指令中的前置"0"可以省略，如 G01 可以用 G1 代替。

（2）G 指令根据其功能分为若干个组。如果在一个程序段中出现几个同组的 G 指令，那么最后一个指令有效。常用指令 G00、G01、G02、G03 为同一组指令。

（3）表中"×"符号表示该 G 代码不适用于这种机床。

（4）G 指令组别中 00 组的 G 代码为非模态指令，其他 G 代码均为模态指令，如 G00、G01、G02、G03 等指令，在程序段中一经指定，如无同一组指令替代，便一直有效，下一程序段继续使用可省略不写。

例如：

N140 G01 Y − 30. ;

N150 G01 X − 25. ;

N160 G01 Y − 5. ;

……

可以写成：

N140 G01 Y − 30. ;

N150 X − 25. ;

N160 Y − 5. ;

3. 坐标功能字

坐标功能字表示刀具加工时移动的方向和位移量，由坐标地址符和带正负号的数字组成，如"X20.0 Y − 40.0"。坐标字的地址符较多，其中 X __、Y __、Z __ 表示直线坐标，R __ 指定圆弧半径等。

（1）坐标使用的长度单位有公制和英制两种。FANUC 0i 系统用 G21 表示公制，G20 表示英制；我国一般使用公制尺寸，程序中的数据均为公制。

（2）坐标字中的数字可以使用小数（小数点编程），也可使用整数（脉冲数编程）。

例如，X50.0 或 X50. 均表示 X 坐标为 50 mm；如果不写小数点，就表示用脉冲数编程，X50 表示 X 坐标为 0.05 mm。

（3）当 X、Y、Z 的数值不变，下一个程序段继续使用时，坐标字可省略不写。

例如：

N110 G00 X0 Y-5.；
N130 G01 X25. Y-5. F100；
N140 G01 X25. Y-30.；
N150 G01 X-25. Y-30.；
N160 G01 X-25. Y-5.；

可以写成：

N110 G00 X0 Y-5.；
N130 G01 X25. Y-5. F100；
N140 G01 Y-30.；
N150 G01 X-25.；
N160 G01 Y-5.；

4. 进给功能字

进给功能字表示刀具运动时的进给速度，由地址符 F 及后面的数字组成，称为进给速度指令。后面的数字表示所选定的进给速度，其量纲由系统默认或由指令指定。

数控车床进给速度量纲有每转进给 mm/r（毫米/转）与每分钟进给 mm/min（毫米/分钟）两种表达方式。数控车床 FANUC 0i 系统 G99 指令指定量纲 mm/r，G98 指令指定量纲 mm/min，系统默认量纲 mm/r。

数控铣床与加工中心系统默认量纲 mm/min，G94 指令指定量纲 mm/min，G95 指令指定量纲 mm/r。

当进给速度 F 的数值保持不变时，下一个程序段可省略不写。在加工过程中，进给速度可以借助机床控制面板上的进给倍率开关进行修调。

5. 主轴功能字

由地址符 S 及后面的数字组成，称主轴转速指令，后面的数字表示主轴转速，量纲为 r/min（转/分）。在数控车床 FANUC 0i 系统中，G97 指令指定主轴恒转速功能，量纲为 r/min；G96 指令指定主轴恒线速度功能（m/min）。

切削速度 v_c 和转速 n 之间的关系为

$$v_c = \frac{\pi d n}{1\,000}$$

式中　v_c——切削速度，m/min；
　　　d——切削部位直径，mm；
　　　n——主轴转速，r/min。

分析切削速度计算公式，当工件直径为零时的切削速度也为零，此时刀具挤压工件,严重影响工件的加工质量。编写数控车床加工程序,选用 G96 恒线速度指令,在车削加工过程中刀具的切削速度保持不变,而车床主轴转速会随着切削直径的变化而变化,车削零件端面时切削速度恒定不变的功能提高了切削质量,但是,当工件直径越来越小时,主轴转速会越来越高,工件就有可能从卡盘中飞出,为防止发生事故,必须限制主轴的最高转速,FANUC 0i 系统可使用 G50 指令限制主轴最高转速。

例如,"G96 S150;"表示恒线速度控制,切削速度为 150 m/min;"G50 S3000;"表示主轴最高转速被限制为 3 000 r/min。

当 S 的数值保持不变时,下一个程序段可省略不写。在加工过程中,主轴转速可以借助机床控制面板上的主轴倍率开关进行修调。

6. 刀具功能字

由地址符 T 和后面的数字组成,称为刀具指令,具有选择、调用刀具的功能。用于数控车床编程,前 2 位数字指定刀具号码,后 2 位数字指定刀具补偿号码。数控铣床与加工中心只用 2 位数字指定刀具号码。

在数控车床 FANUC 0i 系统中,刀具补偿有 4 个参数,刀具的几何补偿 X 与 Z 坐标、刀尖圆弧半径补偿 R 和刀尖方位号 T,如图 2—53 所示。在数控铣床与加工中心中,刀具功能只表示刀具号,而刀具补偿地址符 D 指定刀具半径补偿,地址符 H 指定刀具长度补偿。

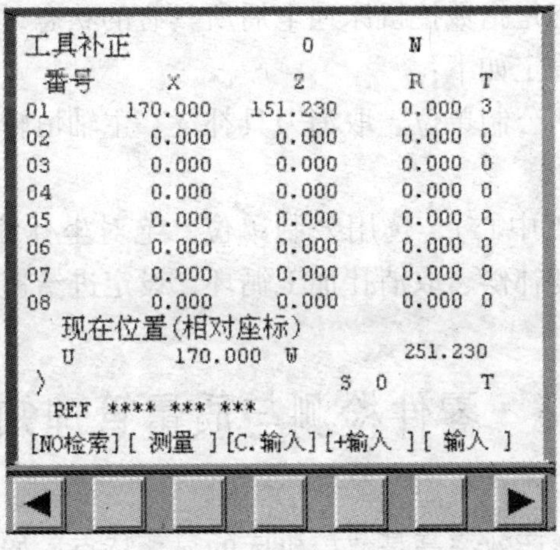

图 2—53 FANUC 0i 系统刀具补偿参数设定

7. 辅助功能字

由辅助地址符 M 和后面的两位数字组成,简称 M 代码或 M 指令,主要用于数控机床开关量的控制,控制数控机床的辅助操作。FANUC 0i 系统常用 M 指令见表 2—40。

8. 程序段结束符

程序段结束符放在每一程序段的最后,表示程序段的结束。FANUC 0i 系统用符号";"表示。

表 2—40　　　　　　　　FANUC 0i 系统常用 M 指令

指令	功能	说　明
M00	程序暂停	无条件暂停指令，执行该指令后，停止执行下段程序；按循环启动按钮后，程序继续执行；用于加工过程中，如手动换刀、测量工件、排出切屑、工件掉头等
M01	选择暂停	选"选择停止"按钮，执行 M01 指令，则停止执行程序；未选"选择停止"按钮，M01 指令无效，继续执行程序
M02	程序结束	程序的结尾，表示加工结束，主轴转动、切削进给、切削液泵停止
M03	主轴正转	从主轴后端往前端看，主轴顺时针方向旋转
M04	主轴反转	从主轴后端往前端看，主轴逆时针方向旋转
M05	主轴停转	主轴停止转动
M06	换刀指令	用于数控铣床或加工中心
M08	切削液开启	开启切削液泵
M09	切削液关闭	关闭切削液泵
M30	程序结束	与 M02 相似，不同点是程序结束后光标会返回程序开头
M98	子程序调用	用于调用子程序
M99	子程序结束	表示子程序结束返回主程序

2.4.4　数控机床的初始状态

数控机床的初始状态是指数控机床通电后所具有的状态，编程时相应的指令可省略不写，一般的初始状态设定如下：

对于数控车床，选用公制单位、取消刀具补偿、主轴恒转速控制、设定进给速度量纲等；

对于数控铣床（加工中心），选用公制单位、绝对坐标编程、XY 平面、取消刀具半径补偿、取消刀具长度补偿、取消孔加工循环、设定进给速度量纲等。

2.5　零件检测与质量管理知识

零件加工质量好、生产效率高是数控机床的显著特点，如果忽视零件的质量管理会给企业带来巨大的经济损失，零件的检测与质量管理是数控机床加工与生产的重要环节。

2.5.1　常用测量器具

游标卡尺、千分尺与百分表都是最常用的测量器具。

1. 游标卡尺

（1）游标卡尺的结构与工作原理。游标卡尺是利用游标原理对两测量面距离进行读数的测量器具。

游标卡尺的结构如图2—54所示,分主尺与副尺两部分,游标卡尺的主尺是一个刻有刻度的尺身,沿着尺身滑动的框架是副尺,又称游标。游标卡尺可以测量工件的内、外轮廓尺寸,如工件的长度、宽度、厚度、内孔直径、外圆直径、孔距、高度和深度等尺寸。游标卡尺的优点是使用方便,用途广泛,测量范围大,结构简单和价格低廉。

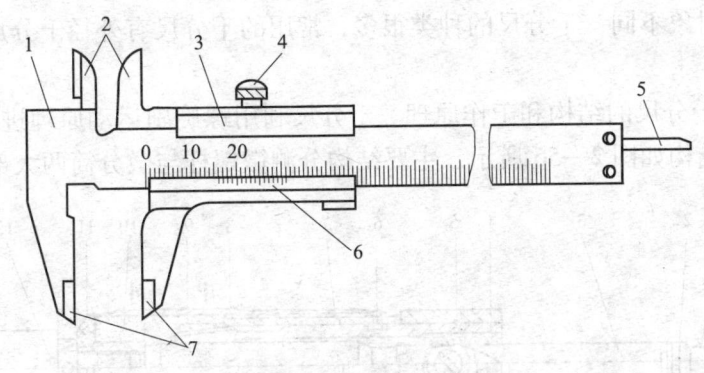

图2—54 游标卡尺

1—主尺 2—内量爪 3—尺框 4—紧固螺钉 5—深度尺 6—副尺 7—外量爪

(2) 游标卡尺的读数方法。游标卡尺的读数精度有3种:0.1 mm、0.05 mm、0.02 mm,其中0.02 mm的卡尺应用最普遍。

0.02 mm游标卡尺的读数方法如下:

1) 先读整数。看游标零线的左边,尺身上最靠近的刻线的数值,读出被测尺寸的整数部分。

2) 再读小数。看游标零线的右边,数出游标第几条刻线与尺身刻线对齐,读出被测尺寸的小数部分。

3) 被测的尺寸为被测尺寸整数部分与被测尺寸小数部分的和。

如图2—55所示,读数的整数部分是133 mm,游标的第11条线(不计0刻线)与尺身刻线对齐,所以读数的小数部分是0.02 mm × 11 = 0.22 mm,被测工件尺寸为133 mm + 0.22 mm = 133.22 mm。

图2—55 游标卡尺读数示例

(3) 游标卡尺使用注意事项

1) 游标卡尺使用前要进行检验,若卡尺出现问题,势必影响测量结果,甚至造成整批工件的报废。首先要检查外观,保证无锈蚀、无伤痕和无毛刺,并要保持清洁。

2) 检查零线是否对齐,将卡尺的两个量爪合拢,看是否有漏光现象。如果贴合不严,需进行修理。若贴合严密,再检查零位,看游标零位是否与尺身零线对齐,游标的尾刻线是否与尺身的相应刻线对齐。另外,检查游标在主尺上滑动是否平稳、灵活,不要太紧或太松。

3) 读数时,要看准游标的哪条刻线与尺身刻线正好对齐。如果游标上没有一条刻线与尺身刻线完全对齐,可找出对得比较齐的那条刻线作为游标的读数。

4) 测量时,要平拿卡尺,朝着光亮的方向,使量爪轻轻接触零件表面。量爪位置要摆正，视线要垂直于所读的刻线，防止产生读数误差。

5）使用后，应将游标卡尺擦拭干净，平放在专用盒内，尤其是大尺寸游标卡尺。注意防锈，防止主尺弯曲变形。

2. 外径千分尺

由于测量对象不同，千分尺的种类很多，常用的千分尺有外径千分尺、内径千分尺和深度千分尺。

（1）外径千分尺的结构和工作原理。千分尺利用螺旋副运动原理进行测量和读数，外径千分尺的结构如图2—56所示，主要结构分测微螺杆与微分筒两大部分。

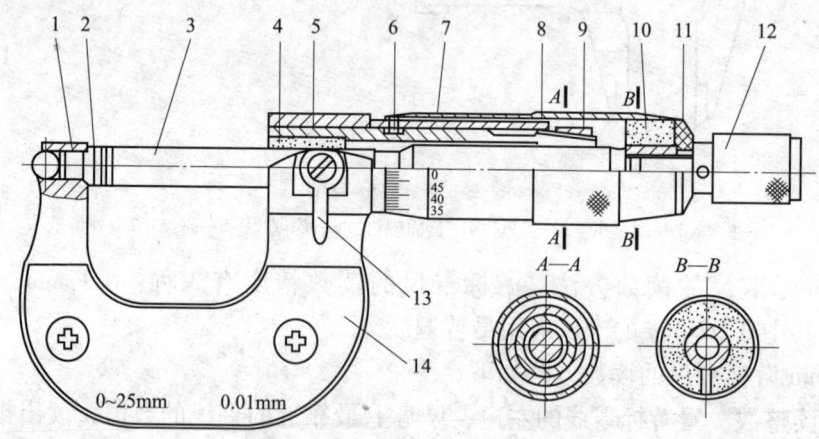

图2—56 外径千分尺的结构

1—尺架 2—测砧 3—测微螺杆 4—导套 5—螺纹轴套 6—紧固螺钉 7—固定套管 8—微分筒
9—调节螺母 10—接头 11—垫片 12—测力装置 13—锁紧装置 14—隔热装置

外径千分尺使用普遍，是一种体积小、坚固耐用、测量准确度较高、调整容易的精密测量器具，可以测量工件的各种外形尺寸，如长度、厚度、外径、凸肩厚度、板厚或壁厚等。外径千分尺分度值一般为0.01 mm，测量精度可达1/100 mm。

（2）外径千分尺的读数方法

1）先读固定套管示值。微分筒的边缘（锥面的端面）作为整数毫米的读数指示线，在固定套管上读出整数。固定套管上露出来的刻线数值，就是被测尺寸的毫米整数和半毫米数。如果微分筒的端面与固定套管的上刻度线之间无下刻度线，测量结果即为上刻度线的数值加微分筒刻度的值；如微分筒端面与上刻度线之间有一条下刻度线，测量结果应为上刻度线的数值加上0.5 mm，再加上微分筒刻度的值。

2）再读微分筒示值。固定套管上的纵向刻线作为不足半毫米小数部分的读数指示线，在微分筒上找到与固定套管纵向刻线对齐的圆锥面刻线，将此刻线的数值乘以0.01 mm，就是小于0.5 mm的小数部分的读数。

3）得出被测尺寸。把上面两次读数相加，就是被测尺寸。

如图2—57a所示，读数结果5.46 mm，固定套管的读数是5 mm，微分筒的读数为 $46 \times 0.01 = 0.46$ mm，被测工件的尺寸为 $5 + 0.46 = 5.46$ mm。

如图 2—57b 所示，读数结果 5.96mm，固定套管的读数是 5.5 mm，微分筒的读数为 46×0.01＝0.46 mm，被测工件的尺寸为 5.5＋0.46＝5.96 mm。

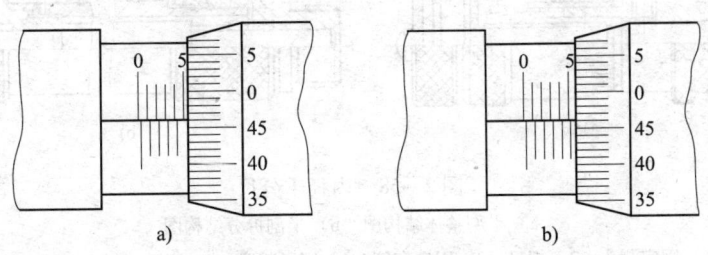

图 2—57　外径千分尺读数示例
a）读数结果 5.46 mm　b）读数结果 5.96 mm

(3) 外径千分尺的使用注意事项

1) 使用千分尺时为了减小温度的影响，要求用手握住隔热装置，若用手直接拿着尺架去测量工件，人体的温度会影响测量尺寸的精度。

2) 保持测力恒定。测量时，当两个测量面将要接触被测表面时，就不要再旋转微分筒，只旋转测力装置，等到棘轮发出"咔、咔"响声后，再进行读数。不允许猛力转动测力装置。退尺时，要旋转微分筒，不要旋转测力装置，以防拧松测力装置，影响零位。

3) 测量较大工件时，最好把工件放在 V 形架或平台上，左手拿住尺架的隔热装置，右手用两指旋转测力装置。测量小工件时，先把千分尺调整到稍大于被测工件尺寸之后，用左手拿住工件，用右手的小指和无名指夹住尺架，食指和拇指旋转测力装置或微分筒。

4) 减小磨损和变形。不允许测量带有研磨剂的表面、粗糙表面和带毛刺的边缘表面等。当测量面接触被测表面之后，不允许用力转动微分筒，否则会使测微螺杆、尺架等发生变形。

5) 应经常保持清洁，轻拿轻放，不要摔碰。

3. 内径千分尺

(1) 内径千分尺的结构。如图 2—58 所示，内径千分尺由测微头（或称固定测头）和各种尺寸的接长杆组成。

(2) 内径千分尺使用方法

1) 校对零位。在使用内径千分尺之前，也要像外径千分尺那样进行各方面的检查。在检查零位时，要把测微头放在校对卡板两个测量面之间，若与校对卡板的实际尺寸相符，说明零位准确。

2) 测量孔径。先将内径千分尺调整到比被测孔径略小一点，然后把它放进被测孔内，左手拿住固定套管或接长杆套管，把固定测头轻轻地压在被测孔壁上不动，然后用右手慢慢转动微分筒，同时还要让活动测头沿着被测件的孔壁，在轴向和圆周方向上慢慢摆动，直到在轴向找出最大值为止，得出准确的测量结果。

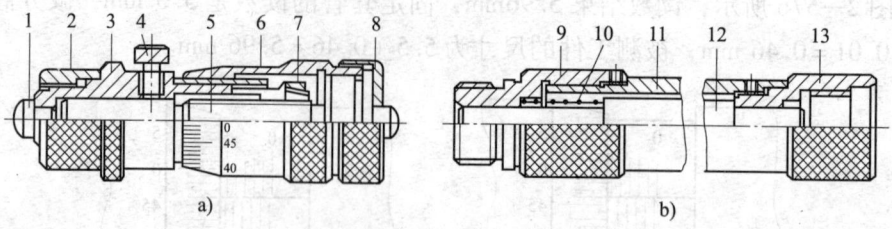

图 2—58 内径千分尺
a) 半剖整体结构图 b) 半剖拆分结构图
1—固定测头 2—螺母 3—固定套管 4—锁紧装置 5—测微螺杆 6—微分筒
7—调节螺母 8—后盖 9、13—管接头 10—弹簧 11—套管 12—量杆

3) 测量两平行平面间距离。测量方法与测量孔径时大致相同，一边转动微分筒，一边使活动测头在被测面的方法向上摆动，找出最小值，即被测平面间的最短距离。

4) 正确使用接长杆。接长杆的数量越少越好，可减小累积误差。把最长的先接上测微头，最短的接在最后。

5) 不允许把内径千分尺用力压进被测件内，以避免测头过快磨损，同时避免接长杆弯曲变形。

4. 深度千分尺

(1) 深度千分尺的结构。深度千分尺如图 2—59 所示。其结构与外径千分尺相似，只是用底板代替了尺架和测砧。深度千分尺的测微螺杆移动量是 25 mm，使用可换式测量杆，测量范围分别为 25~50 mm、50~75 mm、75~100 mm 等。

(2) 深度千分尺使用方法。使用方法与前面介绍的几种千分尺使用方法类似，测量时测量杆的轴线应与被测面保持垂直。测量孔的深度时，由于看不到里面的测量情况，只能凭感觉测量，所以要格外小心。

5. 百分表

(1) 百分表结构与工作原理。在测量中百分表的应用非常普遍，百分表的结构如图 2—60 所示。在测量过程中，测头 9 的微小移动，经过百分表内的一

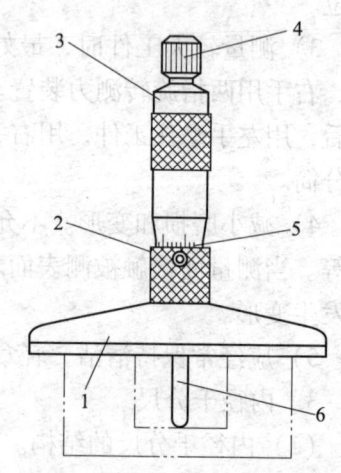

图 2—59 深度千分尺
1—底板 2—锁紧装置 3—微分筒
4—测力装置 5—固定套筒 6—测量杆

套传动机构而转变成主指针 6 的转动，可在表盘 3 上读出被测数值。测头 9 拧在测量杆 8 的下端，测量杆移动 1 mm 时，主指针 6 在表盘上正好转一圈。由于表盘上均匀刻有 100 个格，因此表盘的每一小格表示 1/100 mm，即 0.01 mm，这就是百分表的分度值。主指针 6 转动一圈的同时，在转数指示盘 4 上的转数指针 5 转动 1 格（共有 10 个等分格），所以转数指示盘 4 的分度值是 1 mm。

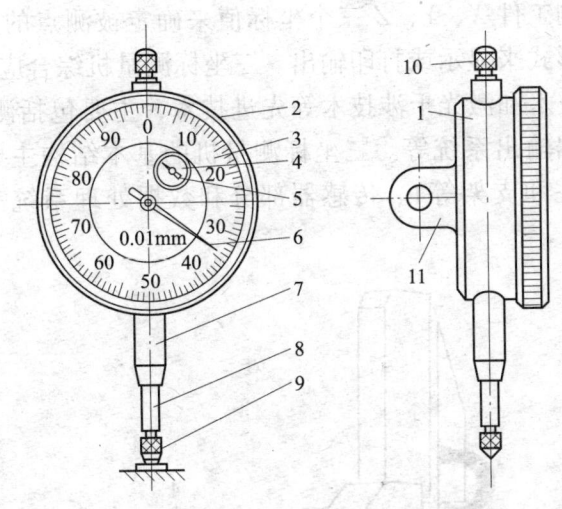

图2—60 百分表
1—表体 2—表圈 3—表盘 4—转数指示盘 5—转数指针 6—主指针
7—轴套 8—测量杆 9—测头 10—挡帽 11—耳环

旋转表圈2时，表盘3也随着一起转动，可使主指针6对准表盘上的任何一条刻线。测量杆8的上端有个挡帽10，对测量杆的向下移动起限位作用，也可以用它把测量杆提起来。

(2) 百分表使用方法

1) 使用前，要认真检查是否有灰尘和湿气侵入表内。检查测量杆的灵敏性，是否移动平稳、灵活，有无卡住等现象。

2) 使用时，必须把它可靠地固定在表座或其他支架上。

3) 百分表既可用于绝对测量，也可用于相对测量。相对测量时，用量块作为标准件，具有较高的测量精度。

4) 测头与被测表面接触时，测量杆应有0.3~1 mm的压缩量，可提高示值的稳定性，所以要先使主指针转过半圈到一圈，当测量杆有一定的预压量后，再把百分表紧固住。

5) 为了读数方便，测量前一般把百分表的主指针指到表盘的零位（通过转动表圈，使表盘的零刻线对准主指针），然后再提拉测量杆，重新检查主指针所指零位是否有变化，反复几次直到校准为止。

6) 测量工件时应注意测量杆的位置。测量平面时，测量杆要与被测表面垂直，否则会产生较大的测量误差。测量圆柱形工件时，测量杆的轴线应与工件直径方向一致。

7) 测量时，测量杆的行程不要超过它的测量范围，以免损坏表内零件。避免振动、冲击和碰撞。

6. 三坐标测量机

三坐标测量机是一种高效精密测量仪器，可对复杂三维形状的工件实现快速测量，由测头测得被测工件 X、Y、Z 三个坐标值来确定被测点的空间位置，其测量结果可以处理成图表形式来显示或打印输出。三坐标测量机综合应用了电子技术、计算机技术、精密测量技术和激光干涉技术等先进技术，主要包括测量系统、控制系统、坐标显示系统和数据输出系统等。三坐标测量机的基本结构主要由机床部分（包括工作台、底座、立柱和支架等）、传感器部分和数据处理系统三大部分组成，如图 2—61 所示。

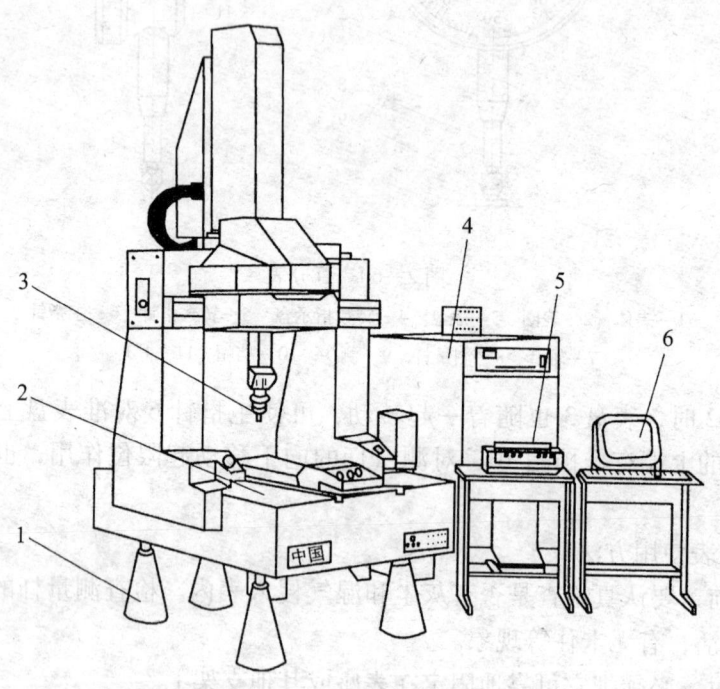

图 2—61 三坐标测量机
1—支架 2—工作台 3—测头 4—控制柜 5—打印机 6—数据处理计算机

三坐标测量机的工作原理主要是通过测头对零件加工表面进行测量，测量方法分接触（传感器）或不接触（激光）两种，由计算机进行数据采集，通过运算并与预先存储的理论数据相比较，然后输出测量结果。三坐标测量机适用于测量模具、机械零件、箱体、工夹具等的几何形状与尺寸，通过测量点的数据处理，统计与评价被测对象的尺寸精度、形位公差及加工质量。

2.5.2 质量管理知识

1. 产品质量等级的鉴定

产品质量等级的鉴定建立在工人自检、互检的基础上，质量检验人员根据企业制定的规程，按照产品图样、技术标准、工艺文件中的技术要求来评定产品是否合格，对于不合格且不能修复利用的产品视为废品。

2. 不良品的管理

不符合产品图样、技术标准、工艺文件中技术要求的产品都称为不良品，其中包括回修品与废品。

（1）在生产过程中，由工人自检、互检发现的不良品应主动报告给质量检验人员，办理统一的处理手续，不得隐瞒不报。

（2）在生产过程中，质量检验人员发现不良品，直接办理统一的处理手续。

（3）质量检验人员在管辖范围内统计不良品的数据，交质检部门汇总。

（4）不良品与合格品不能混放，通过不良品集中处理，确认不良品为废品后由专职检查人员做好报废标记，及时送入废料库处理。

（5）出现批量不良品，质检部门要及时组织质量检验人员、生产人员分析产生不良品的原因，制定整改措施。

3．质量检查工作

产品质量检查工作是生产过程中的重要环节，产品质量检查分自检、互检和专职检验，要严格按照产品图样、技术标准、工艺文件中的技术要求组织生产，把好每道工序的质量关，防止不良品流入下道工序。

（1）自检。每个工人必须按操作规程生产，不得私自修改图样、技术标准与技术要求，认真做好产品质量自检工作，发现不良品如实申报，不良品与合格品分开放置，成批生产的产品一定要做好首件检验工作，产品质量稳定后才能继续生产。

（2）互检。生产者相互检查产品。

1）对上道工序送来的毛坯或半成品进行质量检查，包括核实坯料的编号、标记、凭证与记录等，发现问题及时处理，拒绝签收不良品。

2）对未完工的工件，在进行交接班时要如实说明工件的实际加工情况。

3）对由两人以上共同生产的产品要跟踪检查零件的加工质量。

4）在互检中发现的不良品要与合格品分开放置。

（3）专检。质检部门质量检验人员的主要工作是在规定的范围内进行产品质量检查，并负责处理在自检、互检中发现的不良品，包括对产品质量问题进行进一步判断。

1）对负责的产品进行抽查，对不良品进行确认、标记与处理，严防不良品流入下道工序。

2）把好首件质量检查关，变更图样、技术标准和加工工艺时要跟踪生产过程，及时解决生产中出现的问题。

3）填写产品质量检验的原始记录，分类归档保存，做好产品质量的统计与分析工作。

4）产品的末道工序加工完毕后，经质量检验人员确认合格后，标注合格标记入库。

5）严格执行产品质量检验的规章制度，坚持原则，发现问题及时处理，确保生产与产品质量的稳定。

思考与练习

1. 零件的基本视图有哪些？
2. 什么是零件投影的三等关系？
3. 零件的其他视图有哪些？
4. 什么是零件的表面粗糙度？
5. 简述形位公差代号的三项内容。
6. 简述形状公差项目。
7. 简述形位公差框格 $\boxed{H\ |\ 0.005}$ 表示的含义。
8. 简述识读零件图的基本方法。
9. 简述金属材料的性能。
10. 简述普通热处理中正火、退火、淬火、回火的方法。
11. 金属切削过程中的工件表面有哪几种？
12. 简述数控车床加工与数控铣床加工切削用量的内容。
13. 数控加工对刀具和刀具材料提出了哪些要求？
14. 数控机床常用的刀具材料有哪些？
15. 数控车刀如何按结构形式分类？
16. 数控铣刀如何分类？
17. 简述数控铣刀的选择方法。
18. 什么是机械加工工艺过程？
19. 简述数控加工顺序的安排原则。
20. 简述程序段的组成与包括的内容。
21. 简述程序段"G97 S800;""G96 S800;"的含义。
22. 常用测量器具的种类有哪些？
23. 简述游标卡尺的结构。
24. 简述游标卡尺的读数方法。
25. 简述外径千分尺的读数方法。
26. 简述内径千分尺使用方法。
27. 简述百分表使用方法。
28. 简述零件质量检验的方法。
29. 什么是不良品？
30. 简述不良品的管理方法。

第3章

数控车床编程

3.1 数控车床编程基础

3.2 数控车床基本编程方法

3.3 单一循环指令与编程

3.4 复合循环指令与编程

3.5 数控车床综合编程

3.1 数控车床编程基础

3.1.1 数控车床编程基本概念

1. 数控车床加工程序的概念

数控车床主要用于加工轴类与盘套类回转体零件。它由输入的加工程序经过数控系统的信息处理,变换成脉冲信号,通过伺服系统控制刀具按照零件的轮廓走刀,加工出符合图样要求的零件。数控机床加工程序实质上是根据零件的加工工艺运用数控指令描述零件几何形状的轮廓轨迹,从而完成对零件的加工。

2. 数控车床的编程方法

编写数控车床加工程序,首先需要根据零件图样分析零件图的定形尺寸、定位尺寸、加工精度与形位公差,制定满足技术要求的加工工艺,选用合适的刀具、夹具与切削参数,并以工件轴线与端面设定工件坐标系,计算零件轮廓的基点坐标,按程序与指令格式编制加工程序,这个过程称为数控编程。数控编程可分为手工编程和自动编程(计算机辅助编程)两大类。

目前数控系统的种类较多,所用的大多数指令基本参照标准,但是也有一些不同之处,因此,编程人员必须仔细研究所用数控系统的说明书,以免发生错误。本单元主要以 FANUC 0i 系统为例介绍手工编程方法。

3.1.2 数控车床坐标系

为了便于编程时描述机床的运动,简化程序编制的数据处理,应遵守行业标准 JB/T 3051—1999《数控机床 坐标和运动方向的命名》。

1. 右手笛卡儿直角坐标系

右手笛卡儿直角坐标系规则:用右手的拇指、食指和中指分别代表 X、Y、Z 轴,3 个手指互相垂直,所指方向分别表示 X、Y、Z 轴的正方向。在数控机床上为了确定机床的运动方向,运用右手笛卡儿直角坐标系的原则建立一个坐标系,称之为机床坐标系,如图 3—1 所示。在机床上这 3 个坐标轴与机床的主要导轨相平行,表示直线运动坐标轴,围绕 X、Y、Z 各轴的回转运动分别用 A、B、C 表示,其正方向用右手螺旋定则确定,即四指围绕坐标轴,大拇指与坐标轴同向为正,反向为负。

2. 刀具相对于工件运动的原则

刀具相对于工件运动的原则规定"永远假定工件是静止的,而刀具相对于静止的工件运动",编写加工程序时不要考虑工件的运动,只要描述刀具沿着工件的轮廓运动,形成的走刀路线实质上是工件的轮廓。按照这个原则确定坐标命名,如果把刀具看作相对静止不动,工件相对于静止刀具而移动,那么,工件移动的坐标用 $+X'$、$+Y'$、$+Z'\cdots +C'$ 等表示,如图 3—1 所示。

第3章 数控车床编程

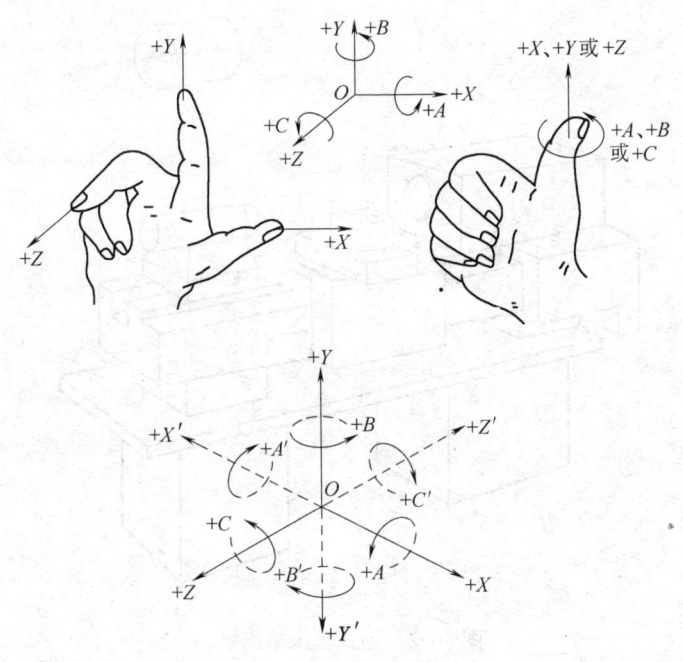

图3—1 右手笛卡儿直角坐标系

3．数控机床的运动方向

确定机床坐标轴时先确定 Z 轴，Z 轴一般是主轴的轴线，其次确定 X 轴，X 轴一般与工件安装面平行或重合，最后确定 Y 轴，即按右手笛卡儿直角坐标系确定 Y 轴的方向。机床的直线运动部件的正方向规定为增大工件与刀具之间距离的方向。

（1）Z 坐标的运动。卧式数控车床的 Z 轴平行于工件的回转轴线和纵向导轨，其正方向是增大工件与车刀之间距离的方向，如图3—2所示。

（2）X 坐标的运动。卧式数控车床的 X 轴在工件的径向上，且平行于横向滑座，其正方向是安装在横向滑座的主要刀架上的刀具离开工件回转中心的方向，如图3—2所示。

（3）Y 坐标的运动。根据右手笛卡儿直角坐标系，Y 坐标与 X 坐标、Z 坐标相互正交。

4．机床坐标系和工件坐标系

（1）机床坐标系。根据右手笛卡儿直角坐标系规则，在数控机床上建立的坐标系称为机床坐标系。数控车床机床坐标系的 Z 坐标与机床的纵向导轨平行，X 坐标与机床的横向导轨平行，机床坐标系的原点是由生产厂家决定的，可以设定在车床卡盘与车床主轴轴线的交点上，也可设定在机床上的任何部位，通过机床坐标系原点可以设定数控机床的回零点。一般情况下，数控车床的回零点与机床原点不重合，数控铣床的回零点与机床原点重合。数控机床的回零点又称为机床参考点。

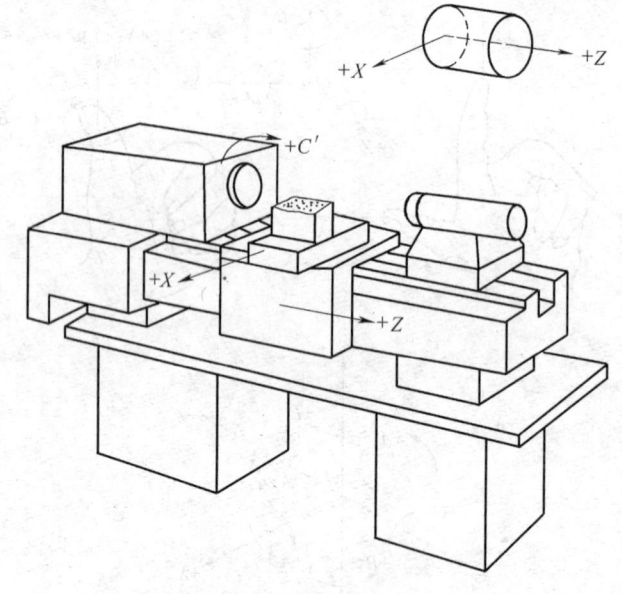

图3—2 卧式车床坐标系

机床坐标系原点不是一个客观存在的物理点,而是通过机床参考点与机床坐标系原点的关系在数控机床上定义的一个固定点。机床参考点是数控机床上一个固定的物理点,其位置由 X 坐标与 Z 坐标方向的挡块与行程开关确定。

对于数控车床而言,机床参考点与机床原点之间的位置关系在机床出厂前已经确立,并且作为一个固定值存储在数控机床的参数之中,这个参数就是机床参考点在机床坐标系中的坐标值。

对于使用增量编码器,机床每次通电之后必须进行回参考点操作,通过确认机床参考点间接确定机床原点位置;如果使用绝对编码器,机床坐标系原点直接由绝对编码器精确确定,因此,机床通电之后不用回参考点操作。

(2)工件坐标系。为了方便编写数控车床加工程序,在加工图样上设定一个直角坐标系 XOZ,可以称之为编程坐标系。设定编程坐标系的原则是坐标轴与零件图的设计基准重合,又和零件加工的定位基准与工序基准重合。因此,在一般情况下考虑编程坐标系的 Z 坐标与回转零件的回转轴线重合,X 坐标与回转零件右端面重合,回转轴线与零件右端面的交点为编程坐标系的原点,由此建立的编程坐标系有四个作用。

1)通过编程坐标系推算回转零件轮廓的基点坐标。有了编程坐标系,根据回转零件的径向尺寸和轴向尺寸,推算回转零件轮廓上的各个基点坐标,从而形成编写加工程序的走刀轨迹。

2)把编程坐标系移植到工件上形成工件坐标系。用试切削法手动操作数控机床车削工件外圆,把刀尖在加工外圆上的 X 坐标(刀尖在机床坐标系中的 X 坐标)减去被加工外圆的直径值，得出工件回转轴线在机床坐标系中的坐标值；再车削工件端面，刀尖在加工端面的 Z 坐标为刀尖在机床坐标系中的 Z 坐标，用此方法把编程坐标系移植到工件上，形成工件坐标系，同时建立了工件坐标系原点与机床坐标系原点的位置关系。

3）数控系统内部通过坐标系平移原理用机床坐标系描述构成零件轮廓的基点坐标。

4）试切削法把编程坐标系移植到工件上，形成工件坐标系，使得两个坐标系重合，描述的零件轮廓的基点坐标值也相同，再通过试切削法建立工件坐标系原点与机床坐标系原点的位置关系，运用坐标平移原理，数控系统内部用机床坐标系描述构成零件轮廓的基点坐标，这样，数控车床数控系统可以直接用机床坐标系控制刀具运动，其走刀路线与加工程序中描述的零件轮廓完全一致。

3.1.3 数控车床的坐标值和尺寸

1. 径向与轴向坐标控制

数控车床程序控制车刀的走刀运动，X 向坐标控制车刀的径向运动，Z 向坐标控制车刀的轴向运动。

2. 半径与直径编程方式

数控车床编程表示回转零件径向尺寸时，有半径与直径两种编程方式，可以通过机床参数设定，有的数控系统通过 G 代码设定。直径编程表示 X 值为直径值，如图 3—3 所示，用直径编程方式，A、B 点的坐标值为 A（X30.0，Z0）、B（X50.0，Z-20.0）；半径编程表示 X 值为半径值，如图 3—4 所示，用半径编程方式，A、B 点的坐标值为：A（X15.0，Z0）、B（X25.0，Z-20.0）。

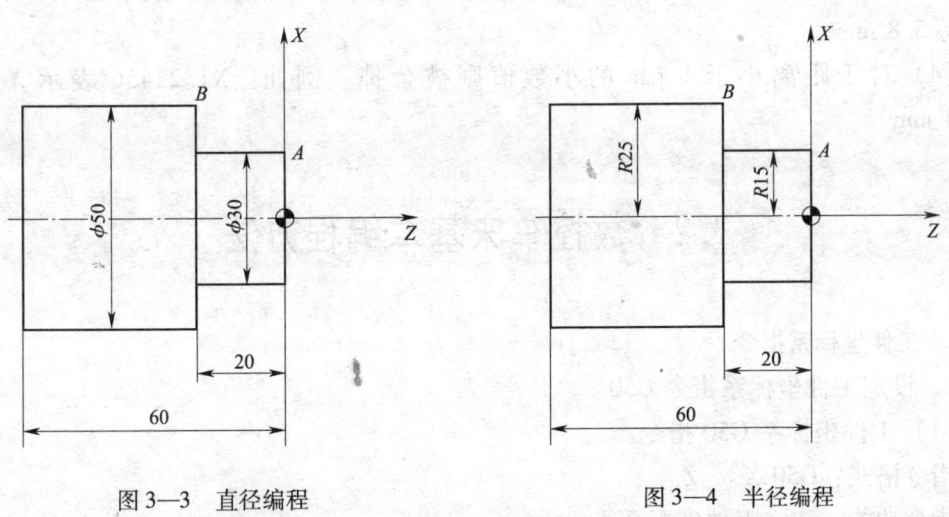

图 3—3　直径编程　　　　　　　　图 3—4　半径编程

3. 绝对值与增量值编程

编写加工程序有用绝对坐标或增量坐标编程法，FAUNC 数控系统用 X __、Z __ 表示绝对坐标，绝对坐标值表示离开坐标原点的距离；FAUNC 数控系统用 U __、W __ 表示增量坐标,增量坐标值表示目标点离开当前点的位移。

如图3—5所示的从点 A 到点 B 的快速运动,绝对值编程的程序段为"G00 X70.0 Z20.0;",增量值编程的程序段为"G00 U40.0 W-40.0;"。

4. 米制与英制编程

数控车床编程可选用米制与英制两种计量单位,FANUC 系统用 G20 或 G21 指令分别表示使用英制、米制计量单位。英制或米制指令断电前后保持一致,即停机前使用的英制或米制指令,在下次开机时仍然有效,除非重新更换设定。

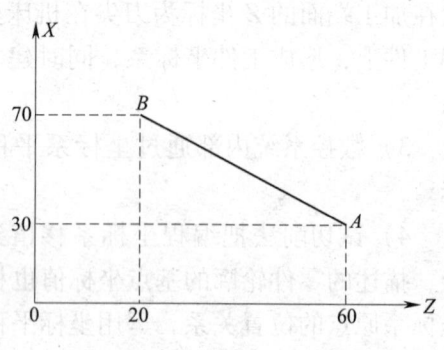

图3—5 绝对值、增量值编程

5. 模态指令与非模态指令

编程中的指令分为模态指令和非模态指令,模态指令也称续效指令,在程序段中指定后一直有效,直至在以后的程序段中由同组指令替代才失效;非模态指令的功能仅在本程序段中有效。

6. 小数点输入规定

FANUC 数控系统编程中,有无小数点其表示法的含义不同。

(1) 对于距离有小数点的单位是 mm,对于时间有小数点的单位是 s(秒)。例如:X45.0 表示 X 坐标为 45 mm,G04 P2.0 表示暂停时间为 2 s(秒)。

(2) 对于距离无小数点的单位是 μm,对于时间无小数点的单位是 μs(微秒)。例如:X2 表示 X 坐标为 0.002 mm(2 μm),G04 P2 表示暂停时间为 2 μs(微秒)。

(3) 在程序中,有无小数点可以混合使用。例如:X8000 Z5.8 表示 X 坐标 8 mm,Z 坐标 5.8 mm。

(4) 对于距离小于 1 μm 的小数值则被舍掉。例如:X1.23456 表示 X 坐标 1.234 mm。

3.2 数控车床基本编程方法

3.2.1 工件坐标系指令

1. 设定工件坐标系指令 G50

(1) 工件坐标系 G50 指令

指令格式:G50 X__ Z__;

指令功能:建立工件坐标系。

指令说明:X__表示当前刀位点在新建工件坐标系中的 X 坐标;Z__表示当前刀位点在新建工件坐标系中的 Z 坐标。

G50 是建立工件坐标系的非运动指令。由于数控系统有预置与寄存功能,能够在刀具参数偏置中寄存试切削法建立的工件坐标系原点在机床坐标系中的坐标值,能够寄存执行 G50 指令前刀位点在机床坐标系中的坐标值,当执行"G50 X __ Z __;"程序段后,指令中 X __、Z __ 表达了刀位点在工件坐标系中的坐标值,刀位点在机床坐标系中的坐标值减去刀位点在工件坐标系中的坐标值,即为工件坐标系原点在机床坐标系中的坐标值,通过 G50 指令数控系统寄存了工件坐标系原点在机床坐标系中的坐标值,这就是 G50 指令建立工件坐标系的原理。在理论上试切削法建立的工件坐标系原点与 G50 指令建立的工件坐标系原点重合。

如图 3—6 所示,运用 G50 指令设定工件原点 O_P,刀位点在机床坐标系中的坐标值,X = 160 + 80,Z = 120 + 90,刀位点在工件坐标系中的坐标值,X = 80,Z = 90。运用 G50 指令建立工件坐标系见表 3—1。

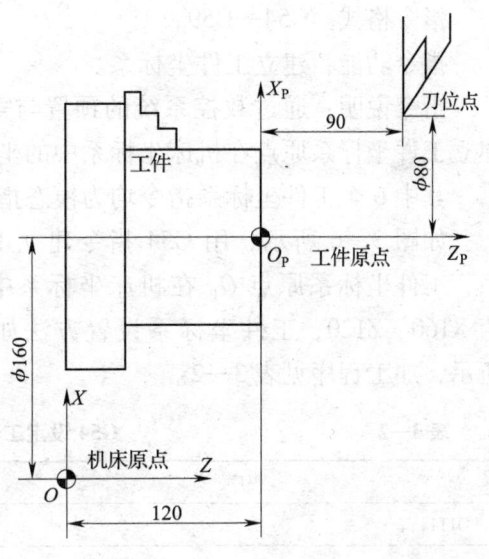

图 3—6 G50 设定工件原点示例

表 3—1　　　　　　　　G50 设定工件坐标系编程示例

程序	注解
O1111;	程序名
G53;	设定机床坐标系
G00 X240.0 Z210.0;	刀具快速移动,刀位点在机床坐标系中的坐标(X240,Z210)
G50 X80.0 Z90.0;	刀位点在新建工件坐标系中的坐标(X80,Z90)
……	其他程序段
M30;	程序结束

(2) 设定主轴最高转速指令(G50)

指令格式:G50 S_ ;

指令功能:设定主轴最高转速指令。

指令说明:S_ 为设定主轴最高转速代码,单位 r/min。

选用恒线速度车削加工方法后,G50 指令中 S 代码表示设定主轴最高转速,当用恒线速度方法车削加工零件台阶、锥度和圆弧,刀具接近工件旋转中心时,主轴转速会越来越高,如果超过机床的极限转速,可能会烧毁电动机,造成飞车事故,为此运用 G50 指令限定主轴的最高转速。

例如:G50 S2000 表示主轴转速最高为 2 000 r/min。

2. 设定工件坐标系指令 G54—G59

指令格式：G54—G59；

指令功能：建立工件坐标系。

指令说明：通过数控系统的预置与寄存功能建立工件坐标系原点在机床坐标系中的坐标值。

其中 6 个工件坐标系指令均为模态指令。

如图 3—6 所示，用 G54 指令建立工件坐标系，工件坐标系原点 O_P 在机床坐标系中的坐标值 X160、Z120，工件坐标系设置方法如图 3—7 所示，加工程序见表 3—2。

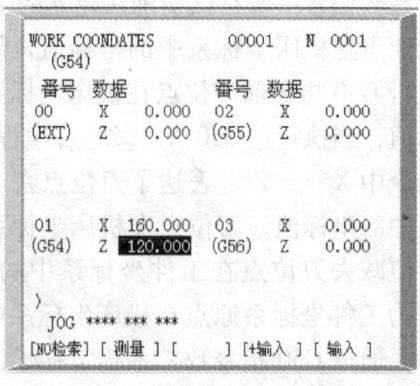

图 3—7　G54 坐标系参数屏幕

表 3—2　　　　　　　　　　G54 设定工件坐标系编程示例

程序	注解
O1111;	程序名
G54;	建立工件坐标系，调用 G54 指令寄存的坐标偏移值
M04 S800;	主轴反转，转速为 800 r/min
……	其他程序段
M30;	程序结束

3. 调用刀具指令 T××××

指令格式：T××××；（×为数字代码）

指令功能：数控车床换刀功能、调用刀具补偿参数功能、建立工件坐标系功能。

指令说明：前两位××表示刀具号，后两位××表示刀具补偿号。

T 指令前两位××表示刀具号，刀具在换刀位置执行 T 指令进行换刀操作；T 指令后两位××表示刀具补偿号，刀具在机床参考点执行 T 指令，表示调用刀具补偿参数建立工件坐标系，如图 3—6 所示，试切削法建立的工件坐标原点在机床坐标系中的坐标值 X160、Z120，机床参考点的坐标值（机床坐标系）减去工件坐标系原点在机床坐标系中的坐标值等于机床参考点在工件坐标系中的坐标值，这就是 T 指令建立工件坐标系的原理。

例如，"T0101;"表示 1 号刀具和 1 号刀具补偿号，"T0100;"表示 1 号刀具和取消 1 号刀具的刀具补偿。

如图 3—6 所示为运用 T 指令建立工件坐标系，刀具补偿参数如图 3—8 所示，编程示例见表 3—3。

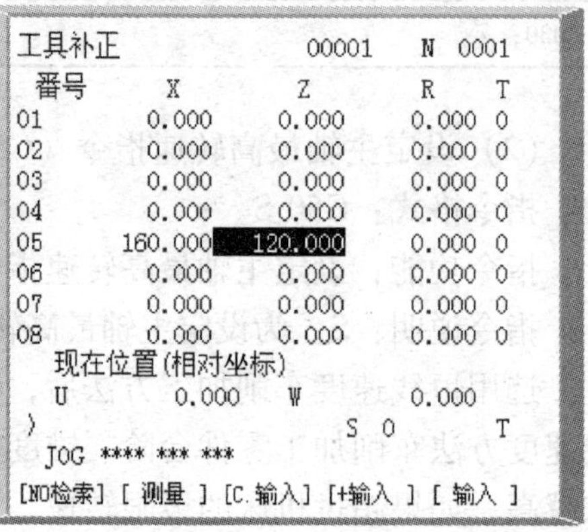

图 3—8　刀具补偿参数屏幕

表 3—3　　　　　　　　　T 指令设定工件坐标系编程示例

程序	注解
O1111;	程序名
T0105;	在机床参考点调用 1 号刀具和 5 号刀具补偿建立工件坐标系
M04 S800;	主轴反转，转速为 800 r/min
……	其他程序段
M30;	程序结束

3.2.2　车削加工基本指令

1. 快速定位指令 G00

指令格式：G00 X(U)＿ Z(W)＿；

指令功能：刀具以机床规定的快速进给速度移动到目标点。

指令说明：X＿、Z＿表示绝对编程，指刀具移动至目标点的坐标值；U＿、W＿表示增量编程，指刀具移动的目标点相对于当前点的位移量。

注意事项：

（1）移动速度不能用程序指令 F 设定，而是由厂家设置在机床参数中。

（2）刀具的实际运动路线一般不是直线，而是折线，使用时注意刀具是否和工件干涉。

（3）G00 一般用于加工前的快速定位或加工后的快速退刀。

2. 直线插补指令 G01

指令格式：G01 X(U)＿ Z(W)＿ F＿ ；

指令功能：刀具以指定的进给速度沿直线做插补运动。

指令说明：X＿、Z＿表示绝对编程，指刀具移动至目标点的坐标值；U＿、W＿表示增量编程，指刀具移动的目标点相对于当前点的位移量；F 为进给速度。

［例 3—1］　　如图 3—9 所示，分别使用绝对坐标和增量坐标，用 G00、G01 指令编写精加工程序。

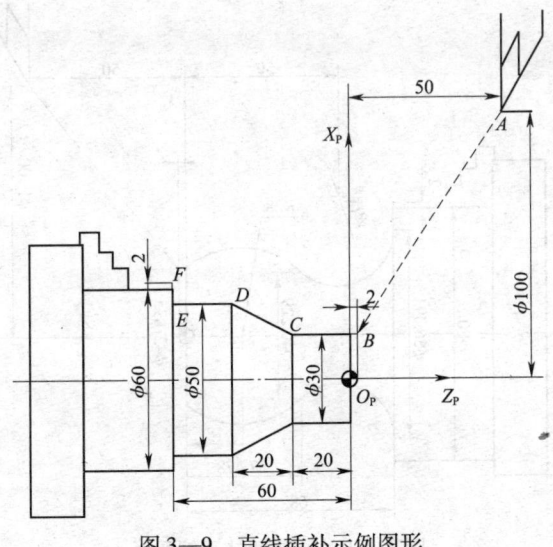

图 3—9　直线插补示例图形

加工程序见表 3—4。

表 3—4　　　　　　　　G00、G01 指令编程示例

程序		注解
绝对编程	增量编程	
O1111;	O1111;	程序名
N10 G50 X100.0 Z50.0;	N10 G50 X100.0 Z50.0;	建立工件坐标系
N20 M04 S800;	N20 M04 S800;	主轴反转，转速为 800 r/min
N30 G00 X30.0 Z2.0;	N30 G00 U−70.0 W−48.0;	快速定位 $A-B$
N40 G01 Z−20.0 F0.1;	N40 G01 W−22.0 F0.1;	车削外圆 $B-C$
N50 X50.0 Z−40.0;	N50 U20.0 W−20.0;	车削锥面 $C-D$
N60 Z−60.0;	N60 W−20.0;	车削外圆 $D-E$
N70 X64.0;	N70 U14.0;	车削台阶右端面 $E-F$
N80 G00 X100.0 Z50.0;	N80 G00 U36.0 W110.0;	快速退刀 $F-A$
N90 M05;	N90 M05;	主轴停转
N100 M30;	N100 M30;	程序结束

3. 圆弧插补指令 G02/G03

指令格式：G02/G03 X(U)＿ Z(W)＿ R＿ F＿；

G02/G03 X(U)＿ Z(W)＿ I＿ K＿ F＿；

指令功能：使刀具以编程指定的进给速度沿圆弧进行切削运动。

指令说明：G02/G03 是顺/逆时针圆弧插补指令；判断顺/逆方向：从 Y 轴的正方向向负方向看，顺时针为 G02，逆时针为 G03；X(U)＿、Z(W)＿为圆弧终点坐标；R＿为圆弧半径，当圆弧所对的圆心角为 0°~180°时，R 取正值；当圆弧所对的圆心角为 180°~360°时，R 取负值；I＿、K＿为圆心在 X、Z 轴方向上相对于圆弧起始点的坐标增量，I 或 K 为零时可以省略；F＿为进给速度。

[例 3—2]　如图 3—10 所示，用 G02/G03 的两种指令格式分别编写精加工程序。

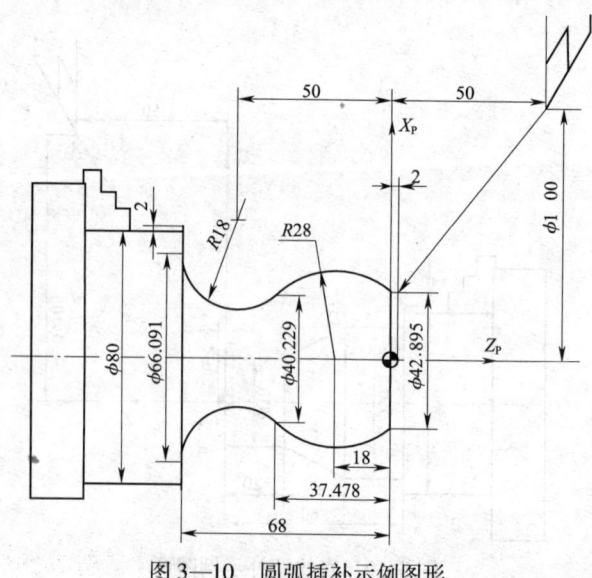

图 3—10　圆弧插补示例图形

加工程序见表3—5。

表3—5　　　　　　　　　　G00、G01指令编程示例

圆弧 R_ 程序格式	圆弧 I_ K_ 程序格式	注解
O1111;	O1111;	程序名
G50 X100.0 Z50.0;	G50 X100.0 Z50.0;	建立工件坐标系
M04 S600;	M04 S600;	主轴反转，转速为600 r/min
G00 X42.895 Z2.0;	G00 X42.895 Z2.0;	快速定位
G01 Z0 F0.1;	G01 Z0 F0.1;	车削直线
G03 X40.229 Z−37.478 R28.;	G03 X40.229 Z−37.478 I−21.448 K−18.;	车削凸圆弧
G02 X66.091 Z−68.0 R18.0;	G02 X66.091 Z−68.0 I12.931 K−12.522;	车削凹圆弧
G01 X84.0;	G01 X84.0;	车削台阶
G00 X100.0 Z50.0;	G00 X100.0 Z50.0;	快速退刀
M05;	M05;	主轴停转
M30;	M30;	程序结束

4. 车削螺纹指令 G32

指令格式：G32 X(U)_ Z(W)_ F_;

指令功能：车削等螺距内外螺纹、锥螺纹和端面螺纹。

指令说明：X(U)_ 为 X 方向螺纹切削终点的坐标值；Z(W)_ 为 Z 方向螺纹切削终点的坐标值；F_ 为螺纹导程（单螺纹表示螺纹螺距）。

注意事项：

（1）螺纹切削中，进给速度倍率无效（固定100%），主轴速度倍率无效（固定100%），数控车床车削螺纹时，通过主轴编码器控制刀具切削螺纹，多次切削工件其圆周上的切削始点都不变，螺纹不会产生乱牙。

（2）开始切削螺纹与结束切削螺纹时，升速运动与降速运动会影响螺纹的加工精度，车螺纹必须设置升速进刀段 L_1 和降速退刀段 L_2，如图3—11所示，一般，升速进刀段 L_1 与降速退刀段 L_2 大于1个导程。

（3）如图3—12所示，螺纹车削方法有直进法和斜进法，斜进法优于直进法，切削 T 形螺纹时应采用左、右切削法。当螺纹牙型深度较深时可分数次进给，背吃刀量的分配方式有常量式和递减式。

（4）车削螺纹时，螺纹的旋向取决于工件的旋转方向和螺纹车刀的切削方向。

（5）米制普通螺纹尺寸如图3—13所示。
螺纹相关参数的计算公式如下：

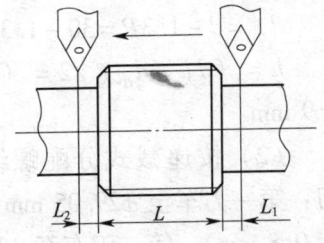

图3—11　车螺纹升速段、降速段示例图形

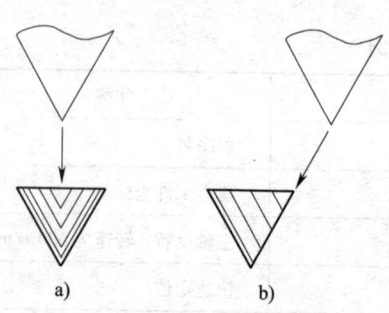

图 3—12 螺纹进刀方式
a) 直进法 b) 斜进法

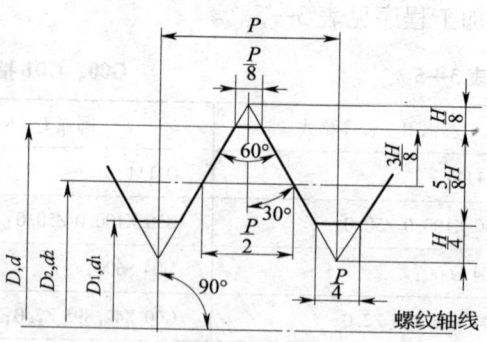

图 3—13 普通螺纹的基本牙型

1) 螺纹的理论高度 H：$H = 0.866P$
2) 中径 d_2 (D_2)：$d_2 = d - 0.649\,5P$，$D_2 = D - 0.649\,5P$
3) 牙型高度 h：$h = 0.541\,3P$
4) 小径 d_1 (D_1)：$d_1 = d - 1.082\,5P$，$D_1 = D - 1.082\,5P$

为了计算方便，常采用表 3—6 所示的经验公式计算螺纹各部分的加工尺寸。

表 3—6　　　　　　　　　米制普通螺纹名义尺寸经验计算公式

外螺纹		内螺纹	
加工直径	$d_大 = d - 0.1P$	加工直径	$D_大 = D + 0.05P$
	$d_1 = d - 1.3P$		$D_大 = D + 0.108P - 2R_刀$ ($R_刀 < 0.072P$)
	$d_小 = d - 1.516P + 2R_刀$ ($R_刀 < 0.114P$)		$D_小 = D - 1.05P$
牙型高度	$h = (d_大 - d_小)/2$	牙型高度	$h = (D_大 - D_小)/2$

注：表中经验公式适用于塑性材料。

[例 3—3] 如图 3—14 所示，用 G32 指令编写 M30×1.5—LH 的外螺纹加工程序（槽宽 4 mm 和螺纹大径已完成加工，材料为钢）。

(1) 计算螺纹大径 $d_大$、小径 $d_小$ 和牙型高度 h。

$d_大 = d - 0.1P = 30 - 0.1 \times 1.5 = 29.85$ mm
$d_小 = d - 1.3P = 30 - 1.3 \times 1.5 = 28.05$ mm
$h = (d_大 - d_小)/2 = (29.85 - 28.05)/2 = 0.9$ mm

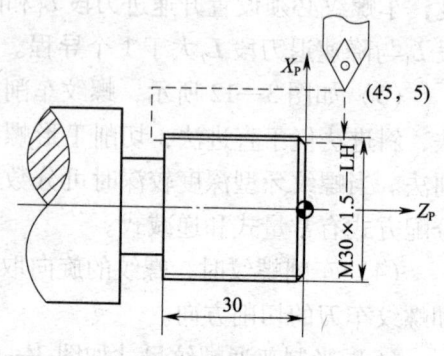

图 3—14 圆柱螺纹切削示例图形

(2) 按递减式分配螺纹背吃刀量，共分 4 刀：第一刀车至 $\phi29.05$ mm（直径方向背吃刀量为 0.8 mm）；第二刀车至 $\phi28.45$ mm（直径方向背吃刀量为 0.6 mm）；第三刀车至 $\phi28.15$ mm（直径方向背吃刀量为 0.3 mm）；第四刀车至

ϕ28.05 mm(直径方向背吃刀量为 0.1 mm)。

(3) 工件坐标系原点如图 3—14 所示,加工程序见表 3—7。

表 3—7　　　　　　　　　　G32 编程应用示例

程序	注解
O0032;	程序名
N10 T0101;	建立工件坐标系
N20 M04 S500;	主轴反转,转速为 500 r/min(刀架后置)
N30 G00 X45.0 Z5.0;	快速定位
N40 X29.05;	螺纹第一次背吃刀量为 0.8 mm(直径值)
N50 G32 Z−32.0 F1.5;	螺纹车削
N60 G00 X45.0;	快速退刀
N70 Z5.0;	快速返回
N80 X28.45;	螺纹第二次背吃刀量为 0.6 mm(直径值)
N90 G32 Z−32.0 F1.5;	螺纹车削
N100 G00 X45.0;	快速退刀
N110 Z5.0;	快速返回
N120 X28.15;	螺纹第三次背吃刀量为 0.3 mm(直径值)
N130 G32 Z−32.0 F1.5;	螺纹车削
N140 G00 X45.0;	快速退刀
N150 Z5.0;	快速返回
N160 X28.05;	螺纹第四次背吃刀量为 0.1 mm(直径值)
N170 G32 Z−32.0 F1.5;	螺纹车削
N180 G00 X45.0;	快速退刀
N190 Z5.0;	快速返回
N200 G00 X100.0 Z100.0;	返回参考点
N210 M05;	主轴停
N220 M30;	程序结束

3.2.3 刀具补偿

1. 刀具位置补偿

刀具位置补偿又称为刀具偏移补偿,补偿量分为刀具几何补偿和刀具磨损补偿两部分。数控车床加工一个工件需要使用多把刀具,通常以其中一把刀为基准刀,用试切削法建立工件坐标系,设定工件回转轴线与工件端面的交点为工件坐标系的原点,并作为对刀点。把所有刀具的刀位点都移到对刀点上,记录各把刀具在机床坐标系中坐标值,完成刀具的几何补偿,即用多把刀具建立同一个工件坐标系,如图 3—15 所示为刀具补偿寄存器屏幕。

刀具在切削加工过程中都会有磨损,势必造成零件加工的径向尺寸与轴向尺寸变大。计算磨损刀具刀位点位置与编程位置的差值,通过对刀具磨损量 ΔX 与 ΔZ 的补偿,即采用大多少减多少,小多少加多少的补偿原则,即可纠正由于刀具磨损而产生的零件加工尺寸的偏差,刀具磨损补偿如图 3—16 所示。

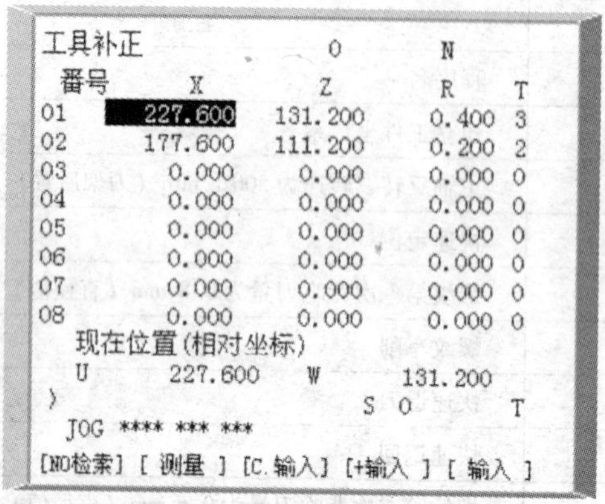

图 3—15 刀具补偿寄存器屏幕

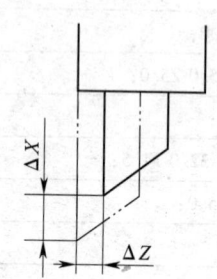

图 3—16 刀具磨损补偿

2. 刀尖圆弧半径补偿

(1) 刀尖圆弧半径补偿的目的。为了提高车刀的刀尖切削强度,降低零件加工表面的粗糙度值,通常用刀尖圆弧替代刀尖。但是,编写数控车床加工程序时,是以车刀的假想刀尖描述刀具的走刀轨迹,因此实际的刀尖是根本不存在。如图 3—17 所示为刀尖圆弧和理想刀尖点,在车削过程中,实际起作用的是切削刃上的刀尖圆弧与工件相切的各个切点,这样,在加工圆锥面和圆弧面时会产生加工尺寸的误差,如图 3—18 所示。

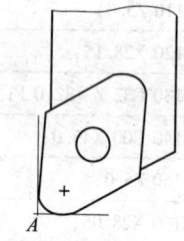

图 3—17 刀尖圆弧和理想刀尖点

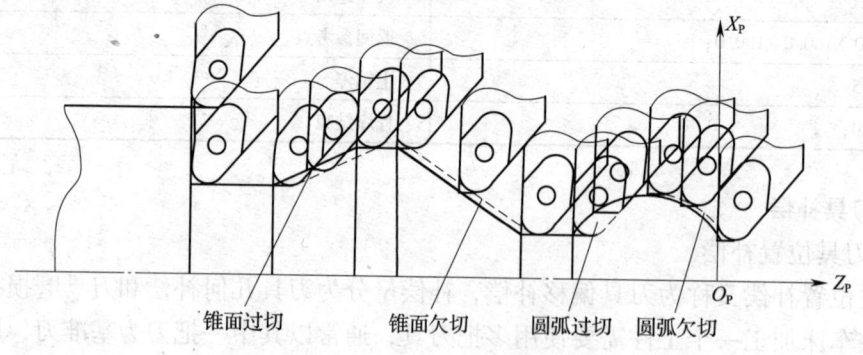

图 3—18 车刀刀尖半径与加工误差

为了消除刀尖圆弧半径在切削加工中对工件实际轮廓与尺寸的影响,用于数控车床的控制系统而开发的刀具半径补偿功能,仍可按工件轮廓编写加工程序,只要在加工前将刀尖圆弧半径值和刀尖方位号输入对应刀具补偿号的参数中,通过刀尖圆弧半径补偿指令，如图 3—19 所示，把刀尖圆弧中心向背离工件轮廓的法线方向偏移一个刀尖圆弧半径，这样，数控系统将把控制刀位点（假想刀尖）沿工件轮廓的运动改为控制刀尖圆弧中心平行于工件轮廓的运动，数控系统刀尖圆弧半径补偿功能将自动计算出实际刀尖圆弧中心轨迹，并控制实际刀具的刀尖圆弧中心按此轨迹运动。

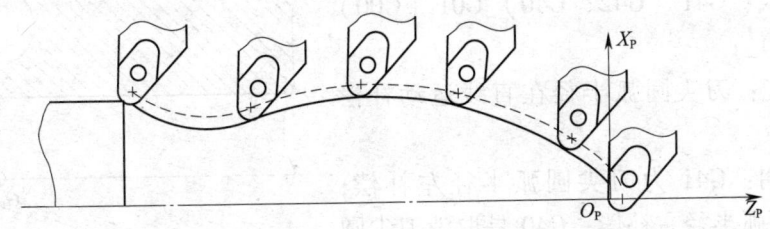

图 3—19 刀尖半径补偿时的刀具轨迹

（2）刀尖圆弧半径补偿。刀尖圆弧半径补偿过程分为三步。

1) 刀补的建立。运用 G41 或 G42 指令建立刀尖圆弧半径补偿，数控车刀根据运动指令切入工件轮廓，至切入点时，刀尖圆弧中心偏离工件轮廓半径值。

2) 刀补的执行。刀尖圆弧中心始终与工件轮廓偏离半径值，变假想刀尖沿工件轮廓的运动为刀尖圆弧中心平行于工件轮廓的运动。

3) 刀补的取消。运用 G40 指令取消刀尖圆弧半径补偿，数控车刀根据运动指令离开工件，变刀尖圆弧中心平行于工件轮廓的运动为假想刀尖按指令坐标的运动。

（3）刀尖圆弧半径补偿方向

1) 刀尖圆弧半径左补偿。如图 3—20 所示，位于刀具所在平面（XOZ）的第三轴（Y）从正轴向负轴看，顺着刀具运动方向，刀具在工件的左侧，同时刀尖圆弧中心向背离工件轮廓的法线方向偏移一个刀尖圆弧半径，称之为刀尖圆弧半径左补偿。G41 指令具有刀尖圆弧半径左补偿的功能。

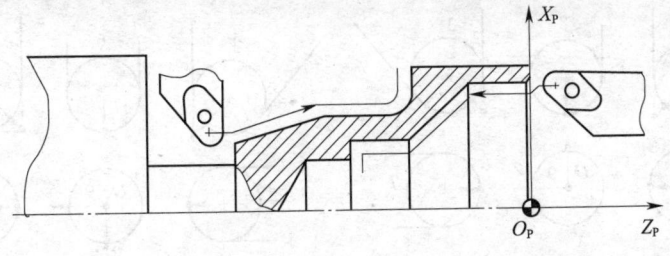

图 3—20 后置刀架刀尖圆弧半径左补偿

2) 刀尖圆弧半径右补偿。如图 3—21 所示，位于刀具所在平面（XOZ）的第三轴（Y）从正轴向负轴看，顺着刀具运动方向，刀具在工件的右侧，同时，刀尖圆弧中心向背离工件轮廓的法线方向偏移一个刀尖圆弧半径，称之为刀尖圆弧半径右补偿。G42 指令具有刀尖圆弧半径右补偿的功能。

3）取消刀尖圆弧半径补偿。G40 指令具有取消刀尖圆弧半径补偿的功能。

（4）刀尖圆弧半径补偿指令 G41、G42 与刀尖圆弧半径补偿取消指令 G40。

指令格式：G41（G42、G40）G01（G00）X(U)_ Z(W)_;

指令功能：刀尖圆弧半径在直线运动补偿的建立与消除。

指令说明：G41 为刀尖圆弧半径左补偿；G42 为刀尖圆弧半径右补偿；G40 是取消刀尖圆弧半径补偿；X(U)_、Z(W)_ 是在建立或取消刀具补偿中，刀具移动的坐标。

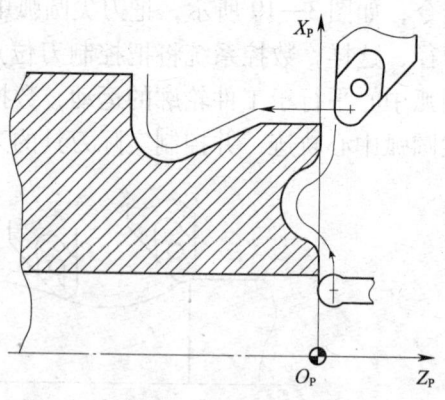

图 3—21 后置刀架刀尖圆弧半径右补偿

刀具半径补偿注意事项：

1）G41、G42、G40 指令不能与圆弧切削指令写在同一个程序段内。

2）在调用新刀具前或要更改刀补方向时，中间必须取消刀具补偿。

3）G41、G42、G40 是模态指令。

4）当补偿值取负值时，G41 和 G42 互相转化。

5）使用 G41 和 G42 指令后，不能连续出现两个或两个以上的非移动指令，否则 G41 和 G42 指令失效。

（5）刀尖方位号的确定。刀尖圆弧半径补偿的参数有 4 个，刀具尺寸几何补偿（X 与 Z 方向的刀尖位置补偿）、刀尖圆弧半径补偿与刀尖方位号补偿。设定了刀尖方位号后，使得系统能够根据假想刀尖所在位置进行刀尖圆弧半径补偿。假想刀尖方位共有 9 种，如图 3—22 所示，箭头均由刀尖圆弧中心指向假想刀尖，后置刀架数控车刀刀尖方位号见表3—8。

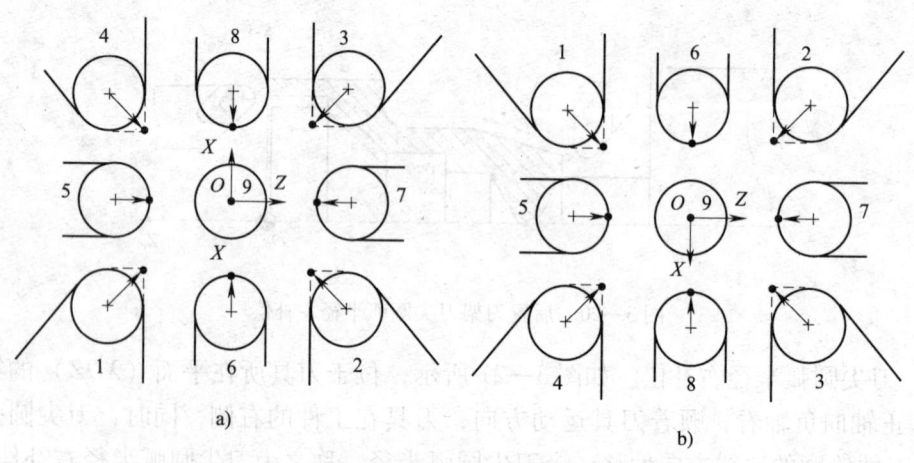

图 3—22 刀尖方位号

a）后置刀架　b）前置刀架

表 3—8　　　　　　　　　　后置刀架数控车刀刀尖方位号

进给方向	刀尖位置代号	刀尖位置	典型车刀形状
←	T3	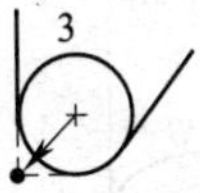	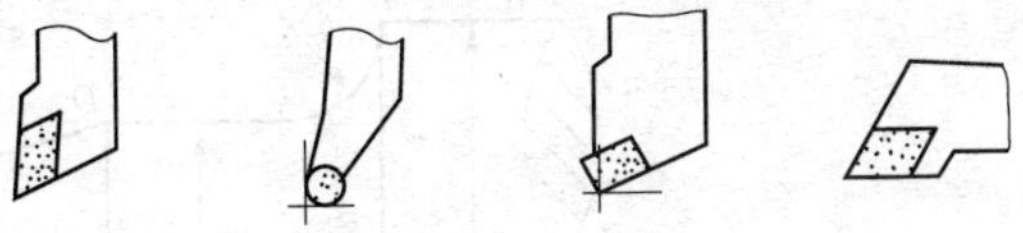
←→	T8	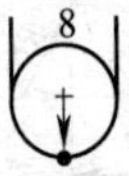	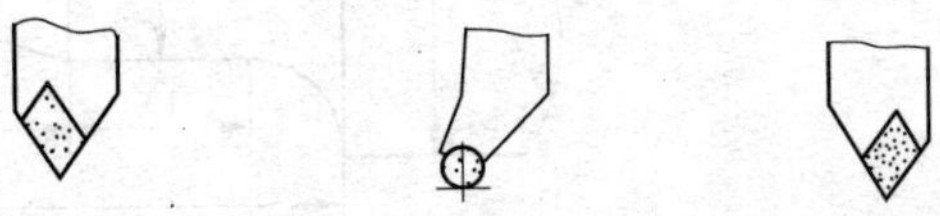
→	T4	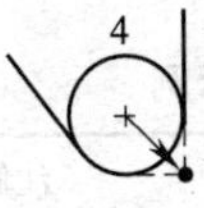	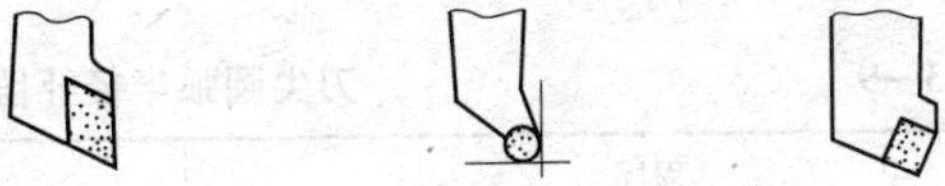
↑↓	T5	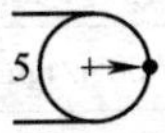	
→	T1	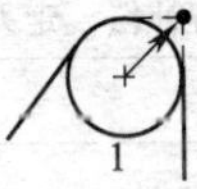	
←→	T6		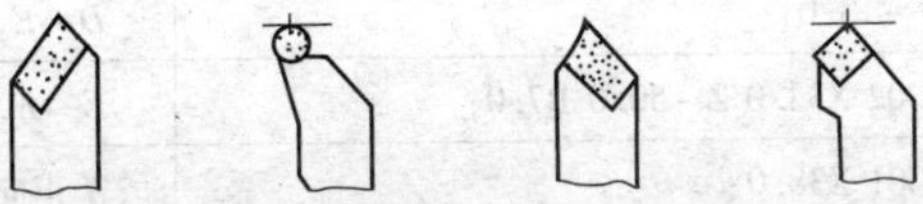
←	T2	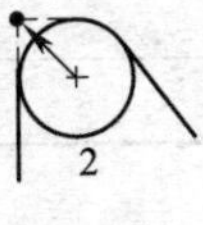	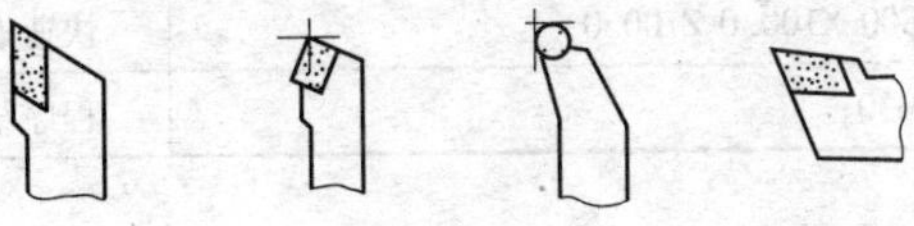
↑↓	T7	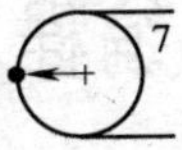	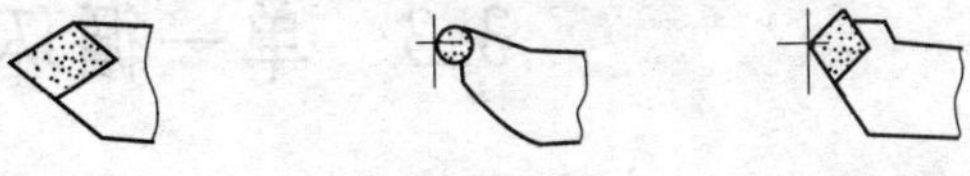

[例3—4]　如图3—23所示，编写轮廓精加工程序（刀尖圆弧半径为 $R0.4$）。加工程序见表3—9。

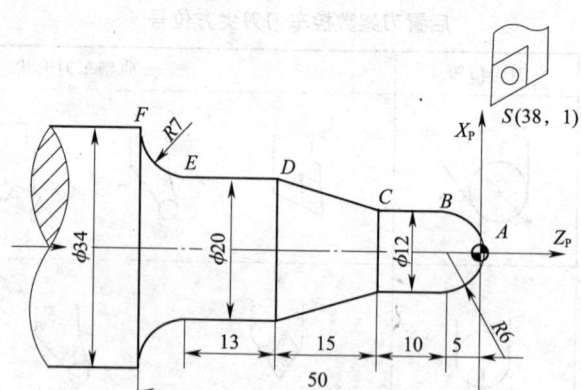

图 3—23 刀尖圆弧半径补偿示例图形

表 3—9　　　　　　　　　刀尖圆弧半径补偿编程应用示例

程序	注解
O0001;	程序名
N10 T0101;	换 1 号车刀，1 号刀补，刀位在机床参考点建立工件坐标系
N20 M04 S1500;	主轴反转，转速为 1 500 r/min
N30 M08;	切削液开
N40 G00 X38.0 Z1.0;	快速定位
N50 G42 X0;	建立刀尖圆弧半径右补偿，走刀路线快速定位 S→A
N60 G03 X12.0 Z−5.0 R6.0 F0.1;	A→B，车削 R6 圆弧
N70 G01 W−10.0;	B→C，车削 ϕ12 圆柱面
N80 X20.0 W−15.0;	C→D，车削圆锥面
N90 W−13.0;	D→E，车削 ϕ20 圆柱面
N100 G02 X34.0 Z−50.0 R7.0;	E→F，车削 R7 圆弧
N110 G01 X38.0;	X 正向退刀
N120 G00 G40 Z1.0;	取消刀尖圆弧半径补偿，Z 正向快速退刀（至 S 点）
N130 G00 X100.0 Z100.0;	快速返回参考点
N140 M30;	程序结束

3.3　单一循环指令与编程

数控车床单一循环指令的特点：能完成进刀、切削、退刀与返回四个动作，相当于替代 4 条基本指令的走刀运动。运用单一循环指令，可以切削加工回转零件的圆柱面、圆锥面和端面。

3.3.1 圆柱/圆锥车削单一循环指令 G90

指令格式：G90 X(U)_ Z(W)_ R_ F_ ；

指令功能：实现内外圆柱面和圆锥面循环切削。

指令说明：X_、Z_ 为切削终点绝对坐标值；U_、W_ 为切削终点相对于循环起点的增量坐标；R_ 为切削始点相对于切削终点的 X 向坐标增量（半径值），加工圆柱面时取 R0（可省略）；F_ 为进给速度；车削单一循环指令 G90 走刀路线如图 3—24 和图 3—25 所示，图中虚线表示快速移动，实线表示按 F 进给速度切削加工。

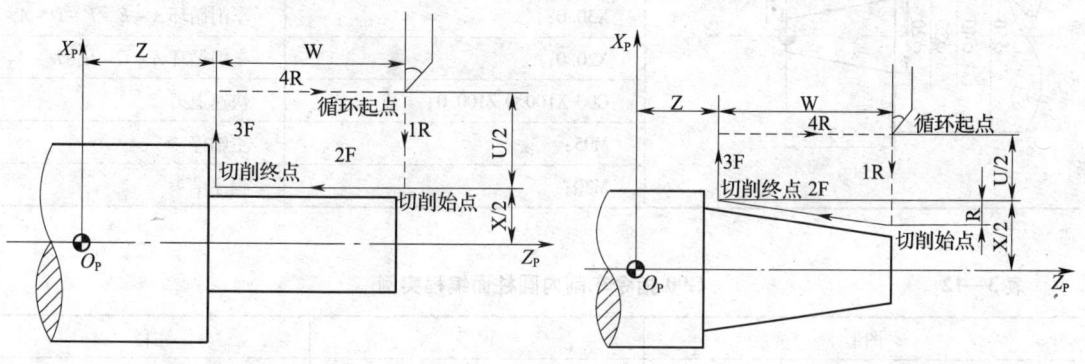

图 3—24　外圆柱面切削循环　　　　图 3—25　外圆锥面切削循环

[例 3—5]　运用 G90 指令编程，完成外圆柱面切削加工。

G90 指令车削外圆柱面编程实例见表 3—10。

表 3—10　　　　　　　G90 指令车削外圆柱面编程实例

图形	程序	注释
	O9001；	程序名
	T0101；	建立工件坐标系
	M04 S800；	主轴反转，800 r/min
	G00 X55.0 Z5.0；	快速定位（A 点）
	G90 X40.0 Z−30.0 F0.2；	车削循环 A—B—C—D—A
	X30.0；	车削循环 A—E—F—D—A
	X20.0；	车削循环 A—G—H—D—A
	G00 X100.0 Z100.0；	快速退刀
	M05；	主轴停
	M30；	程序结束

[例 3—6]　运用 G90 指令编程，完成外圆锥面切削加工。

G90 指令车削圆锥面编程实例见表 3—11。

[例 3—7]　运用 G90 指令编程，完成内圆柱面切削加工。

G90 指令车削内圆柱面编程实例见表 3—12。

表 3—11　　　　　　　　　　G90 指令车削圆锥面编程实例

图形	程序	注释
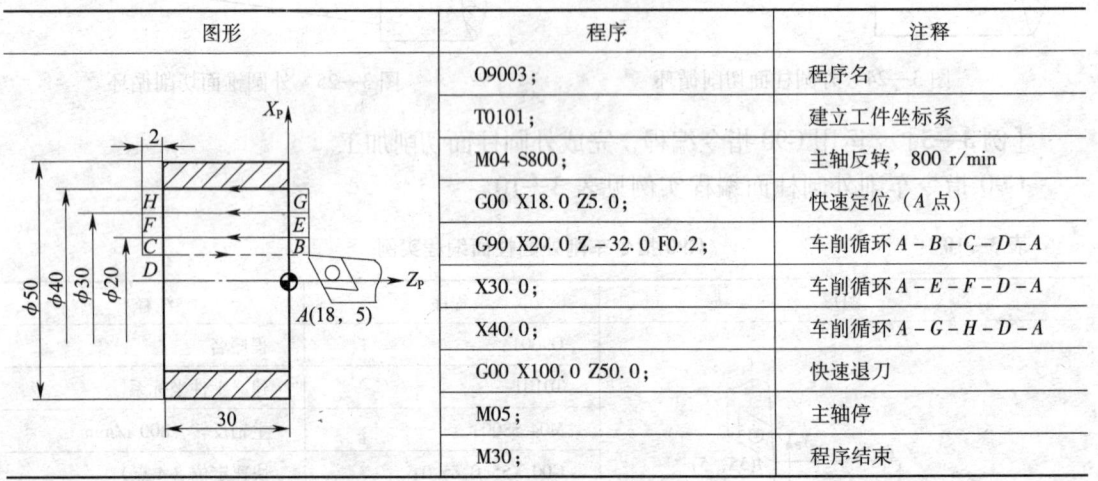	O9002;	程序名
	T0101;	建立工件坐标系
	M04 S800;	主轴反转，800 r/min
	G00 X55.0 Z5.0;	快速定位（A 点）
	G90 X40.0 Z−30.0 R−5.0 F0.2;	车削循环 A-B-C-D-A
	X30.0;	车削循环 A-E-F-D-A
	X20.0;	车削循环 A-G-H-D-A
	G00 X100.0 Z100.0;	快速退刀
	M05;	主轴停
	M30;	程序结束

表 3—12　　　　　　　　　　G90 指令车削内圆柱面编程实例

图形	程序	注释
	O9003;	程序名
	T0101;	建立工件坐标系
	M04 S800;	主轴反转，800 r/min
	G00 X18.0 Z5.0;	快速定位（A 点）
	G90 X20.0 Z−32.0 F0.2;	车削循环 A-B-C-D-A
	X30.0;	车削循环 A-E-F-D-A
	X40.0;	车削循环 A-G-H-D-A
	G00 X100.0 Z50.0;	快速退刀
	M05;	主轴停
	M30;	程序结束

[例 3—8]　运用 G90 指令编程，完成内圆锥面切削加工。

G90 指令车削内锥面编程实例见表 3—13。

3.3.2　端面车削单一循环指令 G94

指令格式：G94　X(U)_　Z(W)_　R_　F_；

指令功能：实现端面或锥面循环切削。

指令说明：X_、Z_ 为端平面切削终点绝对坐标值；U_、W_ 为端面切削终点相对于循环起点的坐标增量；R_ 为切削始点相对于切削终点的 Z 向坐标增量，加工端面时取 R0（可省略）；F_ 表示进给速度。

车削单一循环指令 G94 走刀路线如图 3—26 和图 3—27 所示，图中虚线表示快速移动，实线表示按 F 进给速度切削加工。

表 3—13　　　　　　　　　　　G90 指令车削内锥面编程实例

图形	程序	注释
(见图)	O9004;	程序名
	T0101;	建立工件坐标系
	M04 S800;	主轴反转，800 r/min
	G00 X28.0 Z5.0;	快速定位（A 点）
	G90 X30.0 Z-32.0 R5.0 F0.2;	车削循环 A-B-C-D-A
	X40.0;	车削循环 A-E-F-D-A
	X50.0;	车削循环 A-G-H-D-A
	G00 X100.0 Z50.0;	快速退刀
	M05;	主轴停
	M30;	程序结束

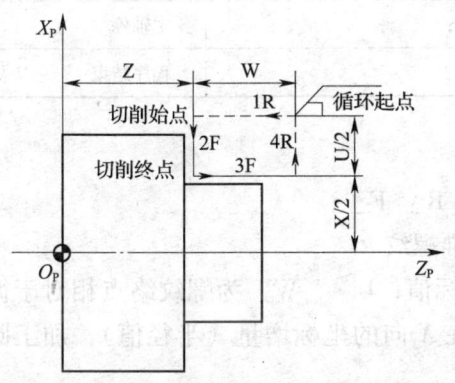

图 3—26　端面切削循环

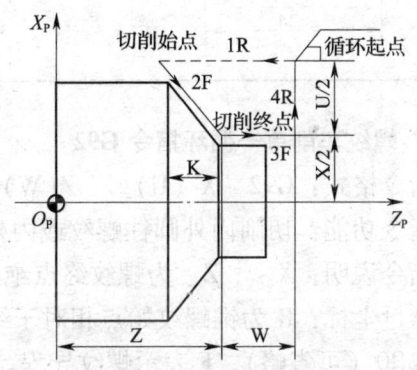

图 3—27　锥面切削循环

[例 3—9]　毛坯右端面余量为 7～8 mm，运用 G94 指令编写切削端面加工程序。G94 指令车削端面编程实例见表 3—14。

表 3—14　　　　　　　　　　　G94 指令车削端面编程实例

图形	程序	注释
(见图)	O9401;	程序名
	T0101;	建立工件坐标系
	M04 S800;	主轴反转，800 r/min
	G00 X52.0 Z10.0;	快速定位（A 点）
	G94 X18.0 Z4.0 F0.15;	车削循环 A-B-C-D-A
	Z0;	车削循环 A-E-F-D-A
	G00 X100.0 Z50.0;	快速退刀
	M05;	主轴停
	M30;	程序结束

[例3—10] 毛坯右端面余量为 7~8 mm，运用 G94 指令编写切削锥面加工程序。G94 指令车削锥面编程实例见表 3—15。

表 3—15　　　　　　　　　G94 指令车削锥面编程实例

图形	程序	注释
	O9402；	程序名
	T0101；	建立工件坐标系
	M04 S800；	主轴反转，800 r/min
	G00 X52.0 Z40.0；	快速定位（A点）
	G94 X20.0 Z34 R−4.0 F0.15；	车削循环 $A-B-C-D-A$
	Z32.0；	车削循环 $A-E-F-D-A$
	Z29.0；	车削循环 $A-G-H-D-A$
	G00 X100.0 Z50.0；	快速退刀
	M05；	主轴停
	M30；	程序结束

3.3.3 螺纹车削单一循环指令 G92

指令格式：G92　X（U）_　Z（W）_　R_ F_；

指令功能：切削内外圆柱螺纹或内外圆锥螺纹。

指令说明：X_、Z_ 为螺纹终点绝对坐标值；U_、W_ 为螺纹终点相对于循环起点的增量坐标；R 为锥螺纹始点相对于终点在 X 向的坐标增量（半径值），加工圆柱螺纹时取R0（可省略）；F 表示螺纹导程。

螺纹车削单一循环指令 G92 走刀路线如图 3—28 和图 3—29 所示，图中虚线表示快速移动，实线表示按 F 进给参数切削加工。

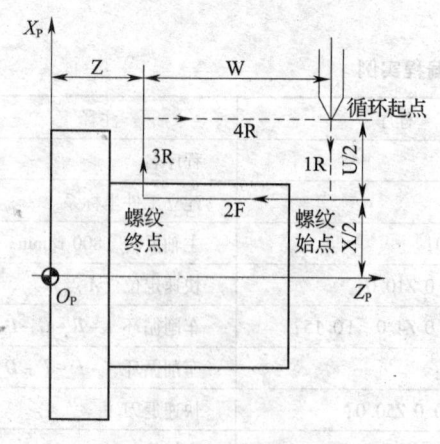

图 3—28　圆柱螺纹切削循环

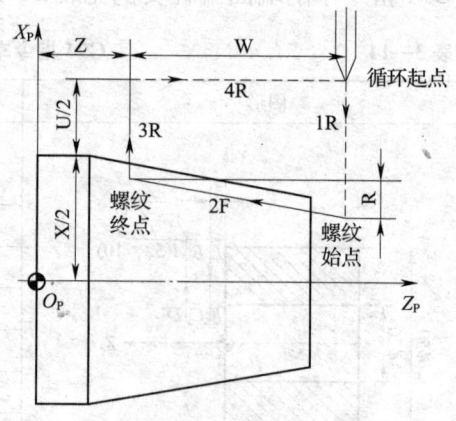

图 3—29　圆锥螺纹切削循环

[**例 3—11**] 外螺纹 M30×1.5—LH，槽宽 4 mm 和螺纹大径已加工完成，材料为钢，用 G92 指令编写车削螺纹加工程序。

G92 指令车削外螺纹编程指令见表 3—16（螺纹大径、小径及牙型高度的计算，螺纹切削的背吃刀量的分配方法，参考例 3—3）。

表 3—16　　　　　　　　　G92 指令车削外螺纹编程实例

图形	程序	注释
	O9201；	程序名
	T0101；	建立工件坐标系
	M04 S500；	主轴反转，500 r/min
	G00 X45.0 Z5.0；	快速定位（循环起点）
	G92 X29.05 Z−32.0 F1.5；	第一刀车削螺纹
	X28.45；	第二刀车削螺纹
	X28.15；	第三刀车削螺纹
	X28.05；	第四刀车削螺纹
	G00 X100.0 Z100.0；	快速退刀
	M05；	主轴停
	M30	程序结束

[**例 3—12**] 运用 G92 指令，编写圆柱内螺纹的车削加工程序。

G92 指令车削内螺纹编程实例见表 3—17。

表 3—17　　　　　　　　　G92 指令车削内螺纹编程实例

图形	程序	注释
	O9202；	程序名
	T0101；	建立工件坐标系
	M04 S500；	主轴反转，500 r/min
	G00 X25.0 Z5.0；	快速定位（循环起点）
	G92 X29.125 Z−37.0 F1.5；	第一刀车削螺纹
	X29.625；	第二刀车削螺纹
	X29.925；	第三刀车削螺纹
	X30.075；	第四刀车削螺纹
	G00 Z80.0；	快速退刀
	M05；	主轴停
	M30；	程序结束

3.4 复合循环指令与编程

数控车床复合循环指令的特点：只要按指令的编写规则，在指令中设定切削参数，在定义的循环体中用基本指令描述精加工的走刀路线，这样，数控系统可以控制刀具对工件重复切削加工，完成零件的粗加工与精加工。编写数控车床加工程序，运用复合循环指令，可以减少编写加工程序的工作量，大大提高编程的效率与质量。

3.4.1 内外径粗车复合循环指令 G71

指令格式：G71　UΔd　Re；
　　　　　G71　Pns　Qnf　UΔu　WΔw　Ff　Ss　Tt；

指令功能：粗车圆柱毛坯外径和圆筒毛坯内径。

指令说明：Δd 表示每次背吃刀量（半径值），无正负号；e 表示退刀量（半径值），无正负号；ns 表示精加工路线第一个程序段的顺序号；nf 表示精加工路线最后一个程序段的顺序号；Δu 表示 X 方向的精加工余量和方向（直径值），有正负号；Δw 表示 Z 方向的精加工余量和方向，有正负号；f、s 表示粗车切削参数（顺序号 ns 至 nf 间程序段的 f、s 为精车切削参数）。

复合循环指令 G71 走刀路线如图 3—30 所示，先在 X 方向退刀 $\Delta u/2$，Z 方向退刀 Δw，留出精加工余量，然后粗加工轮廓圆柱面，最后按粗加工轮廓线车削加工。

注意事项：

（1）如图 3—31 所示，G71 指令适用于加工于 X 和 Z 方向坐标值单调增加或减小的轮廓。

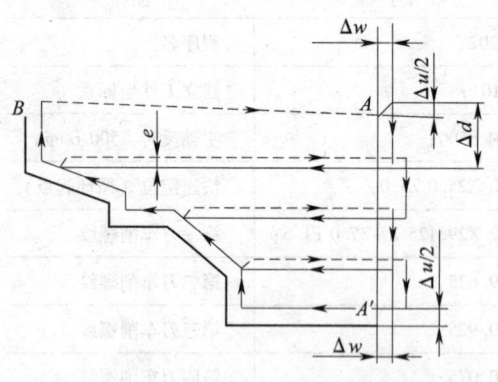

图 3—30 外圆粗加工循环走刀路线

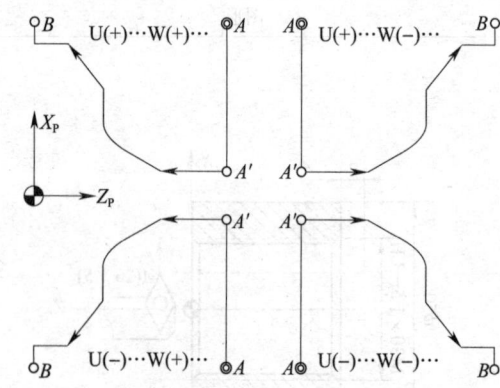

图 3—31 G71 循环中 U 和 W 的符号

（2）G71 指令设定粗加工切削参数，循环体中的程序段设定精加工切削参数。

（3）$A \rightarrow A'$ 的走刀，由 ns 程序段中用 G00 或 G01 指令指定 X 方向进刀（Z 轴方向不移动）。

(4) 预留 Δu 和 Δw 精加工余量，正负号表示余量方向，与坐标轴方向定义一致。

(5) 顺序号 ns 与 nf 之间的程序段不能调用子程序。

(6) 在粗加工车削循环期间，刀尖圆弧半径补偿功能无效。

3.4.2 精加工复合循环指令 G70

指令格式：G70 P<u>ns</u> Q<u>nf</u>；

指令功能：完成 G71、G72、G73 切削循环之后的精加工。

指令说明：ns 表示精加工路线第一个程序段的顺序号；nf 表示精加工路线最后一个程序段的顺序号。

注意事项：

（1）执行精加工复合循环指令 G70，顺序号 ns 至 nf 之间的程序段中指定的 F、S 指令功能有效。

（2）使用精车循环指令 G70 时，要注意快速退刀路线，防止刀具与工件碰撞，如图 3—32 所示，左图退刀路线正确，右图退刀路线不安全，会造成刀具与工件碰撞。

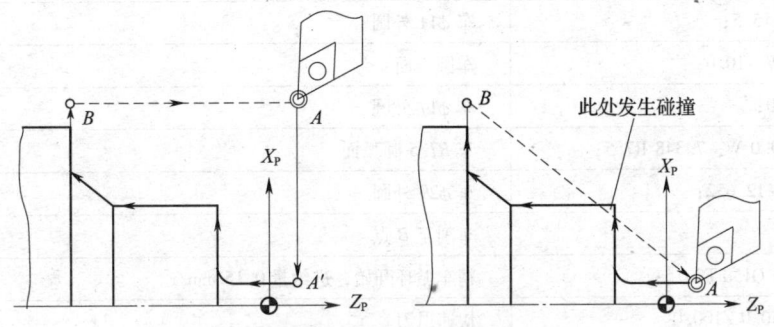

图 3—32 使用 G70 指令可能出现的碰撞

[例 3—13] 用 G71 粗车、G70 精车，编写图 3—33 所示零件的加工程序。粗加工背吃刀量 2 mm，粗加工进给量 0.3 mm/r，主轴转速 1 000 r/min；精加工余量 X 向 0.5 mm，Z 向 0.2 mm，进给量为 0.15 mm/r，主轴转速 1 200 r/min。粗精加工用同一把外圆车刀完成。

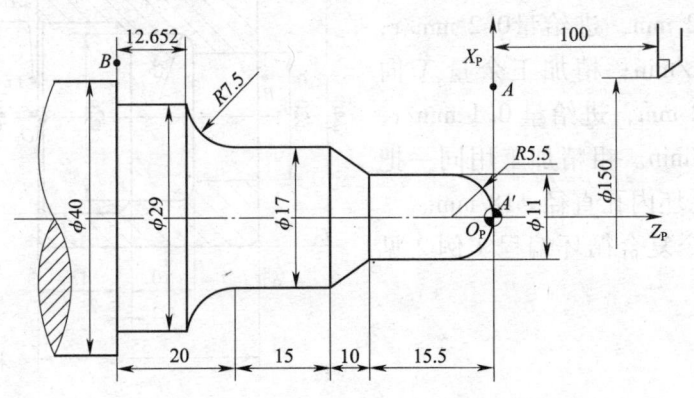

图 3—33 G71、G70 指令复合循环编程实例 1

G71、G70 指令复合循环编程实例 1 见表 3—18。

表 3—18　　　　　　　　G71、G70 指令复合循环编程实例 1

程序	说明
O7101;	程序名
N10 T0101;	在机床参考点调用 1 号刀具、1 号刀补,建立工件坐标系
N20 M04 S1000;	主轴反转,转速 1000 r/min
N30 M08;	切削液开
N40 G00 X42.0 Z2;	快速定位(循环起点)
N50 G71 U2.0 R0.5;	外圆粗车循环,背吃刀量 2 mm,退刀量 0.5 mm
N60 G71 P70 Q150 U0.5 W0.2 F0.3;	设定循环体 N70—N150,粗车进给量为 0.3 mm/r
N70 G00 X0 S1200;	$A \to A'$,X 方向进刀,精车转速 1 200 r/min
N80 G01 Z0	$A \to A'$,Z 方向进刀
N90 G03 X11.0 Z−5.5 R5.5;	车 R5.5 圆弧面
N100 G01 Z−15.5;	车 $\phi 11$ 外圆
N110 X17.0 W−10.0;	车圆锥面
N120 W−15.0;	车 $\phi 17$ 外圆
N130 G02 X29.0 W−7.348 R7.5;	车 R7.5 圆弧面
N140 G01 W−12.652;	车 $\phi 29$ 外圆
N150 X41.0;	车削至 B 点
N160 G70 P80 Q150 F0.15;	精车循环开始,进给量 0.15 mm/r
N170 G00 X150.0 Z100.0	快速退刀
N180 M5;	主轴停
N190 M9;	切削液关
N200 M30;	程序结束

[**例 3—14**]　用 G71 粗车、G70 精车,编写图 3—34 所示零件内轮廓加工程序。粗加工背吃刀量 2 mm,进给量 0.2 mm/r,主轴转速 1 000 r/min;精加工余量 X 向 0.5 mm,Z 向 0.2 mm,进给量 0.1 mm/r,主轴转速 1 200 r/min。粗精加工用同一把内孔车刀完成,毛坯内孔直径 $\phi 18$ mm。

G71、G70 指令复合循环编程实例 2 见表 3—19。

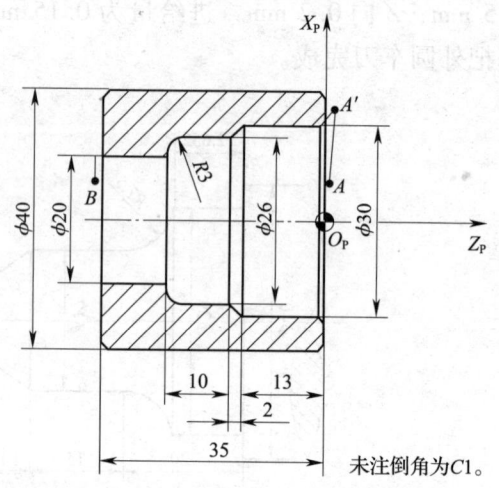

图 3—34　G71、G70 指令复合循环编程实例 2

表 3—19　　　　　　　　　G71、G70 指令复合循环编程实例 2

程序	说　　明
O7102;	程序名
N10 T0101;	在机床参考点调用 1 号刀具、1 号刀补，建立工件坐标系
N20 M04 S1000;	主轴反转，转速 1 000 r/min
N30 M08;	切削液开
N40 G00 X17.0 Z2.0;	快速定位（循环起点）
N50 G71 U2.0 R0.5;	内轮廓粗车循环，背吃刀量 2 mm，退刀量 0.5 mm
N60 G71 P70 Q150 U－0.5 W0.2 F0.2;	设定循环体 N70—N150，粗车进给量为 0.2 mm/r
N70 G00 X34.0;	$A \to A'$，X 方向进刀
N80 G01 Z1.;	$A \to A'$，Z 方向进刀
N90 G01 X30.0 Z－1.0;	车 $C1$ 倒角
N100 G01 Z－13.0;	车 $\phi30$ 内孔
N110 X26.0 W－2.0;	车内圆锥面
N120 W－7.0;	车 $\phi26$ 内孔
N130 G03 X20.0 W－3.0 R3.0;	车 $R3$ 圆弧面
N140 G01 Z－37.0;	车 $\phi20$ 内孔
N150 X17.0;	车削至 B 点
N160 G70 P70 Q150 S1200 F0.1;	精车循环，精车转速 1 200 r/min，进给量 0.1 mm/r
N170 G00 X150.0 Z100.0;	快速退刀
N180 M5;	主轴停
N190 M9;	切削液关
N200 M30;	程序结束

3.4.3　端面粗车复合循环指令 G72

指令格式：G72　WΔd　Re;
　　　　　　G72　Pns　Qnf　UΔu　WΔw　Ff　Ss　Tt;

指令功能：适用于长径比较小的盘类工件端面的粗车加工。

指令说明：Δd、e、ns、nf、Δu、Δw 的含义与 G71 指令相同。

端面粗车复合循环指令 G72 走刀路线如图 3—35 所示，先在 X 方向退刀 $\Delta u/2$，Z 方向退刀 Δw，留出精加工余量，然后粗加工轮廓圆端面，最后按粗加工轮廓线车削加工。

注意事项：

（1）如图 3—36 所示，G72 指令适用于加工 X 和 Z 方向坐标值单调增加或减小的轮廓。

（2）G72 指令设定粗加工切削参数，循环体中的程序段设定精加工切削参数。

（3）$A \to A'$ 的走刀由 ns 程序段中用 G00 或 G01 指令指定 Z 方向进刀（X 轴方向不移动）。

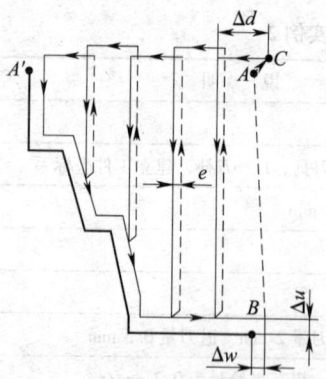

图 3—35 端面粗加工循环

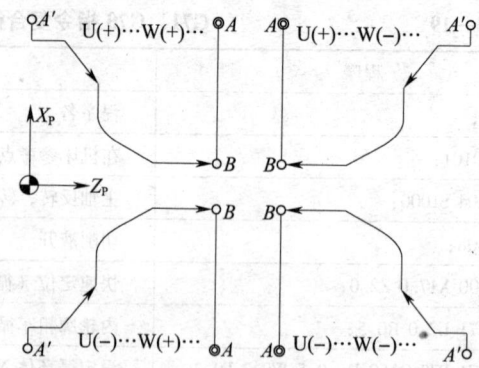

图 3—36 G72 循环中 U 和 W 的符号

（4）预留 Δu 和 Δw 精加工余量，正负号表示余量方向，与坐标轴方向定义一致。

（5）顺序号 ns 与 nf 之间的程序段不能调用子程序。

（6）在粗加工车削循环期间，刀尖圆弧半径补偿功能无效。

[例 3—15] 用 G72 粗车、G70 精车，编写图 3—37 所示零件的加工程序，粗加工背吃刀量 2 mm，进给量 0.2 mm/r，切削速度为 90 m/min；精加工余量 X 方向 0.2 mm，Z 方向 0.5 mm，进给量 0.1 mm/r，切削速度 120 m/min，粗精加工用同一把外圆车刀完成。

G72、G70 指令复合循环编程实例见表 3—20。

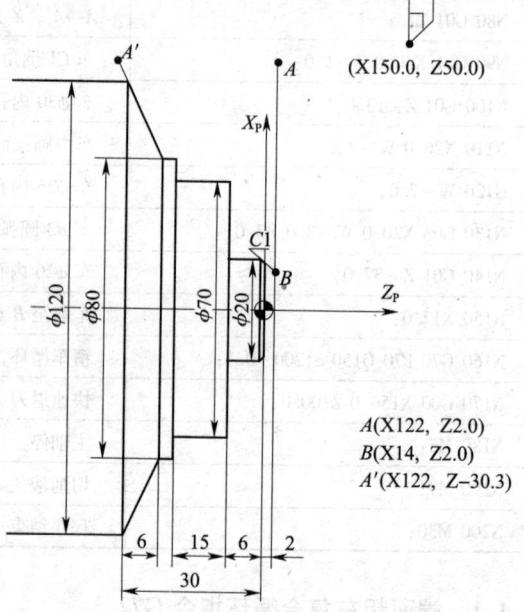

图 3—37 G72、G70 指令复合循环编程实例

表 3—20　　G72、G70 指令复合循环编程实例

程序	说　明
O0072；	程序名
N10 T0101；	在机床参考点调用 1 号刀具、1 号刀补，建立工件坐标系
N20 G96 M04 S90；	设定恒线速度为 90 m/min，主轴反转
N30 G50 S2000；	设定主轴最高转速为 2 000 r/min
N40 M08；	切削液开
N50 G00 X122.0 Z2.0；	快速定位（A 点）
N60 G72 W2.0 R0.5；	端面车削循环，背吃刀量 2 mm，退刀量 0.5 mm
N70 G72 P80 Q160 U0.4 W0.5 F0.2；	设定循环体 N80—N160，粗车进给速度为 0.2 mm/r

续表

程序	说明
N80 G00 Z-30.3;	A→A′, Z方向进刀, 精车进给量 0.1 mm/r
N90 G01 X120 E30.;	A′→B, X方向进刀
N100 G01 X80.0 Z-24.0;	车圆锥面
N110 Z-21.0;	车 ϕ80 外圆
N120 X70.0;	车 ϕ80 右端面
N130 W15.0;	车 ϕ70 外圆
N140 X20.0;	车 ϕ70 右端面
N150 Z-1.0;	车 ϕ20 外圆
N160 X14.0 Z2.0;	车 C1 倒角
N170 G00 X150.0 Z50.0;	快速退刀
N180 G97;	取消恒线速度
N190 M05;	主轴停
N200 M09;	切削液关
N210 M00;	程序暂停
N220 T0101;	测量与修正1号刀具补偿的参数，建立新的工件坐标系
N230 G96 M04 S120;	设定恒线速度为 120 m/min，主轴反转
N240 G50 S2000;	设定主轴最高转速为 2 000 r/min
N250 M08;	切削液开
N260 G00 X122.0 Z2.0;	快速定位（A 点）
N270 G70 P80 Q160 F0.1;	精车循环（执行 N80—N160 循环体）
N280 G00 X150.0 Z50.0;	快速退刀
N290 G97;	取消恒线速度功能
N300 M5;	主轴停
N310 M9;	切削液关
N320 M30;	程序结束

3.4.4 固定形状粗车复合循环指令 G73

指令格式：G73 Ui Wk Rd;
　　　　　G73 Pns Qnf UΔu WΔw Ff Ss Tt;

指令功能：适用于与零件轮廓形状相似的毛坯轮廓（如锻造与铸造毛坯）粗车。

指令说明：i 表示 X 方向总退刀量（半径值），X 方向背吃刀量 $\Delta i = i/d$；k 表示 Z 方向总退刀量，Z 方向背吃刀量 $\Delta k = k/d$。Δu 表示 X 轴方向精加工余量（直径值），有正负号；Δw 表示 Z 轴方向精加工余量，有正负号；d 表示循环次数。该参数为模态量。

固定形状粗车复合循环指令 G73 走刀路线如图 3—38 所示。车削加工前，退刀分两部分，先退精加工余量，X 方向退刀 $\Delta u/2$，Z 方向退刀 Δw；后退总退刀量，X 方向后退总退刀量 i，Z 方向后退总退刀量 k，然后 X 方向进刀背吃刀量 Δi，Z 方向进刀背吃刀量 Δk，按零件固定形状粗加工零件轮廓，直至完成按粗加工轮廓线的车削加工。

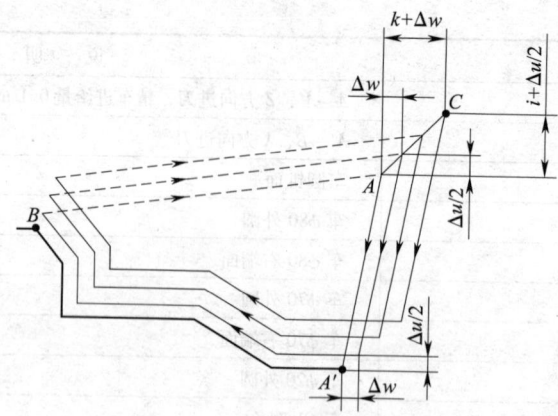

图 3—38 固定形状粗车复合循环

注意事项：

（1）毛坯为锻坯或铸坯，G73 指令中总退刀量为坯料的加工余量。

（2）毛坯为圆坯，X 方向总退刀量 =（毛坯最大直径 – 轮廓最小直径）/2。

（3）G73 指令设定粗加工切削参数，循环体中的程序段设定精加工切削参数。

（4）预留 Δu 和 Δw 精加工余量，正负号表示余量方向，与坐标轴方向定义一致。

（5）顺序号 ns 与 nf 之间的程序段不能调用子程序。

（6）在粗加工车削循环期间，刀尖圆弧半径补偿功能无效。

[例 3—16] 如图 3—39a 所示为毛坯轮廓尺寸，其中虚线表示零件轮廓，如图 3—39b 所示为零件轮廓尺寸，用 G73 粗车指令与 G70 精车指令编写零件加工程序，粗加工背吃刀量 2 mm，进给量为 0.2 mm/r，切削速度为 90 m/min；精加工余量 X 方向 0.5 mm，Z 方向 0.3 mm，进给量 0.1 mm/r，切削速度 120 m/min，粗精加工用同一把外圆车刀完成。

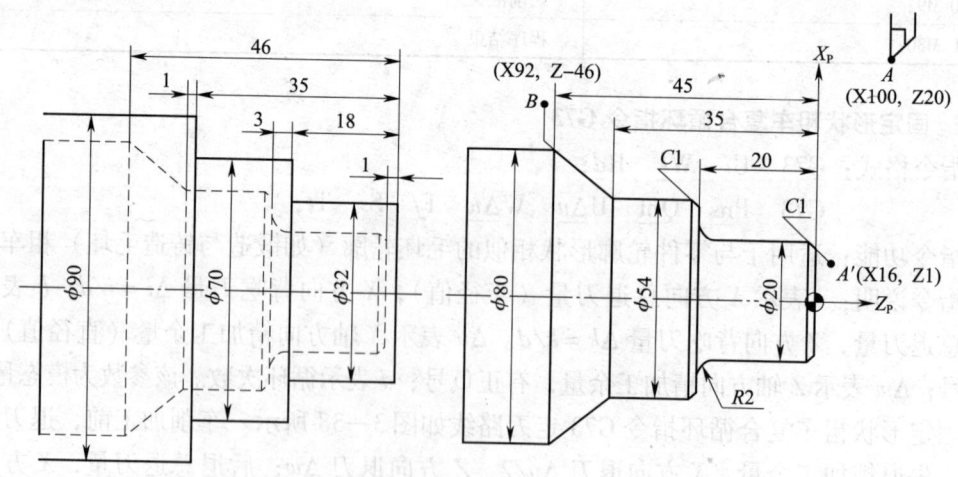

图 3—39 G73 指令固定形状粗车复合循环编程实例
a）毛坯轮廓尺寸 b）零件轮廓尺寸

G73 指令固定形状粗车复合循环编程实例见表3—21，X方向最大切削量 = (70 - 54)/2 = 8。

表3—21　　　　　　　　G73 指令固定形状粗车复合循环编程实例

程序	说　　明
O0073；	程序名
N10 T0101；	在机床参考点调用1号刀具、1号刀补，建立工件坐标系
N20 G96 M04 S90；	设定恒线速度为90 m/min，主轴反转
N30 G50 S2000；	设定主轴最高转速为2 000 r/min
N40 M08；	切削液开
N50 G00 X100.0 Z20.0；	快速定位（循环始点）
N60 G94 X - 1.0 Z1. F0.15；	第一刀车端面
N70 Z0.2；	第二刀车端面
N80 Z0；	第三刀车端面
N90 G73 U7.0 W1.0 R7；	X、Z轴总退刀量分别为18 mm和3 mm，循环次数为7次
N100 G73 P110 Q190 U0.5 W0.2 F0.2；	定义循环体N110—N190，粗车进给量为0.2 mm/r
N110 G00 X16.0 Z1.0；	快速定位（A'）
N120 G01 X20.0 Z - 1.0；	车C1倒角
N130 Z - 18.0；	车ϕ21外圆
N140 G02 X24.0 Z - 20.0 R2.0；	车R2圆弧
N150 G01 X52.0；	车ϕ52外圆右端面
N160 X54.0 W - 1.0；	车C1倒角
N170 Z - 35.0；	车ϕ54外圆
N180 X82.6 Z - 46.0；	车锥面
N190 X92.0；	车削至B点
N200 G97；	取消恒线速
N210 G00 X100.0 Z20.0；	快速退刀
N220 M05；	主轴停
N220 M09；	切削液关
N230 M00；	程序暂停
N240 T0101；	测量与修正1号刀补参数，重新建立工件坐标系
N250 G96 M04 S120；	设定恒线速度为120 m/min，主轴反转
N260 G50 S2000；	设定主轴最高转速为2 000 r/min
N270 M08；	切削液开
N280 G00 X100.0 Z20.0；	快速定位（A点）
N290 G70 P110 Q190 F0.1；	精车循环，精车进给量0.1 mm/r
N300 G00 X150.0 Z50.0；	快速退刀

续表

程序	说 明
N270 G97;	取消恒线速
N280 M05;	主轴停
N290 M09;	切削液关
N300 M30;	程序结束

3.4.5 端面钻孔复合循环指令 G74

指令格式：G74　Re;
　　　　　　G74　X(U)u　Z(W)w　PΔi　QΔk　RΔd　Ff;

指令功能：适用于孔或端面直槽的断续切削加工。

指令说明：e 表示轴向退刀量，无正负号；X_、Z_ 表示循环终点 D 的绝对坐标值；U_、W_ 表示循环终点 D 相对于循环始点 A 的增量坐标值；Δi 表示 X 方向移动量（小于钻头直径值），无正负号（P3.0 应写成 P3000，量纲为 μm）；Δk 表示 Z 方向钻孔深度，无正负号（Q2.0 应写成 Q2000，量纲为 μm）；Δd 表示在切削底部刀具径向退刀量（一般取零，量纲为 μm）；f 表示进给速度。

端面钻孔复合循环指令 G74 刀具循环路径如图 3—40 所示。

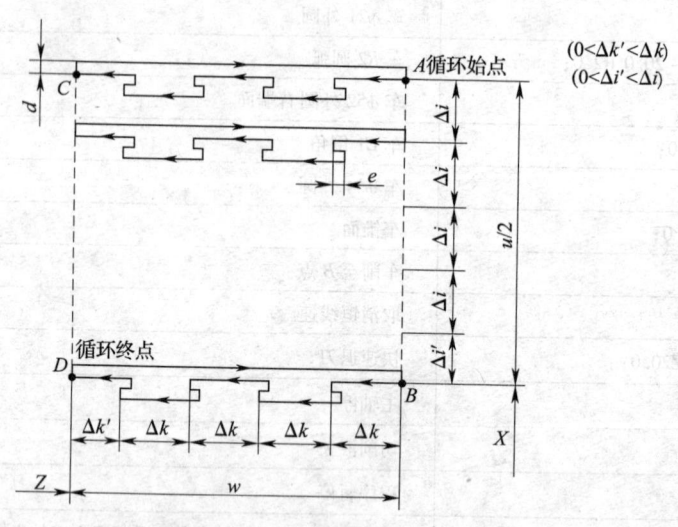

图 3—40　G74 循环断续切削轨迹

注意事项：

如果把 X（U）和 P、R 值省略，则表示在回转零件的中心钻孔。

[例 3—17]　如图 3—41 所示的零件，用端面钻孔复合循环指令 G74 编写加工程序，毛坯材料为钢。

G74 指令端面钻孔复合循环编程实例见表 3—22。

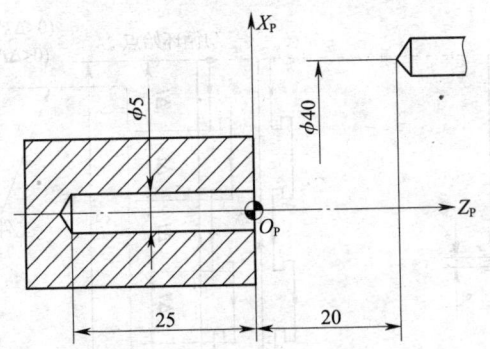

图 3—41　G74 指令端面钻孔复合循环编程实例

表 3—22　　　　　　　　　G74 指令端面钻孔复合循环编程实例

程序	说　　明
O0074；	程序名
N10 T0101；	在机床参考点调用 1 号刀具、1 号刀补，建立工件坐标系
N20 S300 M04；	转速 300 r/min，主轴反转
N40 G00 X0 Z5.0；	快速定位
N50 G74 R1.0；	钻削循环，轴向退刀量 1 mm
N60 G74 Z−25.0 Q5000 F0.08；	钻孔总深度 25 mm，轴向钻孔每次深度 5 mm，进给速度为 0.08 mm/r
N70 G00 X50.0 Z100.0；	快速退刀
N80 M05；	主轴停
N90 M30；	程序结束

3.4.6　外圆/内孔切槽复合循环指令 G75

指令格式：G75　Re；
　　　　　　G75　X(U)u　Z(W)w　PΔi　QΔk　RΔd　Ff；

指令功能：适用于外圆或内孔直槽的断续切削。

指令说明：e 表示径向退刀量，无正负号；X_、Z_ 表示循环终点 D 的绝对坐标；U_、W_ 表示循环终点 D 相对于循环始点 A 增量坐标值；Δi 表示 X 方向背吃刀量，无正负号（P3.0 应写成 P3000，量纲为 μm）；Δk 表示 Z 方向移动量（小于刀具宽度），无正负号（Q2.0 应写成 Q2000，量纲为 μm）；Δd 表示在切削底部刀具径向退刀量（一般取零，量纲为 μm）；f 表示进给速度。

外圆切槽复合循环 G75 刀具循环路径如图 3—42 所示。

注意事项：使用 G75 指令时，如果刀具为方头切槽刀，设定左刀尖为刀具刀位点，如果工件槽宽度等于切槽刀刃宽，则循环起点 A 和循环终点 D 的 Z 坐标相同；若工件槽宽度大于切槽刀刃宽，则要考虑刀刃轨迹的重叠量，使刀刃在 Z 方向位移量 Δk 小于切槽刀的刃宽，切槽刀刃宽与刀尖位移量 Δk 之差为刀刃轨迹的重叠量。

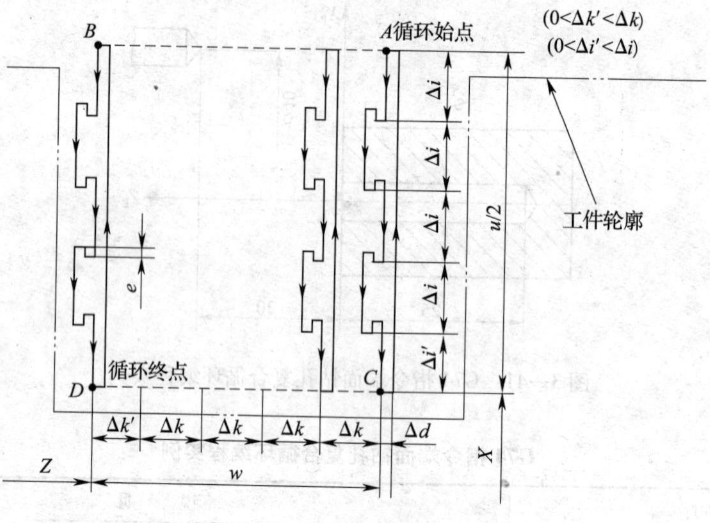

图 3—42 G75 循环断续切削轨迹

[**例 3—18**] 如图 3—43 所示，用外圆切槽复合循环指令 G75 编写加工程序，切槽刀刃宽 5 mm，粗精加工用同一把外切槽刀完成。

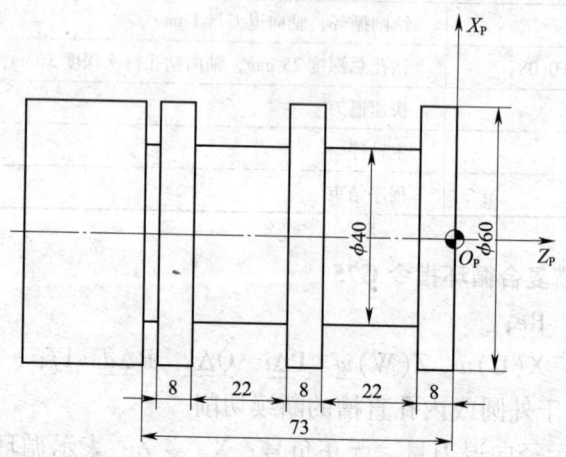

图 3—43 G75 指令外圆切槽复合循环编程实例

G75 指令外圆切槽复合循环编程实例见表 3—23。

表 3—23 G75 指令外圆切槽复合循环编程实例

程序	说明
O0012;	主程序名
T0101;	在机床参考点调用 1 号刀具、1 号刀补，建立工件坐标系
S300 M04;	300 r/min，主轴反转
M08;	切削液开

· 118 ·

续表

程序	说　　明
G00 X62.0 Z-13.0;	快速定位（Z-13）
G75 R0.5;	外圆切槽复合循环，径向退刀量 0.5 mm
G75 X40.0 Z-30.0 P5000 Q4000 F0.05;	径向切削深度 5 mm，轴向移动量 4 mm，进给量 0.05 mm/r
G00 Z-43.0;	快速定位（Z-43）
G75 R0.5;	外圆切槽复合循环，退刀量 1 mm
G75 X40.0 Z-60.0 P5000 Q4000 F0.05;	径向切削深度 5 mm，轴向移动量 4 mm，进给量 0.05 mm/r
G00 X64.0 Z-73.0;	快速定位（Z-73）
G75 R0.5;	外圆切槽复合循环，径向退刀量 0.5 mm
G75 X40.0 P5000 F0.05;	径向切削深度 5 mm，进给量 0.05 mm/r
M5;	主轴停
M9;	切削液关
M30;	主程序结束

3.4.7 螺纹切削复合循环指令 G76

指令格式：G76　P$\underline{m}$ $\underline{r}$ $\underline{a}$ Q$\underline{\Delta d_{\min}}$ R$\underline{d}$;
　　　　　　G76 X(U)$\underline{u}$　Z(W)$\underline{w}$　R$\underline{i}$ P$\underline{k}$ Q$\underline{\Delta d}$ F$\underline{f}$;

指令功能：适用于循环车削加工螺纹。

指令说明：m 表示精车重复次数（01~99）；r 表示斜向进给量，用 00~99 两位数表示，其数值与 $0.1f$（导程）的积表示斜向进给量；a 表示刀尖角度，用两位数表示；$\Delta d_{\min}$ 表示最小切削深度（半径值）；d 表示精车余量（半径值），有正负号；X(U)＿、Z(W)＿表示螺纹终点坐标；i 表示锥螺纹终点相对于螺纹车削起点 X 向增量坐标（半径值），圆柱螺纹为 0 可省略；k 表示螺纹牙型高度（半径值，无小数点用 μm 表示）；Δd 表示第一次车削深度（半径值）；f 表示螺纹导程。

螺纹切削复合循环指令 G76 刀具循环路径如图 3—44 所示。

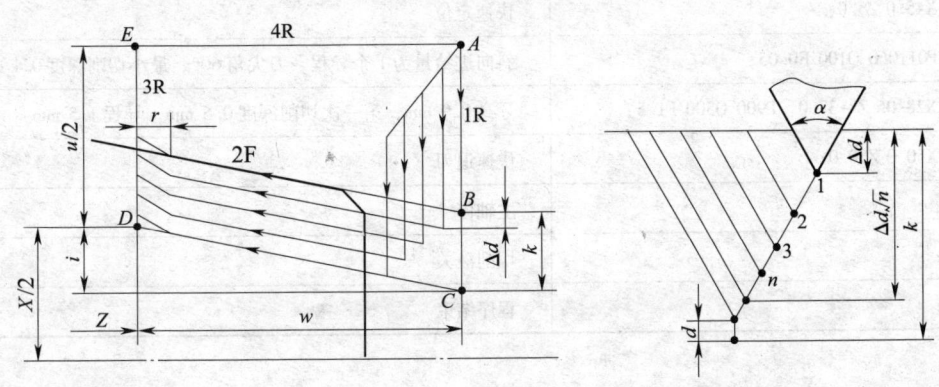

图 3—44　螺纹切削复合循环路线及进刀法

注意事项：

（1）螺纹切削指令 G76 能够切削加工内/外圆柱螺纹与圆锥螺纹。

（2）螺纹切削指令 G76 具有斜进刀功能，斜进刀减小径向力增加轴向力，可避免刀具让刀现象。

（3）一般情况下，P、Q、R 地址后的数值无小数点（用 μm 表示）。

（4）螺纹切削 G76 具有切削深度递减功能，相当等面积切削法，优于等距（即不等面积）切削法。

螺纹切削深度递减公式：$\Delta d_i = (\sqrt{n} - \sqrt{n-1})\Delta d$

式中 $i = n$（i 与 n 为数列 1，2，3，4，5，…），
$\Delta d_1 = \Delta d$，$\Delta d_2 = (\sqrt{2} - 1)\Delta d$，$\Delta d_3 = (\sqrt{3} - \sqrt{2})\Delta d$…

（5）经过 i 次切削后，当计算的 Δd_i 切削深度小于 Δd_{min} 时，则用 Δd_{min} 作为切削深度。

[例 3—19] 如图 3—45 所示，槽宽 4 mm 和螺纹大径已加工完成，材料为钢，用 G76 指令编写切削螺纹加工程序。

G76 指令螺纹切削复合循环编程实例见表 3—24（螺纹大径、小径及牙型高度的计算，螺纹切削的背吃刀量的分配方法，参考例 3—3）。

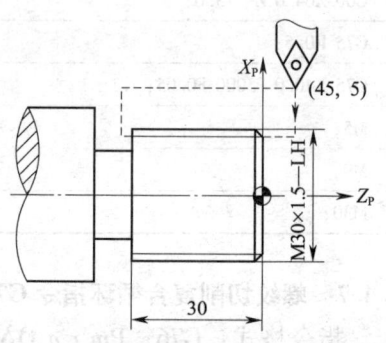

图 3—45 G76 指令螺纹切削复合循环编程实例

表 3—24　　G76 指令螺纹切削复合循环编程实例

程序	说明
O1003；	程序名
T0101；	在机床参考点调用 1 号刀具、1 号刀补，建立工件坐标系
S300 M04；	300 r/min，主轴反转
M08；	切削液开
G00 X45.0 Z5.0；	快速定位
G76 P011060 Q100 R0.05；	斜向进给量为 1 个导程，刀尖角 60°，最小切削深度 0.1 mm
G76 X28.05 Z−37.0　P900 Q500 F1.5；	牙高 0.9 mm，第一次切削深度 0.5 mm，导程 1.5 mm
G00 X50.0 Z50.0；	快速退刀
M05；	主轴停
M09；	切削液关
M30；	程序结束

3.5 数控车床综合编程

3.5.1 盘类零件车削加工

如图 3—46 所示的零件，毛坯尺寸为 $\phi80$ mm×42 mm，工件材料为 45 钢。

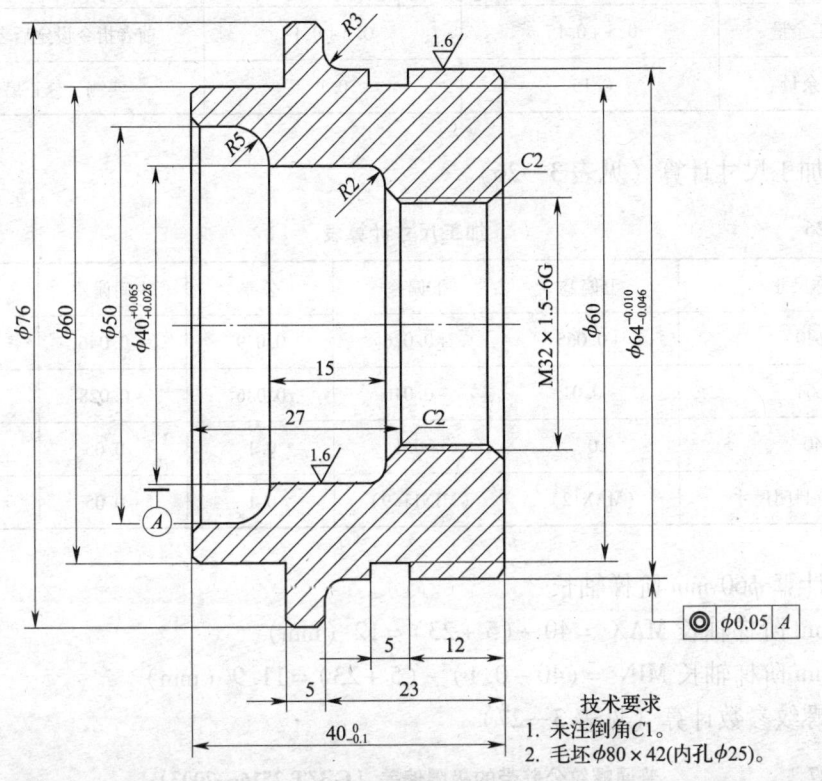

图 3—46 盘类零件加工综合实例

1. 图样分析

（1）零件右端外轮廓上有一条方槽。

（2）零件右端内螺纹的顶径和中径公差带代号为 6G（查表法确定公差），旋向为右旋。

（3）外圆 $\phi64$ mm 与内孔 $\phi40$ mm 有公差要求，车削精加工能满足要求。

（4）外圆 $\phi64$ mm 与内孔 $\phi40$ mm 有同轴度要求，掉头加工时需要校正。

（5）外圆 $\phi64$ mm 与内孔 $\phi40$ mm 圆柱面表面粗糙度 R_a 值要求 1.6 μm，车削精加工能满足要求。

（6）零件总长有公差要求，掉头加工端面车削至尺寸。

（7）零件左端 $\phi60$ mm 台阶长是封闭尺寸，通过尺寸链推算。

2. 加工工艺分析

（1）加工方法。外圆公差等级要求不超过IT8。螺纹加工精度要求较高，因此，需要通过粗加工、半精加工与精加工才能满足零件的加工要求。加工余量分配见表3—25。

表3—25　　　　　　　　　　加工余量分配表　　　　　　　　　　　　　　mm

加工方法	径向尺寸	轴向尺寸	备注
半精加工余量	0.5 + 0.15	0.2 + 0.1	前者指令设定后者磨耗补偿
精加工余量	0.15	0.1	实测、修正磨耗补偿

（2）加工尺寸计算（见表3—26）

表3—26　　　　　　　　　　加工尺寸计算表　　　　　　　　　　　　　　mm

公称尺寸	上偏差	下偏差	公差	中间偏差	中间值
$\phi40$	+0.065	+0.026	0.039	+0.046	40.046
$\phi64$	-0.01	-0.046	0.036	-0.028	63.972
40	0	-0.1	0.1	-0.05	39.95
$\phi60$ 台阶封闭尺寸	（MAX12）	（MIN11.9）	0.1	-0.05	11.95

（3）计算 $\phi60$ mm 阶梯轴长

$\phi60$ mm 阶梯轴长 MAX = 40 - (5 + 23) = 12（mm）

$\phi60$ mm 阶梯轴长 MIN = (40 - 0.1) - (5 + 23) = 11.9（mm）

（4）螺纹参数计算（见表3—27）

表3—27　　　　　　　普通螺纹公差带的极限偏差（GB/T 2516—2003）

直径分段 D、d (mm)		螺距 P (mm)	公差带	内 螺 纹			
				中径 D_2（μm）		小径 D_1（μm）	
>	≤			ES	EI	ES	EI
22.4	45	1.5	6G	+232	+32	+332	+32

查表3—27并计算 M32×1.5-6G 的大径和小径：

大径 = $\phi 32^{+0.232}_{+0.032}$ mm，取中值尺寸为 $\phi32.132$ mm；

小径 = $(32 - 1.5 \times 1.0825)^{+0.332}_{+0.032} = 30.37625^{+0.332}_{+0.032}$，取中值尺寸为 $\phi30.560$ mm。

3. 加工工艺

（1）加工工艺卡（见表3—28）

表 3—28　　　　　　　　　　零件的加工工艺卡

工步号	加工内容	刀具号	主轴转速（r/min）	进给量（mm/r）	背吃刀量（mm）	加工程序
1	卡爪夹持毛坯外圆，伸出长度 = 12 + 10 + 5 = 27 mm 粗车左端外轮廓：倒角 $C1$、外圆 $\phi60$ mm 长 11.95 mm、倒角 $C1$、外圆 $\phi76$ mm 长 10 mm	T01	500	0.2	2	O0001
2	测量与修正刀具补偿，精车左端外轮廓（同工步1）	T01	800	0.1	0.5	
3	粗车左端内轮廓：倒角 $C1$、内孔 $\phi50$ mm 长 5 mm、圆弧 $R5$、内孔 $\phi 40^{+0.065}_{+0.026}$ mm 长 13 mm、圆弧 $R2$、倒角 $C2$	T03	900	0.2	1.5	
4	测量与修正刀具补偿，精车左端内轮廓（同工步3）	T03	1 500	0.1	0.5	
5	掉头夹持 $\phi60$ mm 外圆，校正 车端面，使工件总长 $40_{-0.1}^{0}$ mm 至尺寸	T01	600	0.15	0.4	O0002
6	粗车右端外轮廓：倒角 $C1$、外圆 $\phi 64_{-0.046}^{-0.010}$ mm 长 20 mm、圆弧 $R3$、倒角 $C1$	T01	500	0.2	2	
7	测量与修正刀具补偿，精车右端外轮廓（同工步6）	T01	800	0.1	0.5	
8	车削加工右端外槽 5×2	T05	400	0.05	5	
9	粗车右端内轮廓：倒角 $C2$、内螺纹 M32×1.5 顶径 $\phi30.520$ mm	T03	900	0.2	1.5	
10	测量与修正刀具补偿，精车右端内轮廓（同工步9）	T03	1 500	0.1	0.5	
11	粗车右端内螺纹 M32×1.5	T07	400	1.5	—	
12	精车右端内螺纹 M32×1.5 至尺寸	T07	400	1.5	—	

(2) 刀具选用卡（见表 3—29）

表 3—29　　　　　　　　　　刀具选用卡

序号	刀具号	刀具名称	刀片/刀具规格	刀尖圆弧	刀具材料	备注
1	1	93°外圆车刀	刀尖角 80°	0.4 mm	P10	刀位号 3
2	3	93°镗孔车刀	刀尖角 55°	0.4 mm	P10	刀位号 2
3	5	外切槽刀	刀宽 5 mm		P10	
4	7	60°内螺纹车刀	刀尖角 60°		P10	

(3) 工件坐标系与走刀轨迹（见表 3—30）

表 3—30　　　　　　　　　　零件的工件坐标系与走刀轨迹

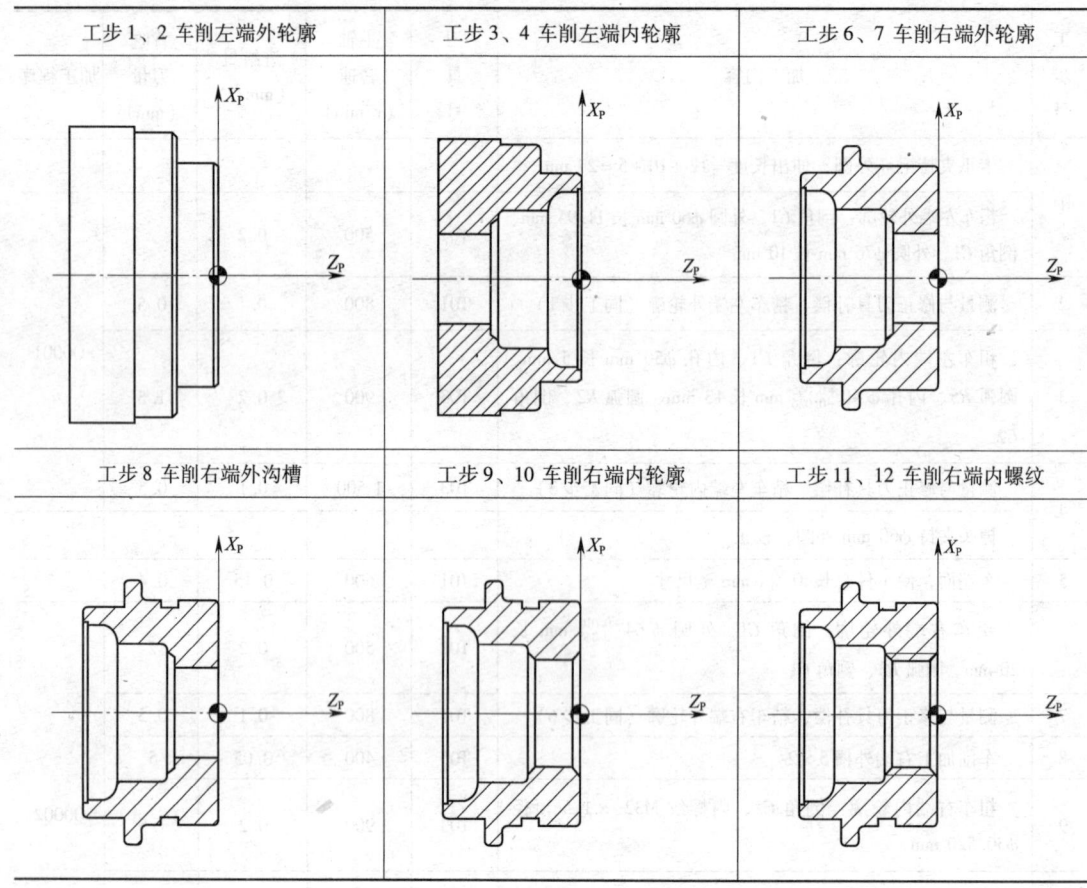

4. 加工程序

（1）加工零件左端的加工程序（见表 3—31）

表 3—31　　　　　　　　　　零件左端的加工程序

程序	注释
O0001；	程序名
T0101；	调用 1 号刀具及 1 号刀补，建立工件坐标系
S500 M04；	粗车外轮廓切削参数
M08；	
G00 X82.0 Z5.0；	粗车外轮廓定位
G71 U1.0 R0.5；	
G71 P10 Q20 U0.5 W0.2 F0.2；	
N10 G42 G00 X56.0；	
G01 Z1.0；	
X60.0 Z−1.0；	

续表

程序	注释
Z-11.95;	粗车外轮廓
X74.0;	
G01 X76.0 W-1.0;	
W-11.0;	
X82.0;	
N20 G40;	
T0100;	粗车外轮廓退刀
G28 U0;	
G28 W0;	
M05;	主轴停转
M09;	切削液关
M00;	程序暂停
T0101;	调用1号刀具及1号刀补,建立工件坐标系
S800 M04;	精车外轮廓切削参数
M08;	
G00 X82.0 Z5.0;	精车外轮廓定位
G70 P10 Q20 F0.1;	精车外轮廓
T0100;	精车外轮廓退刀
G28 U0;	
G28 W0;	
M05;	主轴停转
M09;	切削液关
M00;	程序暂停
T0303;	调用3号刀具及3号刀补,建立工件坐标系
S900 M04;	粗车内轮廓切削参数
M08;	
G00 X82.0 Z5.0;	粗车内轮廓定位
X25.0;	
G71 U1.5 R0.5;	粗车内轮廓
G71 P30 Q40 U-0.5 W0.2 F0.2;	
N30 G41 G01 X52.0;	
Z0;	
X50.0 Z-1.0;	
Z-5.0;	
G03 X40.046 Z-10.0 R5.0;	

续表

程序	注释
G01 Z-23.0;	
G03 X36.046 Z-25.0 R2.0;	
G01 X34.520;	粗车内轮廓
X30.520 Z-27.0;	
X25.0;	
N40 G40;	
T0300;	
G28 U0;	粗车内轮廓退刀
G28 W0;	
T0303;	调用3号刀具及3号刀补，建立工件坐标系
S1500 M04;	精车内轮廓切削参数
M08;	
G00 X82.0 Z5.0;	精车内轮廓定位
X25.0;	
G70 P30 Q40 F0.1;	精车内轮廓
T0300;	
G28 U0;	精车内轮廓退刀
G28 W0;	
M05;	主轴停转
M09;	切削液关
M30;	程序暂停

(2) 加工零件右端加工程序（见表3—32）

表3—32　　　　　　　　零件右端加工程序

程序	注释
O0002;	程序名（刀架后置）
T0101;	调用1号刀具及1号刀补，建立工件坐标系
S500 M04;	粗车外轮廓切削参数
M08;	
G00 X82.0 Z5.0;	粗车外轮廓切削定位
G71 U2.0 R1.0;	
G71 P10 Q20 U0.5 W0.2 F0.2;	粗车外轮廓切削
N10 G42 G00 X59.972;	
G01 Z1.0 F0.1;	
X63.972 Z-1.0;	

续表

程序	注释
Z-20.0;	粗车外轮廓切削
G02 X70.0 Z-23.0 R3.0;	
G01 X74.0;	
U4.0 W-2.0;	
X82.0;	
N20 G40;	
T0100;	粗车外轮廓切削退刀
G28 U0;	
G28 W0;	
M05;	主轴停转
M09;	切削液关
M00;	程序暂停
T0101;	调用1号刀具及1号刀补，建立工件坐标系
S800 M04;	精车外轮廓切削参数
M08;	
G00 X82.0 Z5.0;	精车外轮廓切削定位
G70 P10 Q20 F0.1;	精车外轮廓切削
T0100;	精车外轮廓切削退刀
G28 U0;	
G28 W0;	
M05;	主轴停转
M09;	切削液关
M00;	程序暂停
T0505;	调用5号刀具及5号刀补，建立工件坐标系
S400 M04;	外槽的切削参数
M08;	
G00 X82.0 Z5.0;	外槽切削定位
G00 Z-17.0;	
X66.0;	
G75 R1.0;	外槽切削
G75 X60.0 P1000 F0.05;	
T0500;	外槽切削退刀
G28 U0;	
G28 W0;	
M05;	主轴停转

续表

程序	注释
M09;	切削液关
M00;	程序暂停
T0303;	调用3号刀具及3号刀补,建立工件坐标系
S900 M04;	粗车内轮廓切削参数
M08;	
G00 X82.0 Z5.0;	粗车内轮廓切削定位
X25.0;	
G71 U1.5 R0.5;	粗车内轮廓
G71 P30 Q40 U−0.5 W0.2 F0.2;	
N30 G41 G00 X36.520;	
G01 Z1.0;	
X30.520 Z−2.0;	
Z−15.0;	
X25.0;	
N40 G40;	
T0300;	粗车内轮廓退刀
G28 U0;	
G28 W0;	
M05;	主轴停转
M09;	切削液关
M00;	程序暂停
T0303;	调用3号刀具及3号刀补,建立工件坐标系
S1500 M04;	精车内轮廓切削参数
M08;	
G00 X82.0 Z5.0;	精车内轮廓切削定位
X25.0;	
G70 P30 Q40 F0.1;	精车内轮廓
T0300;	精车内轮廓退刀
G28 U0;	
G28 W0;	
M05;	主轴停转
M09;	切削液关
M00;	程序暂停
T0707;	调用7号刀具及7号刀补,建立工件坐标系

续表

程序	注释
S400 M04;	粗车内螺纹切削参数
M08;	
G00 X82.0 Z5.0;	粗车内螺纹定位
X25.0;	
G92 X31.2 Z-17.0 F1.5;	粗车内螺纹
X31.7;	
X32.0;	
X32.111;	
T0700;	粗车内螺纹退刀
G28 U0;	
G28 W0;	
T0707;	调用7号刀具及7号刀补,建立工件坐标系
S400 M04;	精车内螺纹切削参数
M08;	
G00 X82.0 Z5.0;	精车内螺纹定位
X25.0;	
G92 X32.111 Z-17.0 F1.5;	精车内螺纹
T0700;	精车内螺纹退刀
G28 U0;	
G28 W0;	
M05;	主轴停转
M09;	切削液关
M30;	程序结束

3.5.2 轴类零件车削加工

如图3—47所示,毛坯尺寸为φ50 mm×100 mm（孔φ25 mm×37 mm）,工件材料为45钢。

1. 图样分析

（1）零件右端外轮廓有一条凹圆弧,为防止副切削刃过切圆弧轮廓,选用93°主偏角与35°刀尖角。

（2）零件左端内轮廓有一条退刀槽。

（3）零件左端内螺纹的顶径和中径公差带代号为6G（查表法确定公差）,旋向为右旋。

（4）外圆φ28 mm与内孔φ28 mm有公差要求,车削精加工能满足要求。

（5）外圆φ28 mm与内孔φ28 mm有同轴度要求,掉头加工时需要校正。

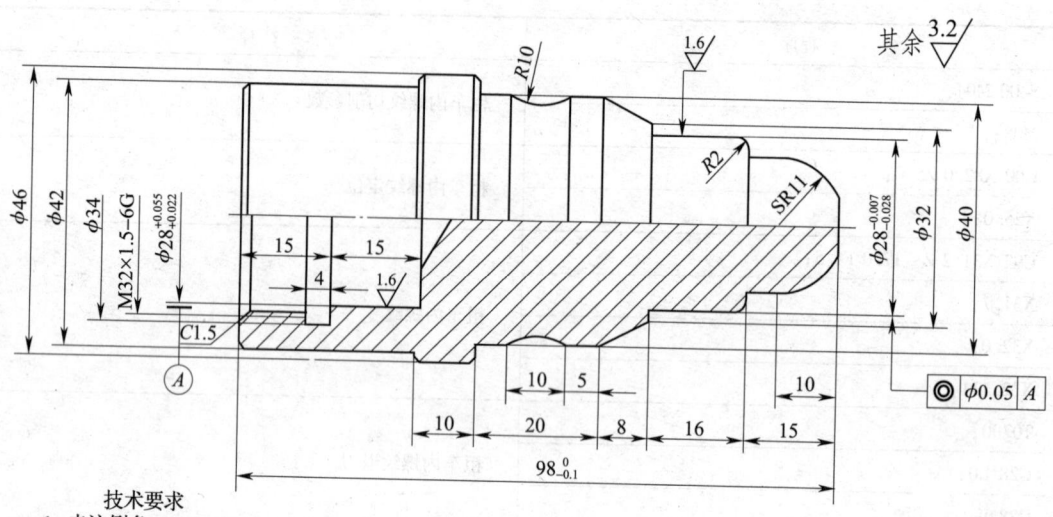

图 3—47 螺纹轴类零件综合实例

技术要求
1. 未注倒角C1。
2. 毛坯φ50×100(孔φ25×37)。

（6）外圆φ28 mm与内孔φ28 mm圆柱面表面粗糙度R_a值要求为1.6 μm，车削精加工能满足要求。

（7）零件总长有公差，掉头加工端面车削至尺寸。

（8）零件左端φ42 mm外圆长是封闭尺寸，通过尺寸链推算。

2．加工工艺分析

（1）加工方法

外圆公差等级要求不超过IT8，螺纹加工精度要求较高，因此，需要通过粗加工、半精加工与精加工才能满足零件的加工要求，加工余量分配见表3—33。

表3—33　　　　　　　　　加工余量分配表　　　　　　　　　　　mm

加工方法	径向尺寸	轴向尺寸	备注
半精加工余量	0.5 + 0.15	0.2 + 0.1	前者指令设定后者磨耗补偿
精加工余量	0.15	0.1	实测、修正磨耗补偿

（2）加工尺寸计算（见表3—34）

表3—34　　　　　　　　　加工尺寸计算　　　　　　　　　　　mm

公称尺寸	上偏差	下偏差	公差	中间偏差	中间值
φ28 孔	+0.055	+0.022	0.033	0.039	28.039
φ28 轴	−0.007	−0.028	0.021	−0.018	27.982
98 总长	0	−0.1	0.1	−0.05	97.95
φ42 台阶封闭尺寸	（max29）	（min28.9）	0.1	−0.05	28.95

(3) 计算 $\phi 42$ mm 阶梯轴长

$\phi 42$ mm 外圆轴向长度 max $= 98 - (10 + 20 + 8 + 16 + 15) = 29$ (mm)

$\phi 42$ mm 外圆轴向长度 min $= (98 - 0.1) - (10 + 20 + 8 + 16 + 15) = 28.9$ (mm)

(4) 螺纹参数计算

查表 3—35 并计算 M32×1.5—6G 的大径和小径:

大径 $= \phi 32^{+0.232}_{+0.032}$ mm, 取中值尺寸为 $\phi 32.132$ mm。

小径 $= (32 - 1.5 \times 1.0825)^{+0.332}_{+0.032}$ mm $= 30.37625^{+0.332}_{+0.032}$ mm, 取中值尺寸为 $\phi 30.560$ mm。

表 3—35 普通螺纹公差带的极限偏差（GB/T 2516—2003）

直径分段 D、d (mm)		螺距 P (mm)	公差带	内螺纹 (μm)			
				中径 D_2		小径 D_1	
>	≤			ES	EI	ES	EI
22.4	45	1.5	6G	+232	+32	+332	+32

3. 加工工艺

(1) 加工工艺卡（见表 3—36）

表 3—36 零件的加工工艺卡

工步号	加工内容	刀具号	主轴转速 (r/min)	进给量 (mm/r)	背吃刀量 (mm)	加工程序
1	卡爪夹持无孔端毛坯外圆,伸出长度 = 29 + 10 = 39 (mm) 粗车左端外轮廓:倒角 C1、外圆 $\phi 42$ mm 长 28.95 mm、倒角 C1、外圆 $\phi 46$ mm 长 15 mm	T01	650	0.2	2	O0001
2	测量与修正刀具补偿,精车左端外轮廓（同工序 1）	T01	950	0.1	0.5	
3	粗车左端内轮廓:倒角 C1.5、M32×1.5 顶径 $\phi 30.520$ mm 长 15 mm、内孔 $\phi 28^{+0.055}_{+0.022}$ mm 长 15 mm	T02	900	0.2	1.5	
4	测量与修正刀具补偿,精车左端内轮廓（同工序 3）	T02	1 500	0.1	0.5	
5	车削加工左端内槽	T05	600	0.05	4	
6	粗车 M32×1.5 内螺纹	T08	400	1.5	—	
7	精车 M32×1.5 内螺纹	T08	400	1.5	—	
	掉头夹持 $\phi 42$ mm 外圆,校正					
8	车端面,使工件总长 $98^{\ 0}_{-0.1}$ mm 至尺寸	T01	800	0.15	0.4	加工程序 O0002
9	粗车右端外轮廓:圆弧 SR11 mm、$\phi 22$ mm 长 5 mm、圆弧 R2、外圆 $\phi 28^{-0.007}_{-0.028}$ mm 长 14 mm、锥面、外圆 $\phi 40$ mm、圆弧 R10、外圆 $\phi 40$ mm、倒角 C1	T01	800	0.2	2	
10	测量与修正刀具补偿,精车右端外轮廓（同工序 9）	T01	1 200	0.1	0.5	

(2) 刀具选用卡（见表3—37）

表3—37　　　　　　　　　　　　　　刀具选用卡

序号	刀具号	刀具名称	刀片/刀具规格	刀尖圆弧	刀具材料	备注
1	1	93°左外圆车刀	刀尖角35°	0.4 mm	P10	刀位号3
2	2	93°镗孔车刀	刀尖角55°	0.4 mm	P10	刀位号2
3	5	内切槽刀	刀宽4 mm		P10	
4	8	60°外螺纹车刀	刀尖角60°		P10	

(3) 工件坐标系与走刀轨迹（见表3—38）

表3—38　　　　　　　　　　零件的工件坐标系与走刀轨迹

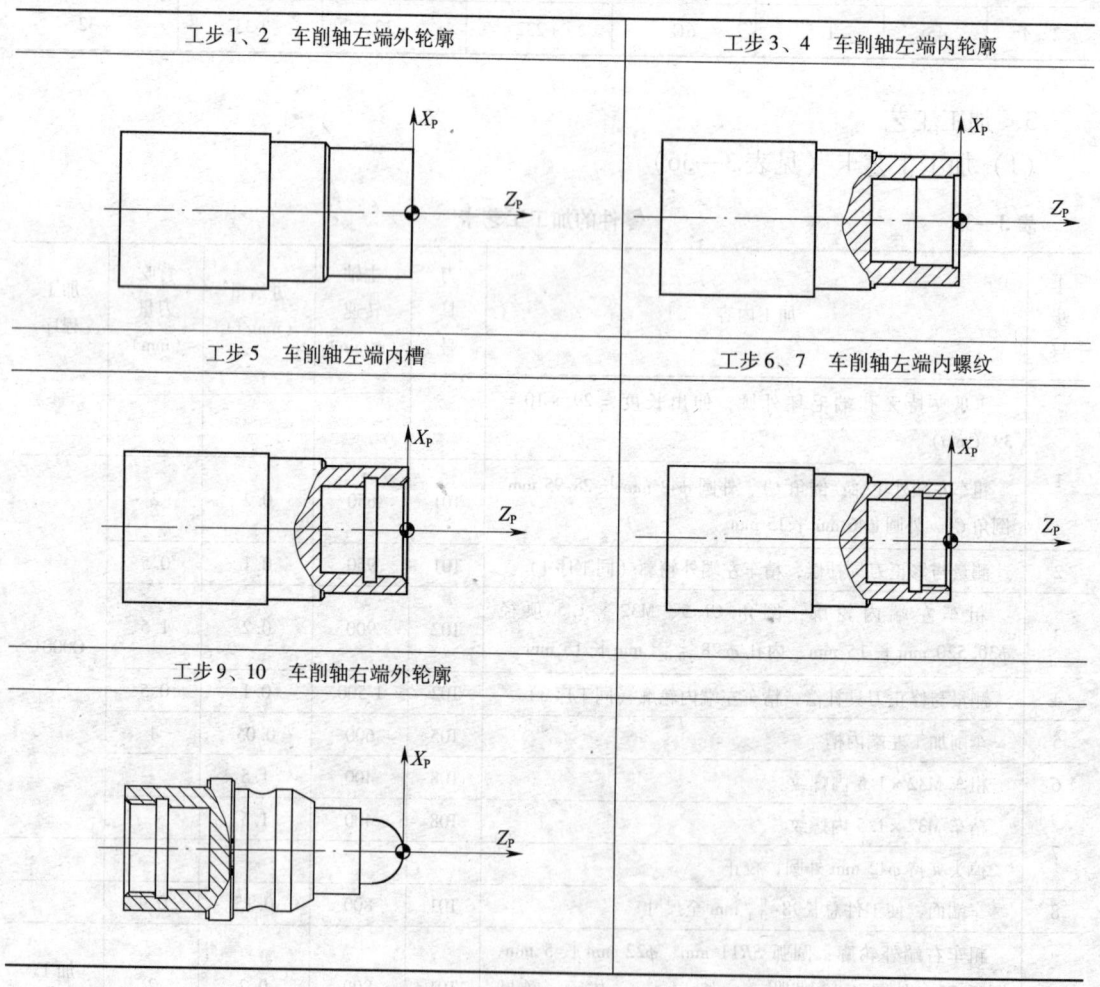

4. 加工程序

(1) 零件左端的加工程序（见表3—39）

表 3—39　　　　　　　　　　　零件左端的加工程序

程序	注释
O0001；	程序名（刀架后置）
T0101；	调用1号刀具及1号刀补，建立工件坐标系
S650 M04；	粗车外轮廓切削参数
M08；	
G00 X52.0 Z5.0；	粗车外轮廓定位
G71 U2.0 R1.0；	
G71 P10 Q20 U0.5 W0.2 F0.2；	
N10 G42 G01 X38.0；	
Z1.0；	
X42.0 Z-1.0；	
Z-28.95；	粗车外轮廓
X44.0；	
X46.0 Z-29.95；	
Z-59.95；	
X52.0；	
N20 G40；	
T0100；	
G28 U0；	粗车外轮廓退刀
G28 W0；	
M05；	主轴停转
M09；	切削液关
M00；	程序暂停
T0101；	调用1号刀具及1号刀补，建立工件坐标系，精车外轮廓切削参数
S950 M04；	
M08；	
G00 X52.0 Z5.0；	精车外轮廓定位
G70 P10 Q20 F0.1；	精车外轮廓
T0100；	
G28 U0；	精车外轮廓退刀
G28 W0；	
M05；	主轴停转
M09；	切削液关
M00；	程序暂停

续表

程序	注释
T0202;	调用2号刀具及2号刀补，建立工件坐标系，粗车内轮廓切削参数
S900 M04;	
M08;	
G00 X52.0 Z5.0;	粗车内轮廓定位
X25.0;	
G71 U1.5 R0.5;	粗车内轮廓
G71 P30 Q40 U-0.5 W0.2 F0.2;	
N30 G41 G00 X35.520;	
G01 Z1.0 F0.1;	
X30.520 Z-1.5;	
Z-15.0;	
X28.039;	
Z-30.0;	
X25.0;	
N40 G40;	
T0200;	粗车内轮廓退刀
G28 U0;	
G28 W0;	
T0202;	调用2号刀具及2号刀补，建立工件坐标系，精车内轮廓切削参数
S1500 M04;	
M08;	
G00 X52.0 Z5.0;	精车内轮廓定位
X25.0;	
G70 P30 Q40 F0.1;	精车内轮廓
T0200;	精车内轮廓退刀
G28 U0;	
G28 W0;	
M05;	主轴停转
M09;	切削液关
M00;	程序暂停
T0505;	调用5号刀具及5号刀补，建立工件坐标系，车削槽切削参数
S600 M04;	
M08;	
G00 X52.0 Z5.0;	车削槽切削定位
X25.0;	
G00 Z-15.0;	

续表

程序	注释
G75 R0.5;	车削槽
G75 X34.0 P1000 F0.05;	
T0500;	车削槽退刀
G28 U0;	
G28 W0;	
M05;	主轴停转
M09;	切削液关
M00;	程序暂停
T0808;	调用8号刀具及8号刀补,建立工件坐标系,粗车内螺纹切削参数
S400 M04;	
M08;	
G00 X52.0 Z5.0;	粗车内螺纹定位
X25.0;	
Z-13.0;	
G92 X31.2 Z5.0 F1.5;	粗车内螺纹
X31.7;	
X32.0;	
X32.111;	
T0800;	粗车内螺纹退刀
G28 U0;	
G28 W0;	
T0808;	调用8号刀具及8号刀补,建立工件坐标系,精车内螺纹切削参数
S400 M04;	
M08;	
G00 X52.0 Z5.0;	精车内螺纹定位
X25.0;	
Z-13.0;	
G92 X32.111 Z5.0 F1.5;	精车内螺纹
T0800;	精车内螺纹退刀
G28 U0;	
G28 W0;	
M05;	主轴停转
M09;	切削液关
M30;	程序结束

(2) 零件右端的加工程序（见表3—40）

表3—40　　　　　　　　　　零件右端的加工程序

程序	注释
O0002;	程序名（刀架后置）
T0101;	调用1号刀具及1号刀补，建立工件坐标系，粗车外轮廓切削参数
S800 M04;	
M08;	
G00 X52.0 Z5.0;	粗车外轮廓定位
G73 U25.0 W0 R25;	
G73 P10 Q20 U0.5 W0.2 F0.2;	
N10 G42 G00 X0;	
Z1.0 F0.1;	
G03 X22.0 Z−10.0 R11.0;	
G01 Z−15.0;	
G01 X25.982;	
G03 X27.982 Z−17.0 R2.0;	
G01 Z−31.0;	粗车外轮廓
X32.0;	
X40.0 W−8.0;	
W−5.0;	
G02 W−10.0 R10.0;	
G01 Z−59.0;	
X44.0;	
U4.0 W−2.0;	
X52.0;	
N20 G40;	
T0100;	
G28 U0;	粗车外轮廓退刀
G28 W0;	
T0101;	调用1号刀具及1号刀补，建立工件坐标系，精车外轮廓切削参数
M04 S1200;	
M08;	
G00 X52.0 Z5.0;	精车外轮廓定位
G70 P10 Q20 F0.1;	精车外轮廓
T0100;	
G28 U0;	精车外轮廓后退刀
G28 W0;	

续表

程序	注释
M05;	主轴停转
M09;	切削液关
M30;	程序结束

思考与练习

1. 车削如图 3—48 所示的零件,毛坯为 $\phi50$ mm × 100 mm 的 45 钢棒料,试编写加工程序。

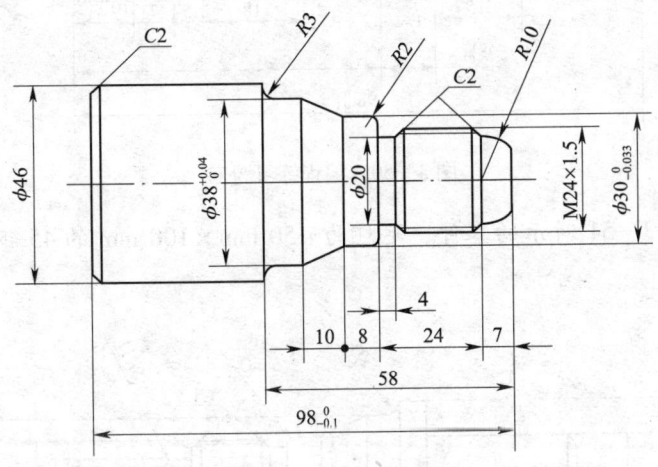

图 3—48 编程练习题一

2. 车削如图 3—49 所示的零件,毛坯为 $\phi50$ mm × 100 mm 的铝合金棒料,试编写加工程序。

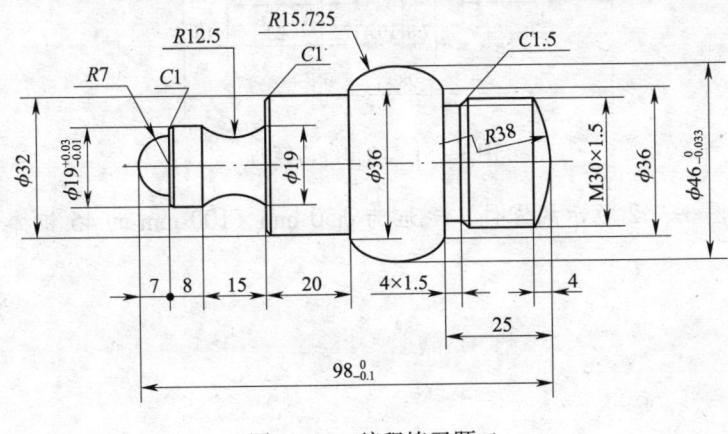

图 3—49 编程练习题二

3. 车削如图 3—50 所示的零件，毛坯为 φ50 mm×100 mm 的 45 钢棒料，试编写加工程序。图中未注倒角为 C1。

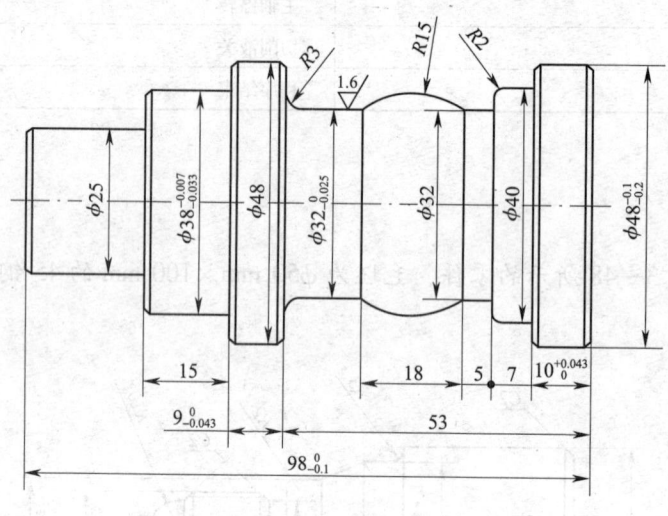

图 3—50　编程练习题三

4. 车削如图 3—51 所示的零件，毛坯为 φ50 mm×100 mm 的 45 钢棒料，试编写加工程序。

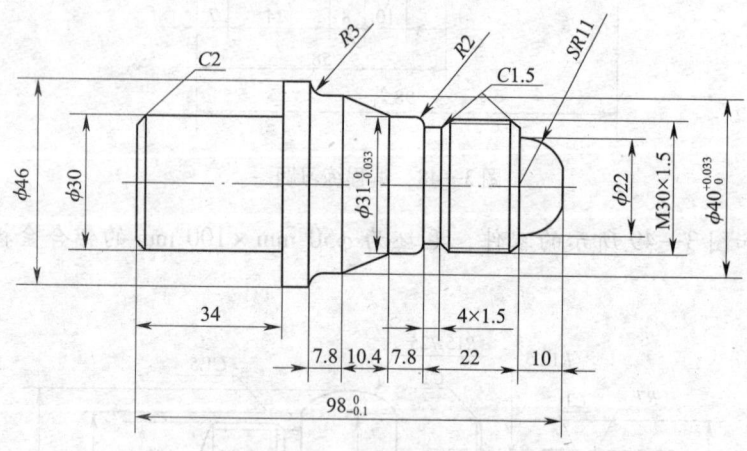

图 3—51　编程练习题四

5. 车削如图 3—52 所示的零件，毛坯为 φ50 mm×100 mm 的 45 钢棒料，试编写加工程序。

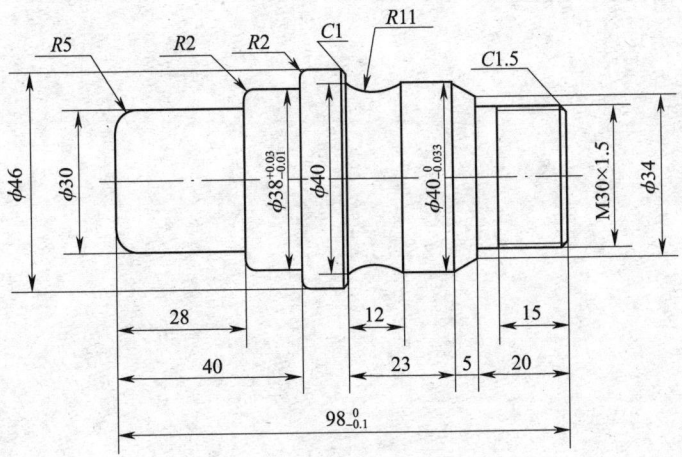

图 3—52 编程练习题五

第 4 章
数控铣床编程

4.1　数控铣床坐标系及常用编程指令

4.2　刀具半径补偿

4.3　子程序调用指令

4.4　极坐标指令

4.5　坐标系旋转指令

4.6　镜像指令

4.7　缩放指令

4.8　数控铣床综合编程

数控铣床在机械零件切削加工中应用非常广泛，可代替刨床、钻床、镗床等机床进行切削加工，能对平面与曲面、型腔与外轮廓、二维与三维复杂型面进行铣削加工，还能进行钻削、镗削、铰削、螺纹切削等孔加工。加工中心、柔性制造单元等都是在数控铣床基础上发展起来的。

4.1 数控铣床坐标系及常用编程指令

4.1.1 机床坐标系和工件坐标系

1. 坐标系与运动方向

（1）坐标系。数控机床坐标系与工件坐标系都遵循右手笛卡儿直角坐标系原则，如图4—1所示，右手大拇指、食指、中指分别代表 X、Y、Z 轴，3个坐标轴互相垂直，所指方向分别为 X、Y、Z 轴的正方向，围绕 X、Y、Z 轴的回转运动分别用 A、B、C 表示，回转方向用右手螺旋定则确定，即四指顺旋转方向握着坐标轴，大拇指与坐标轴同向为正，反向为负。

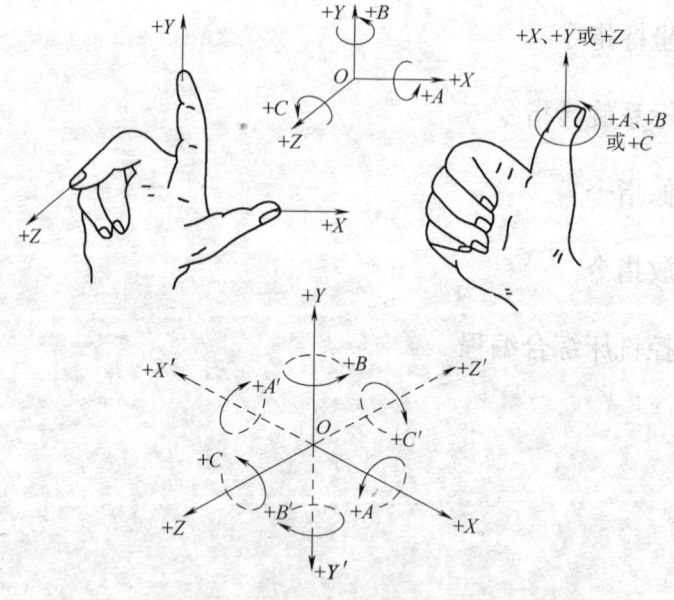

图4—1 右手笛卡儿直角坐标系

（2）运动方向。为了表示数控机床的运动方向，规定刀具相对于静止的工件而运动。多数数控铣床工作台是沿 X 与 Y 方向移动，则要认定工作台为静止不动，而与工作台运动相反的方向则为刀具的运动方向，并表示为数控机床的运动方向。刀具安装在主轴上对工件进行切削加工，则认定主轴运动方向为刀具运动的 Z 方向。

（3）立式铣床坐标系。立式铣床坐标系方向判断方法如图4—2a所示，面对机床

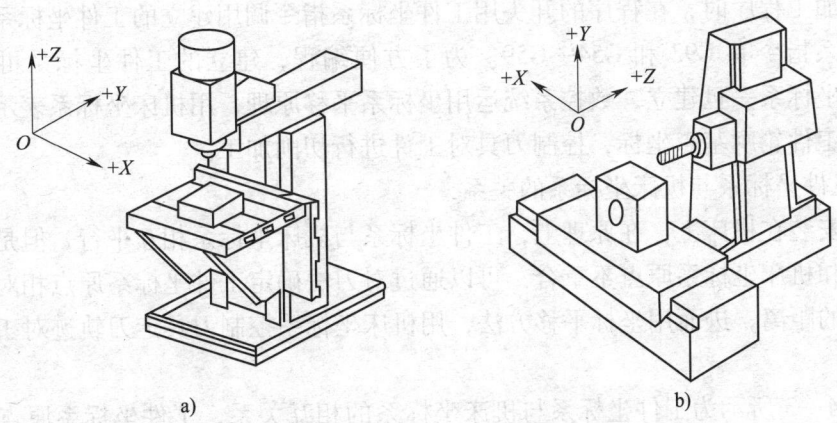

图 4—2 数控铣床的坐标系统
a) 立式铣床　b) 卧式铣床

立柱，向右为 X 轴正方向，向前为 Y 轴正方向，向上为 Z 轴正方向。

(4) 卧式铣床坐标系。卧式铣床坐标系方向判断方法如图 4—2b 所示，背对机床立柱，向右为 X 轴正方向，向上为 Y 轴正方向，向后为 Z 轴正方向；如果面对机床立柱观察，向左为 X 轴正方向，向上为 Y 轴正方向，向前为 Z 轴正方向。

2．机床坐标系

以机床原点（也称为机床零点，又称机床参考点）为坐标原点建立的直角坐标系称为机床坐标系。机床原点在数控机床上的位置由生产厂家设定。一般情况下，数控铣床机床坐标系原点位置是在刀具运动的向右、向前与向上的极限位置上。

3．工件坐标系

编写加工程序时，在图样上设定一个坐标系，用于表示零件轮廓基点的坐标，为了方便计算轮廓基点坐标，这个坐标系的坐标轴应该合理地设置在零件的设计基准上，并与机床坐标系对应的坐标轴平行，认定这个坐标系为编程坐标系。把这个坐标系移植到工件的对应位置上（编程坐标系原点在图样上的位置与在工件轮廓上的位置一致），各坐标轴方向与机床坐标系坐标轴方向保持一致，这样在工件上建立的坐标系称为工件坐标系。

(1) 板状零件工件坐标系

1) 非对称轮廓零件的工件坐标系。非对称轮廓零件工件坐标系的原点一般设置在工件轮廓的某一角与最高轮廓面的交点上。

2) 对称轮廓零件的工件坐标系。对称轮廓零件工件坐标系的原点一般设置在工件表面对称中心与最高轮廓面的交点上。

(2) 盘类零件工件坐标系。盘类零件工件坐标系的原点一般设置在工件表面的圆心上。

建立工件坐标系的一般方法，使用对刀法建立工件坐标系原点与机床坐标系原点的位置关系，把工件坐标系原点在机床坐标系中的坐标值寄存在数控系统刀具参数偏置值中。编写加工程序时,在程序的开头用工件坐标系指令调用建立的工件坐标系,常用的工件坐标系指令有 G92 和 G54—G59。为了方便编程,建立的工件坐标系可以相互替代,工件坐标系一旦建立,数控系统运用坐标系平移原理,用机床坐标系表示用工件坐标描述的工件轮廓基点坐标,控制刀具对工件进行切削加工。

4. 工件坐标系与机床坐标系的关系

工件安装在机床上,在原理上,工件坐标系与机床坐标系相互平行,但是,工件坐标系原点和机床坐标系原点不重合,可以通过对刀法确定工件坐标系原点相对于机床坐标系原点的距离,进而用坐标平移方法,用机床坐标系控制刀具走刀轨迹对工件进行铣削加工。

如图 4—3 所示为工件坐标系与机床坐标系的相互关系,工件坐标系原点在机床坐标系中的坐标值为 X = -400、Y = -200、Z = -300。

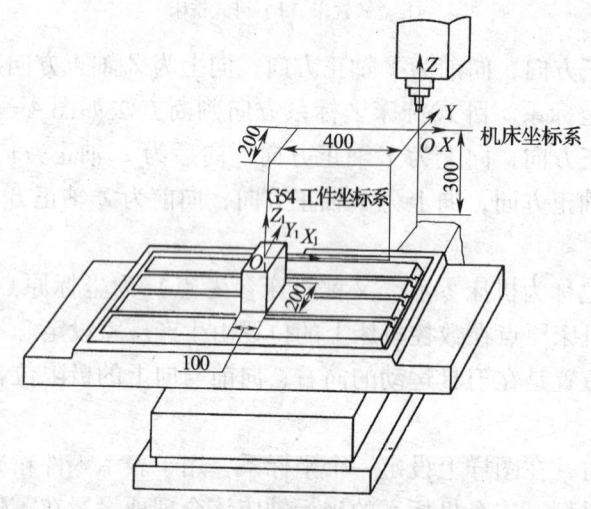

图 4—3 工件坐标系与机床坐标系的关系

4.1.2 设定坐标系指令

1. 工件坐标系设定指令 G92

(1) 工件坐标系设定指令 G92 的格式

指令格式:G92 X_ Y_ Z_ ;

指令功能:由刀位点设定工件坐标系。

指令说明:X_ Y_ Z_ 表示刀位点在新建工件坐标系中的坐标值;X_ Y_ Z_ 的相反坐标值位置为新建工件坐标系的原点;G92 为刀具非运动指令。

(2) 工件坐标系 G92 指令的应用。如图 4—4 所示,刀位点在新建坐标系中的坐标值 20、15、10,相反坐标值为 -20、-15、-10,用这个坐

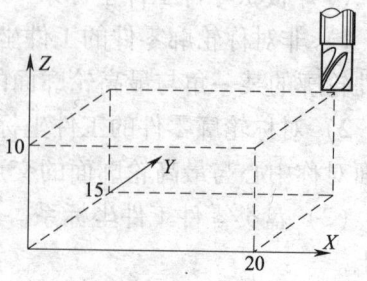

图 4—4 "G92 X20 Y10 Z10;" 指令示意图

标值表达的空间位置为新建坐标系原点。

2. 工件坐标系指令 G54—G59

(1) 工件坐标系指令 G54—G59 的格式

指令格式：G54—G59；

指令功能：设定工件坐标系指令。

指令说明：建立工件坐标系的方法，用对刀法设定工件坐标系零点在机床坐标系中的坐标值，通过机床零点偏置方法把这个参数寄存在 G54—G59 指令指定的坐标之中，运用坐标平移原理，数控系统用机床坐标系表示用工件坐标系描述的零件轮廓基点的坐标。用 MDI 方式也可以输入各个工件坐标系的坐标原点在机床坐标系中的坐标值。

(2) 工件坐标系 G54—G59 指令的应用

1) 用机床坐标系表示工件坐标系（G54—G59）的坐标为

$$X_{机床} = X_{G54-G59} + X_{工件}$$
$$Y_{机床} = Y_{G54-G59} + Y_{工件}$$
$$Z_{机床} = Z_{G54-G59} + Z_{工件}$$

式中　$X_{机床}$、$Y_{机床}$、$Z_{机床}$——机床坐标系坐标值；

$X_{G54-G59}$、$Y_{G54-G59}$、$Z_{G54-G59}$——工件坐标系原点在机床坐标系中的坐标值；

$X_{工件}$、$Y_{工件}$、$Z_{工件}$——工件坐标系坐标值。

2) 用机床坐标系表示工件坐标系 G54—G59 与工件坐标系 G92 的坐标为

$$X_{机床} = X_{G54-G59} + X_{G92} + X_{工件}$$
$$Y_{机床} = Y_{G54-G59} + Y_{G92} + Y_{工件}$$
$$Z_{机床} = Z_{G54-G59} + Z_{G92} + Z_{工件}$$

式中　$X_{机床}$、$Y_{机床}$、$Z_{机床}$——机床坐标系坐标值；

$X_{G54-G59}$、$Y_{G54-G59}$、$Z_{G54-G59}$——工件坐标系原点在机床坐标系中的坐标值；

$X_{工件}$、$Y_{工件}$、$Z_{工件}$——工件坐标系的坐标值；

X_{G92}、Y_{G92}、Z_{G92}——G92 坐标系原点在 G54—G59 坐标系中的坐标值。

3) 工件坐标系指令示例（见表 4—1）。

表 4—1　　　　　　　　　　　工件坐标系指令的应用

程序	注释
G54 工件坐标系原点（X−100., Y−100.）	工件坐标系原点在机床坐标系中的坐标
G55 工件坐标系原点（X−50., Y−150.）	工件坐标系原点在机床坐标系中的坐标
N10 G90 G00；	绝对坐标编程，快速定位
N1 G54 G00 X−100. Y−20.；	$X_{工件} = -200$，$Y_{工件} = -120$
N2 G55 X−50. Y−350.；	$X_{工件} = -100$，$Y_{工件} = -500$
N3 X−100. Y−200.；	$X_{工件} = -150$，$Y_{工件} = -350$

续表

程序	注释
N4 G92 X-200. Y-100. ;	$X_{工件}=-150$，$Y_{工件}=-350$
N5 X-50. Y-150. ;	$X_{工件}=0$，$Y_{工件}=-400$
N6 G54 X-100. Y-100. ;	$X_{工件}=-100$，$Y_{工件}=-300$

4.1.3 常用基本指令

1. 快速定位指令 G00

（1）快速定位指令 G00 的格式

指令格式：G00 X_ Y_ Z_ ；

指令功能：模态指令，具有快速定位功能。

指令说明：X_ Y_ Z_ 为快速定位目标点坐标。

通过数控系统参数设置，快速定位指令可以设定为各坐标轴分别单独运动至目标位置，也可设定为先按规定方向坐标轴联动，后分别单独运动至目标位置。快速定位进给速度可以在操作面板上通过快速修调按钮或倍率旋钮调整。

（2）快速定位指令 G00 的应用。如图 4—5 所示，刀具从当前点 P_1 快速移动到目标点 P_2（100，70，50），用程序段表达刀具快速运动，"G00 X100. Y70. Z50. ;"的刀具运动轨迹一般为折线，特殊情况如当前点至目标点方向与数控系统设定的坐标轴联动方向一致时，刀具轨迹才是一条直线，因此，使用快速定位指令时要注意避免刀具与工件相碰。

2. 直线插补指令 G01

（1）直线插补指令 G01 的格式

指令格式：G01 X_ Y_ Z_ F_ ；

指令功能：模态指令，具有直线插补功能。

指令说明：X_ Y_ Z_ 是直线插补目标点的坐标；F_ 是合成进给速度。

（2）直线插补指令 G01 的应用。如图 4—6 所示，进给速度设为 100 mm/min，主轴转速 800 r/min，刀具起始点在工件坐标系原点位置。编写的加工程序见表 4—2。

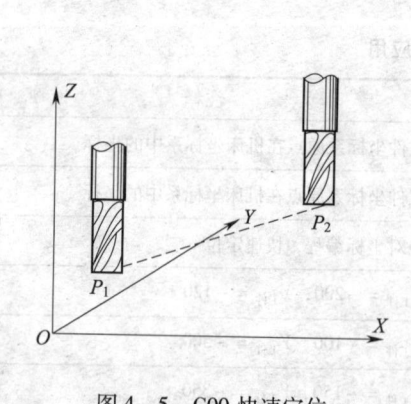

图 4—5 G00 快速定位

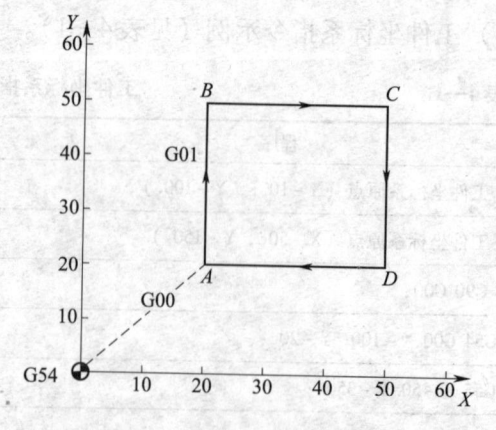

图 4—6 直线插补轮廓

表4—2　　　　　　　　　直线插补指令应用

程序	注释
O0002;	程序名
G54;	调用工件坐标系指令
S800 M03;	转速800 r/min，主轴正转
M08;	切削液开
G00 X20. Y20.;	起始点→A
G01 Y50. F100;	A→B
X50.;	B→C
Y20.;	C→D
X20.;	D→A
G00 X0 Y0;	回原点
M30;	程序结束

3. 绝对坐标指令G90与相对坐标指令G91

（1）绝对坐标指令G90与相对坐标指令G91的格式

指令格式：G90；或G91；

指令功能：G90设定绝对坐标编程，G91设定相对坐标编程。

指令说明：G90为模态指令，表示绝对坐标编程，坐标值为目标点相对于工件坐标系原点的距离。G91为模态指令，表示相对坐标编程，坐标值为目标点坐标相对于当前点坐标的坐标增量

（2）G90指令与G91指令的应用。如图4—7所示的刀具运动轨迹，刀具起始位置在工件坐标系的原点上，分别使用G90指令和G91指令编写加工程序。

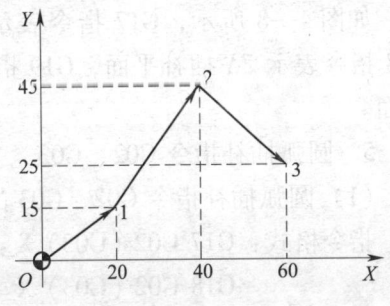

图4—7　G90指令与G91指令应用实例

编写的加工程序见表4—3。

表4—3　　　　　　　　　G90与G91指令应用

G90编程	注释
O0001;	程序名
G92 X0. Y0. Z10.;	设定工件坐标系，刀位点在坐标系原点之上10 mm
G90 G01 X20. Y15.;	绝对坐标编程，直线插补至1点位置
X40. Y45.;	直线插补至2点位置
X60. Y25.;	直线插补至3点位置
……	程序段省略表示

续表

G91 编程	注释
G91 编程	
O0002；	程序名
G92 X0. Y0. Z10.；	设定工件坐标系，刀位点在坐标系原点之上 10 mm
G91 G01 X20. Y15.；	增量坐标编程，直线插补至 1 点位置
X20. Y30.；	直线插补至 2 点位置
X20. Y−20.；	直线插补至 3 点位置
……	程序段省略表示

选择合适的编程方式可以减少基点坐标计算的工作量，当图样尺寸用统一基准表示法时，则采用绝对坐标方式编程方便，如果图样用分散基准表示法，则采用相对坐标方式编程方便。绝对坐标表示方式与相对坐标表示方式可以相互转换。

4. 设定加工平面指令 G17、G18、G19

指令格式：G17、G18、G19；

指令功能：模态指令，选择刀具插补平面。

指令说明：G17、G18、G19 指令分别选择 XY、ZX、YZ 插补平面。

如图 4—8 所示，G17 指令表示 XY 插补平面，G18 指令表示 ZX 插补平面，G19 指令表示 YZ 插补平面。

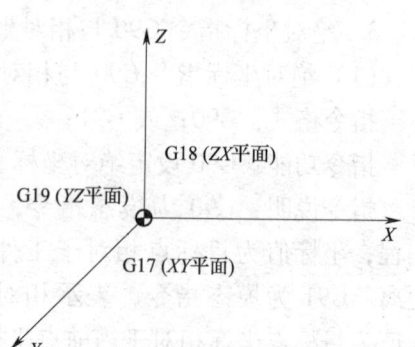

图 4—8 插补平面

5. 圆弧插补指令 G02、G03

（1）圆弧插补指令 G02、G03 的格式

指令格式：G17 G02（G03）X_ Y_ R_ （I_ J_ ）F_ ；
　　　　　G18 G02（G03）X_ Z_ R_ （I_ K_ ）F_ ；
　　　　　G19 G02（G03）Y_ Z_ R_ （J_ K_ ）F_ ；

指令功能：G02 为顺时针圆弧插补，G03 为逆时针圆弧插补。

指令说明：G17 表示 XY 平面插补圆弧；G18 表示 ZX 平面插补圆弧；G19 表示 YZ 平面插补圆弧；X、Y、Z 为圆弧终点坐标值；R 为圆弧半径，圆弧圆心角小于 180°为劣弧，R 为正值，圆弧圆心角大于等于 180°且小于 360°为优弧，R 为负值；圆弧圆心角等于 360°，圆弧半径用圆心坐标 I、J、K 表示；I、J、K 为圆心相对于圆弧起点坐标增量；F 为进给速度，切削圆弧时，F 为插补坐标轴的合成进给速度。

（2）编写圆弧插补指令注意事项

1）圆弧切削方向的判断。依右手笛卡儿直角坐标系法则，从不在圆弧平面内的坐标轴（即平面法线方向）的正方向往负方向看，顺时针圆弧为 G02，逆时针圆弧为 G03，如图 4—9 所示。

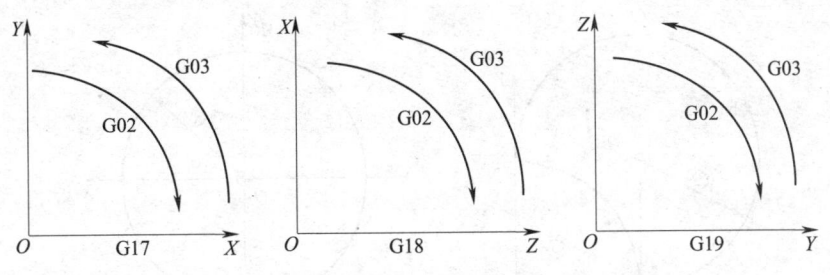

图4—9 不同平面G02与G03指令的选择

2)圆心坐标I、J、K地址符值。I、J、与K地址符值为圆弧起点至圆弧中心的坐标矢量,不论是用G90绝对坐标编程方式还是用G91增量坐标编程方式,I、J与K地址符值总是增量值。如图4—10所示,增量值等于圆心坐标减去圆弧起点坐标,计算公式如下:

$$I = X_{圆心} - X_{起点}$$
$$J = Y_{圆心} - Y_{起点}$$
$$K = Z_{圆心} - Z_{起点}$$

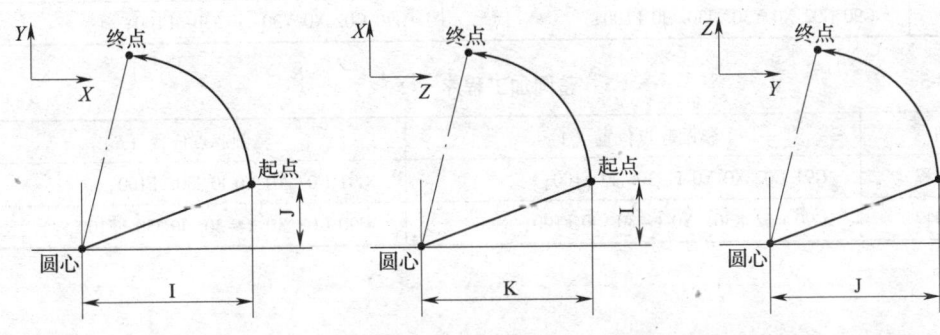

图4—10 坐标平面与圆心坐标

3)整圆铣削加工。整圆铣削加工编程,圆弧半径不可使用代码R,只能使用圆心坐标代码I、J与K。

4)圆弧插补指令增量坐标表示法。G91指令编程,X、Y、Z坐标为圆弧终点相对于圆弧起点的增量值。

(3)圆弧插补指令G02/G03的应用。如图4—11所示,选用G02圆弧插补指令,分别采用绝对坐标和增量坐标编程方式编写劣弧a和优弧b切削加工程序;分别采用绝对坐标和增量坐标编程方式编写整圆(整圆起点在A点)切削加工程序;分别采用绝对坐标和增量坐标编程方式编写整圆(整圆起点在B点)切削加工程序。

编写的劣弧a与优弧b的加工程序见表4—4,整圆的加工程序见表4—5。

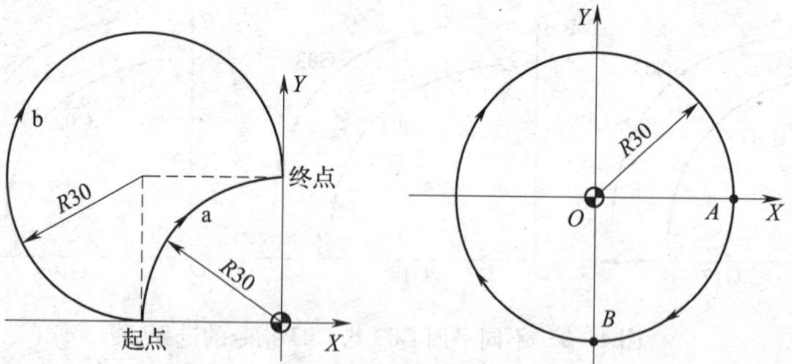

图 4—11 劣弧、优弧和整圆编程实例

表 4—4　　　　　　　　　　　劣弧和优弧加工程序

类别	劣弧（a 弧）	优弧（b 弧）
增量编程	G91 G02 X30. Y30. R30. F100；	G91 G02 X30. Y30. R-30. F100；
	G91 G02 X30. Y30. I30. J0 F100；	G91 G02 X30. Y30. I0 J30. F100；
绝对编程	G90 G02 X0 Y30. R30. F100；	G90 G02 X0 Y30. R-30. F100；
	G90 G02 X0 Y30. I30. J0 F100；	G90 G02 X0 Y30. I0 J30. F100；

表 4—5　　　　　　　　　　　整圆加工程序

类别	整圆起点位置（A）	整圆起点位置（B）
增量编程	G91 G02 X0 Y0 I-30. J0 F100；	G91 G03 X0 Y0 I0 J30. F100；
绝对编程	G90 G02 X30. Y0 I-30. J0 F100；	G90 G03 X0 Y-30. I0 J30. F100；

4.2　刀具半径补偿

4.2.1　刀具半径补偿原理

如果按工件轮廓编写数控铣床加工程序，由于刀心轨迹与工件轮廓重合，无论铣削工件外轮廓或内轮廓都会造成工件过切现象，因而使外轮廓变小内轮廓变大；如果加工外轮廓时使刀具中心向工件轮廓外偏离半径值，加工内轮廓时刀具中心向工件轮廓内偏离半径值，这样即可避免刀具对工件的过切。一般数控系统都具备刀具半径补偿功能，即编程时按工件轮廓编写刀心轨迹加工程序，数控系统能自动计算偏离工件轮廓轨迹半径值的刀心坐标，从而可以通过控制刀心轨迹切削加工工件轮廓。

4.2.2　刀具半径补偿指令与编程

1. 刀具半径补偿指令 G40、G41、G42

指令格式：G17 G41（G42）G00（G01）X_ Y_ D_（F_）；

G17 G40 G00（G01）X_ Y_ （F_ ）；

指令功能：模态指令，具有建立或撤销刀具半径补偿功能。

指令说明：G40、G41 与 G42 是非运动指令，通过直线运动建立刀具半径补偿；G41 表示左刀补（在刀具前进方向左侧补偿），如图 4—12 所示；G42 表示右刀补（在刀具前进方向右侧补偿），如图 4—12 所示；G40 表示取消刀具半径补偿，如图 4—12 所示；G17 表示在 XY 平面的刀具补偿（选用 G18、G19 指令改变刀具插补平面）；X_ Y_ 表示建立或撤销刀具半径补偿的目标点坐标；D_ 为刀具半径补偿号，设置刀具半径补偿值。

2. 刀具半径补偿指令应用

如图 4—13 所示，用刀具半径补偿指令编写加工程序。

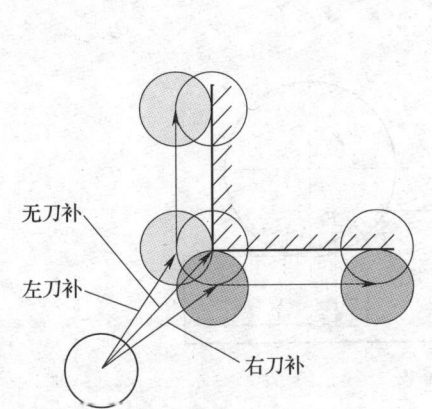

图 4—12　刀具半径补偿

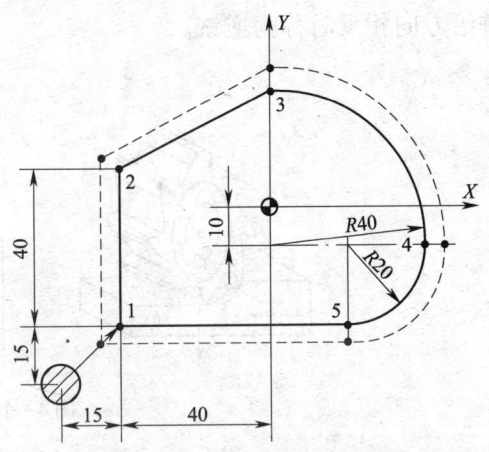

图 4—13　刀具半径补偿应用实例

加工程序见表 4—6。

表 4—6　　　　　　　　　　　　刀具半径补偿应用

程序	注释
O4001；	程序名
G54；	建立工件坐标系
S1000 M03；	转速 1 000 r/min，主轴正转
M08；	切削液开
G00 X−55. Y−45.；	快速定位
G00 Z2.；	快速定位 R 点平面（安全平面）
G01 Z−5. F80；	直线插补切入到指定深度
D01 G41 G01 X−40. Y−30. F100；	开始刀具半径补偿，到达 1 点
G01 X−40. Y10.；	从 1 点到 2 点
G01 X0 Y30.；	从 2 点到 3 点
G02 X40. Y−10. R40.；	从 3 点到 4 点

续表

程序	注释
G02 X20. Y-30. R20.;	从4点到5点
G01 X-40. Y-30.;	从5点到1点
G40 G00 X-55. Y-45.;	取消刀具半径补偿
G00 Z100.;	快速退刀至初始平面
M30;	程序结束

4.2.3 顺铣与逆铣的特点

数控铣床有逆铣和顺铣两种铣削方式，如图4—14所示，铣刀旋转切入工件的方向与工件的进给方向相同时称为顺铣；如图4—15所示，铣刀旋转切入工件的方向与工件的进给方向相反时称为逆铣。

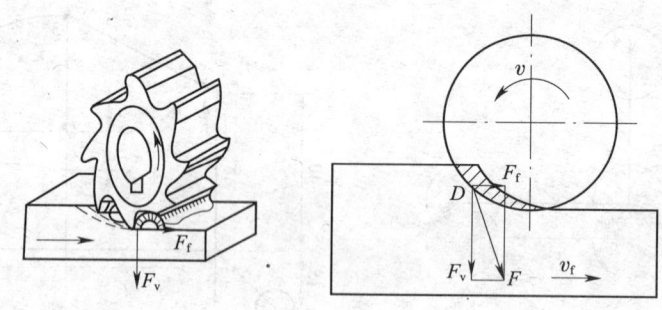

图4—14 顺铣

 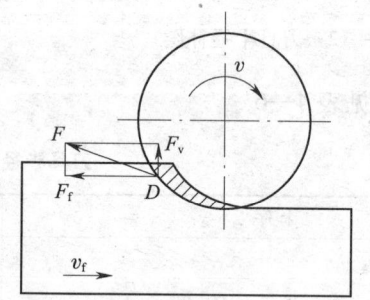

图4—15 逆铣

1. 逆铣的特点

（1）逆铣在切削过程中，切屑由薄变厚，刀具在工件表面滑动。由于摩擦产生大量热量，工件表面易形成硬化层，因而降低了刀具的耐用度，影响工件表面粗糙度，给切削带来不利。

（2）逆铣时，铣刀切削力与工件进给方向相反，当刀齿对工件的作用力较大，丝杠与螺母之间有间隙时，会影响工件的加工质量，严重时会损坏刀具。

（3）如果零件毛坯为黑色金属的锻件或铸件，表皮硬且加工余量较大时，采用逆铣加工方法较为合理。

2. 顺铣的特点

（1）顺铣在切削过程中，切屑由厚变薄，刀具从表面硬质层切入，虽然铣刀变钝较快，但没有滑移现象，功率消耗也比逆铣小，也更加有利于排屑。

（2）顺铣时，铣削力与工件进给方向一致，滚珠丝杠与螺母始终保持紧密贴合，不会产生让刀现象。

（3）数控机床传动采用滚珠丝杠结构，滚珠丝杠与螺母之间间隙小，所以，顺铣的工艺性优于逆铣。

（4）铣削加工铝镁合金、钛合金和耐热合金等材料，尽量采用顺铣加工。

为了降低表面粗糙度值，提高刀具耐用度，铣削方式的选择应该视零件的加工要求、工件的材料，以及机床与刀具等条件综合考虑。

4.3 子程序调用指令

4.3.1 子程序

程序有主程序与子程序两种格式。这两种程序的结构相同，包括程序名、程序段和程序的结束指令，所不同的是主程序的结束指令是 M02 或 M30，子程序的结束指令是 M99。两者的关系是主程序可以调用子程序，调用的子程序执行之后便自动返回到主程序调用子程序的程序段，然后继续执行下面的主程序。按照编写加工程序规则，加工程序中主程序只有一个，子程序允许多个。主程序可以调用子程序，子程序也可以调用子程序，但是不允许子程序调用主程序。

1. 子程序调用指令 M98

指令格式：M98 P××××××；（×是数字代码）

指令功能：具有调用子程序功能。

指令说明：地址符 P 后面前 2 位数表示调用子程序的次数，如果只调用一次可省略不表示；地址符 P 后面后 4 位数表示调用的子程序名。

2. 子程序返回指令 M99

M99 作为程序的结束指令表示这个程序是子程序。加工程序可以写成主程序，也可以写成子程序，主程序名与子程序名的结构相同，均可以被直接调用加工零件，但是两者的关系是主程序可以调用子程序，子程序可以调用子程序，但是不能调用主程序。

4.3.2 子程序应用

1. 子程序的作用

（1）简化加工程序。当工件上有数个加工轮廓的形状相同或相似，加工的内容相同或相似时，可以编写成一个子程序，通过主程序调用，这样可以简化加工程序，减少编写加工程序的工作量。

1）轮廓分层切削用子程序对轮廓进行加工。这样的子程序其轴向切入背吃刀量程序段用相对坐标编写，轮廓加工可以用相对坐标编写，也可以用绝对坐标编写，编写的子程序通过主程序可以连续多次调用。

2）加工数个形状相同或相似的轮廓。一个工件中有数个形状相同或相似的轮廓时，可以编写成一个子程序，一般情况下用相对坐标编写，可以通过主程序刀具定位后调用。如果用绝对坐标编写，则必须通过坐标变换后调用。

（2）加工模块用子程序的编写。如果被加工零件轮廓比较复杂，可以把被加工的内容分成多个模块，分解在多个子程序内，然后通过主程序调用子程序的方法完成零件的轮廓加工，用这种方式编写的加工程序层次分明，编写的子程序可以单独调试，而且操作很方便。模块化编程的格式见表4—7。

表4—7　　　　　　　　　　　模块化编程的格式

主程序	子程序
O0010；	主程序名
……	程序段
N0010 G00 X_ Y_ ；	快速定位
N0020 G01 Z-_ F_ ；	垂直切入工件
N0030 M98 P021010；	连续2次调用1010子程序
N0040 G00 Z_ ；	退刀至R平面（安全平面）
N0050 G00 X_ Y_ ；	快速定位
N0060 G01 Z-_ F_ ；	垂直切入工件
N0070 M98 P1010；	调用1010子程序
N0080 G00 Z_ ；	退刀至R平面（安全平面）
……	程序段
N0090 M30；	主程序结束指令
O1010；	子程序名
N0010 ……	程序段
N0020 G41（G42）G01 X_ Y_ D01 F_ ；	直线指令建立刀具半径补偿，切入加工工件轮廓
……	程序段
N0040 G40 G01 X_ Y_ ；	直线指令取消刀具半径补偿，退出加工工件轮廓
……	程序段
N0050 M99；	子程序结束指令

1）以刀具的加工内容作为加工模块。这种加工模块的特点是换刀操作、建立刀具长度补偿、取消刀具长度补偿等内容在主程序中设定，定位、轴向进刀、轮廓加工、轴向退刀等内容用子程序编写，每把刀具的加工内容作为一个加工模块编写成子程序，然后通过主程序调用。

2）以加工层面作为加工模块。这种加工模块的特点是用同一把刀加工同一个层面的数个轮廓，为避免刀具重复定位误差，刀具轴向进刀后不抬刀，直至数个轮廓加工结束后才退到R点平面（安全平面），可把这个模块编写成子程序，通过主程序调用。

3) 以加工工序作为加工模块。这种编程方式的特点是一道工序的加工内容作为一个模块编写成一个子程序,编程思路与零件的加工工艺一致,这是数控加工复杂零件优选的编程方法。

2. 子程序的内容

(1) 零件轮廓加工的步骤

1) 刀具先是 X 与 Y 方向的坐标定位,后是 Z 方向的坐标定位(刀具至 R 点平面即为安全平面)。

2) 刀具轴向切入至底平面。

3) 刀具加工零件轮廓,其中包括刀具建立半径补偿切入轮廓、刀具轮廓加工、刀具取消半径补偿退出轮廓。

4) 刀具轴向退刀,刀具至 R 点平面,即为安全平面。

(2) 子程序的内容

1) 零件轮廓加工四个步骤的内容全部放在子程序内,这样在主程序的结构中可以调用一个又一个子程序。

2) 零件轮廓加工的四个步骤,第一个与第二个步骤放在主程序中,第三个步骤放在子程序中,通过主程序调用,第四个步骤又放在主程序中,如表4—7所示为加工程序的编写方法。

3. 子程序应用实例

如图 4—16 所示,在一块平板上加工 4 个正方形,背吃刀量 2 mm,工件上表面为 Z 坐标的零点,采用调用子程序的方式编写加工程序(编程时不考虑刀具半径补偿)。

编写的加工程序见表4—8 和表4—9。

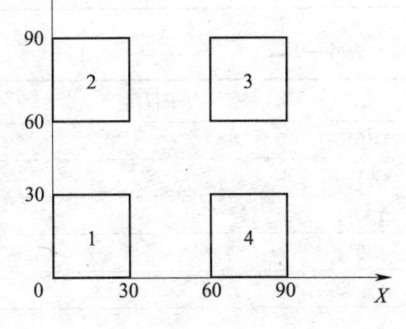

图 4—16 子程序编程实例

表 4—8 主 程 序

主程序	说明
O1000;	主程序名
G54;	建立工件坐标系
S800 M03;	转速 800 r/min,主轴正转
M08;	切削液开
G00 Z2.;	快进定位至 R 点平面
G00 X0 Y0;	定位到 1 号正方形左下角
G01 Z-2.0 F30;	背吃刀量 2 mm
M98 P1010;	调用子程序
G00 Z2.0;	快速退刀至 R 点平面
G00 X0 Y60.;	定位到 2 号正方形左下角

续表

主程序	说明
G01 Z-2.0 F30;	背吃刀量2 mm
M98 P1010;	调用子程序
G00 Z2.0;	快速退刀至R点平面
G00 X60. Y60.;	定位到3号正方形左下角
G01 Z-2.0 F30;	背吃刀量2 mm
M98 P1010;	调用子程序
G00 Z2.0;	快速退刀至R点平面
G00 X60. Y0;	定位到4号正方形左下角
G01 Z-2.0 F30;	背吃刀量2 mm
M98 P1010;	调用子程序
G00 Z100.0;	快速退刀至初始平面
M30;	程序结束

表4—9　子程序

子程序	说明
O1010;	子程序名
G91;	增量编程方式
Y30.;	轮廓加工
X30.;	
Y-30.;	
X-30.;	
G90;	绝对编程方式
M99;	子程序结束

4.4　极坐标指令

在数控系统中有极坐标编程指令,极坐标有极径与极角两个参数,极径实为一个回转半径,回转中心是工件坐标系的原点,极角实为一个角度,有始边与终边,且有正负之分,其始边与X坐标轴的正方向重合,始边逆时针旋转一个角度成为终边,定义的角度为正;始边顺时针旋转一个角度成为终边,定义的角度为负。

对于环形孔钻铣、正多边形轮廓铣削,若用直角坐标表示环形孔的中心,正多边形轮廓的基点坐标需要用三角函数计算,如果采用极坐标编程指令,则可以节省大量的计算时间,而且不易产生计算误差。

使用极坐标编程指令,由于极坐标的两个参数(极径与极角)基于坐标原点,因此,在使用极坐标指令之前要进行坐标变换处理。在一般情况下,结束使用极坐标指令后要取消坐标变换。

4.4.1 极坐标指令格式

1. 极坐标指令 G16/G15 的格式

指令格式：G16 X_ Y_ ；
　　　　　G15；

指令功能：模态指令，G16 建立极坐标编程方式，G15 取消极坐标编程方式。

指令说明：G16 表示极坐标指令；G15 表示取消极坐标指令；X_ 表示极径参数，极径的回转中心是工件坐标系原点；Y_ 表示极角参数，极角的始边与 X 坐标轴的正方向重合，极角有正负之分。

2. 极坐标的绝对坐标与相对坐标表示法

（1）极坐标的绝对坐标表示法。如图 4—17 所示为用绝对坐标 G90 定义极坐标，极径的回转中心是工件坐标系原点，即工件坐标系原点与极坐标系原点重合，极角的始边与 X 坐标轴的正方向重合。

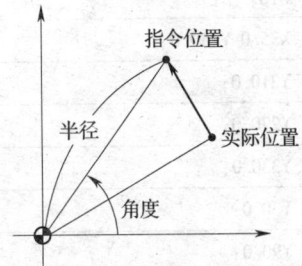

图 4—17　"G90 G16"示意图

（2）极坐标的相对坐标表示法。如图 4—18 所示为用相对坐标 G91 定义极坐标，表示刀具当前位置作为极坐标系原点，极径的回转中心是极坐标系原点，极角的始边过极坐标系原点且与 X 坐标轴平行。

4.4.2 极坐标指令应用

如图 4—19 所示，毛坯直径 80 mm，六边形凸台的背吃刀量为 3 mm。使用极坐标指令编写铣削加工程序。

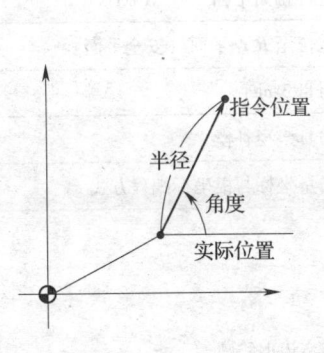

图 4—18　"G91 G16"示意图

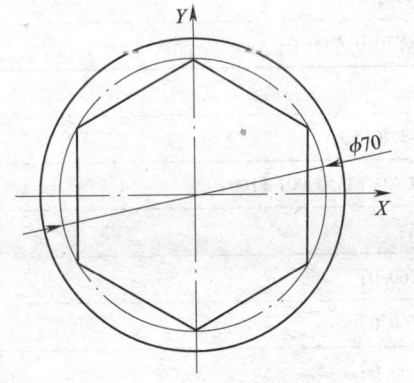

图 4—19　极坐标编程图形

加工程序见表 4—10。

表 4—10　　　　　　　　　　　　极坐标程序

程序	说明
O0006；	程序名（绝对坐标编程）
G54 G90；	建立工件坐标系，绝对坐标编程方式
S1000 M03；	主轴正转，转速 1 000 r/min

续表

程序	说明
G00 X0 Y50.0;	快速定位
Z2.0;	快速定位至R点平面（安全平面）
G01 Z-3.0 F50;	轴向进刀至底平面
G42 G01 X0 Y35.0 D01 F100;	建立刀具半径补偿
G16;	建立极坐标编程方式
X35.0 Y150.0;	
Y210.0;	
Y270.0;	加工正六边形轮廓
Y330.0;	
Y30.0;	
Y90.0;	
G15;	取消极坐标编程方式
G40 G01 X0 Y50.0;	取消刀具半径补偿
G00 Z100.0;	快速退刀
M30;	程序结束
O0006;	程序名（增量坐标编程）
G54 G90;	建立工件坐标系
S1000 M03;	主轴正转，转速1 000 r/min
G00 X0 Y50.0 Z100.0;	快速定位初始平面
Z2.0;	快速定位至R点平面（安全平面）
G01 Z-3.0 F50;	背吃刀量3 mm
G42 G01 X0 Y35.0 D01 F100;	建立刀具半径补偿
G91 G16;	建立增量坐标与极坐标编程方式
X35.0 Y60.0;	
X35.0 Y60.0;	
X35.0 Y60.0;	加工正六边形轮廓
X35.0 Y60.0;	
X35.0 Y60.0;	
X35.0 Y60.0;	
G90 G15;	绝对坐标取消极坐标编程方式
G40 G01 X0 Y50.0;	取消刀具半径补偿
G00 Z100.0;	快速退刀至初始平面
M30;	程序结束

4.5 坐标系旋转指令

坐标系旋转指令是编程指令中对坐标进行变换的指令，具有坐标系平移与坐标系旋转的两个功能。运用坐标系旋转指令后，按原坐标系编写的零件加工程序，加工的零件轮廓形状没有发生变化，只是轮廓对应点的位置发生了变化，通过坐标系变换随着原坐标系原点进行平移，然后围绕平移的坐标原点旋转一个角度。

4.5.1 坐标系旋转指令格式

1. 坐标系旋转指令 G68/G69 的格式

指令格式：G68 X_ Y_ R_ ;
　　　　　G69;

指令功能：具有坐标系平移、平移坐标系坐标轴绕平移坐标原点旋转的功能。

指令说明：G68 表示坐标系旋转指令；G69 表示坐标系旋转结束指令；X_ Y_ 是坐标系平移坐标值，表示平移坐标系原点在原坐标系中的坐标值，也是坐标系旋转中心；R 是旋转角度，表示平移坐标系坐标轴绕平移坐标系原点转过的角度。

2. 坐标系旋转指令应用规则

坐标系旋转指令中旋转角度有正负号，正号表示平移坐标系坐标轴绕平移坐标系原点逆时针旋转一个角度；负号表示平移坐标系坐标轴绕平移坐标系原点顺时针旋转一个角度。

如果表示零件轮廓的主基准与原坐标的坐标轴有一个转角关系，则加工这样的零件轮廓可以运用坐标系旋转指令。具体方法是先在这个零件轮廓主基准上设置平移坐标系的原点，再把原坐标系的原点平移到这个平移坐标系的原点上，然后绕平移坐标系原点旋转一个角度。这样处理的方式符合坐标系先平移后旋转的坐标变换原则。

对于零件加工轮廓需要的坐标系旋转，在一般情况下都用子程序编写，坐标系旋转处理的零件轮廓有两种，一种是零件轮廓整体旋转变换的，另一种是零件轮廓部分旋转变换。

（1）零件轮廓整体旋转变换。对于零件轮廓需要整体旋转变换的，可以用子程序编写零件轮廓经过坐标系变换的加工程序，通过主程序坐标系旋转指令 G16 定义平移与旋转参数后调用这个子程序，也可以把这些过程全部编写在一个子程序内。

（2）零件轮廓部分旋转变换。如果零件轮廓类似正多边形，则以这个正多边形的中心为变换坐标系的原点，用正多边形一条轮廓线的走刀路线编写成子程序，这样，通过主程序坐标系旋转指令 G16 指令定义一个旋转角度后调用一次这个子程序，直至完成这个正多边形的走刀路线。如果加工正多边形型腔或凸台，则在主程序中先建立刀具半径补偿切入零件轮廓始点，再用 G16 指令定义旋转角度和调用子程序，正多边形型腔或凸台加工结束后，在主程序中编写取消刀具半径补偿指令。

4.5.2 坐标系旋转指令应用

如图4—20所示零件上的正方形凸台尺寸为60 mm×60 mm,正方形凸台长度方向基准与坐标系 X 轴的夹角为13.7°,用坐标系旋转指令编写加工程序。

加工程序见表4—11。

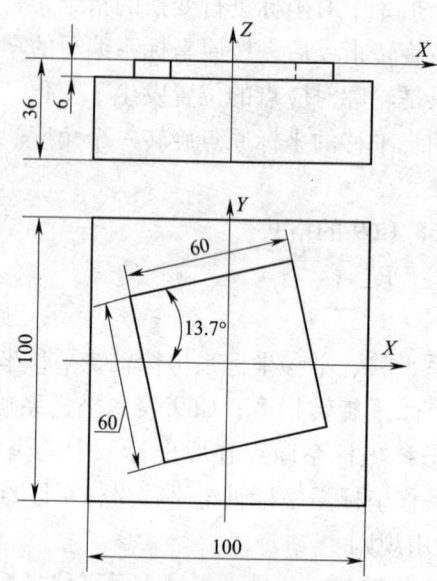

图4—20 坐标系旋转变换实例

表4—11　　　　　　　　　　　坐标系旋转指令应用

程序	说明
O1002;	程序名
G54;	设定工件坐标系
S1000 M03;	主轴正转
M08;	切削液开
G00 X-60.0 Y-60.0;	快速定位
Z2.0;	快速定位至 R 点平面(安全平面)
G01 Z-6.0 F30;	轴向进刀至底平面
G68 X0 Y0 R13.7;	坐标系旋转变换
G41 G01 X-30.0 Y-60.0 D01 F60;	建立刀具半径补偿
Y30.0;	加工正方形轮廓
X30.0;	加工正方形轮廓
Y-30.0;	加工正方形轮廓
X-60.0;	

续表

程序	说明
G40 Y-60.;	取消刀具半径补偿
G69;	取消坐标系旋转变换
G00 Z100.0;	快速退刀
M30;	程序结束

4.6 镜像指令

零件两个轮廓相似并且相对于一个基准线或两个基准线成对称分布,加工这样的轮廓可以运用镜像指令的功能,用子程序编写其中一个轮廓的加工程序,主程序调用这个子程序后,通过镜像指令再调用这个子程序。因此,对于对称分布的零件轮廓,采用子程序与镜像指令编程方法能够简化程序,减少编写加工程序的工作量。

4.6.1 镜像指令格式

1. 镜像指令 G51.1 与取消镜像指令 G50 的格式

指令格式：G51.1 X_ Y_ I_ J_ ;
　　　　　G50.1 ;

指令功能：G51.1 指令建立镜像功能,G50.1 指令取消镜像功能。

指令说明：X_ Y_ 表示镜像位置；I_ ,地址符值 -1. 表示对称 X 轴镜像,地址符值 1. 表示对称点 X 坐标相等；J_ ,地址符值 -1. 表示对称 Y 轴镜像,地址符值 1. 表示对称点 Y 坐标相等。

2. 镜像指令应用规则

（1）对称 X 轴镜像指令

指令格式：G51.1 X_ Y_ I1. J-1. ;

表示镜像轮廓对称点 X 坐标相等,Y 坐标互为相反数。

（2）对称 Y 轴镜像指令

指令格式：G51.1 X_ Y_ I-1. J1. ;

表示镜像轮廓对称点 X 坐标互为相反数,Y 坐标相等。

（3）对称镜像位置镜像指令

指令格式：G51.1 X_ Y_ I-1. J-1. ;

表示镜像轮廓对称点 X 坐标、Y 坐标都是互为相反数。

4.6.2 镜像指令应用

如图 4—21 所示的镜像轮廓深度为 3 mm,

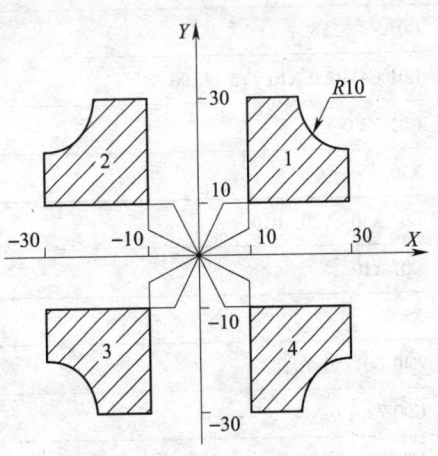

图 4—21　镜像指令编程实例

使用镜像指令编写加工程序。

加工程序见表4—12和表4—13。

表4—12　　　　　　　　　　　　　　镜像指令应用

主程序	注释
O0011;	主程序名
G90 G54;	建立工件坐标系
S600 M03;	主轴正转
M08;	切削液开
G00 X0 Y0 Z5.;	快速定位至 R 点平面（安全平面）
M98 P1000;	调用子程序，加工第一象限轮廓
G51.1 X0 Y0 I-1. J1.;	对 Y 轴镜像
M98 P1000;	调用子程序，加工第二象限轮廓
G51.1 X0 Y0 I-1. J-1.;	对原点镜像
M98 P1000;	调用子程序，加工第三象限轮廓
G51.1 X0 Y0 I1. J-1.;	对 X 轴镜像
M98 P1000;	调用子程序，加工第四象限轮廓
G50.1;	取消镜像
G00 Z100.;	快速退刀
M30;	程序结束

表4—13　　　　　　　　　　　　　　子　程　序

子程序	注释
O1000;	加工第一象限轮廓子程序
G01 Z-3. F80;	轴向进刀至底平面
D01 G41 G00 X10. Y5. F100;	建立刀具半径补偿
G01 Y30.;	
X20.;	
G03 X30. Y20. R10.;	加工第一象限轮廓
G01 Y10.;	
X5.;	
G40 G01 X0 Y0;	取消刀具半径补偿
G00 Z2.;	快速退刀
M99;	子程序结束返回主程序

4.7 缩放指令

缩放指令的功能是以比例缩放中心为基点对零件轮廓按比例放大或缩小。比例缩放中心的位置对缩放零件轮廓的位置有影响，对缩放零件轮廓的形状不会有影响。

4.7.1 比例缩放指令

1. 比例缩放指令格式

指令格式：G51 X_ Y_ Z_ P_ ;
　　　　　G50 ;

指令功能：G51 指令为建立比例缩放功能，G50 指令为取消比例缩放功能。

指令说明：X_ Y_ Z_ 表示比例缩放中心的坐标值；P 表示比例缩放系数。

2. 比例缩放指令应用规则

（1）比例系数小于1表示零件轮廓缩小，缩小轮廓比例系数的范围 $0.001 < P < 1$ 为缩小。

（2）比例系数大于1表示零件轮廓放大，放大轮廓比例系数的范围 $1 < P < 999.99$ 为放大。

（3）比例系数等于1表示零件轮廓形状不变。

（4）如图4—22所示，比例中心位置对缩放零件轮廓的位置有影响，对缩放零件轮廓的形状无影响。

4.7.2 比例缩放应用

铣削的零件轮廓如图4—23所示，第二层的三角形凸台 ABC 的顶点坐标分别为 A

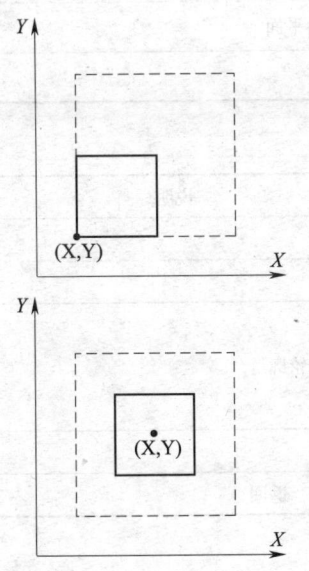

图4—22 比例缩放中心区别

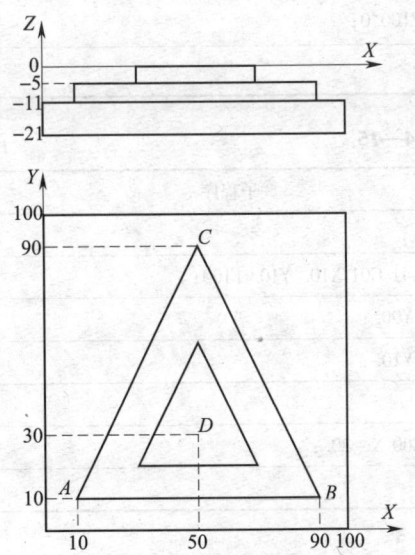

图4—23 比例缩放编程图形

(10，10)、B (90，10)、C (50，90)，第一层的三角形凸台以第二层的三角形凸台轮廓按比例缩放，比例缩放中心坐标 D (50，30)，比例缩放系数 0.5，使用比例缩放指令编写加工程序。

加工程序见表4—14和表4—15。

表4—14　　　　　　　　　　　主　程　序

主程序	说明
O0012；	主程序名
G54；	建立工件坐标系
S1000 M03；	主轴正转
M08；	切削液开
G00 X0 Y0；	快速定位
Z2.；	快速定位至R点平面（安全平面）
G01 Z-5. F80；	轴向进刀至底平面
G51 X50. Y30. P0.5；	开始比例缩放，中心（50，30），比例系数0.5
M98 P1111；	调用子程序
G50；	取消比例缩放
G00 Z2.；	快速退刀至R点平面（安全平面）
G00 X0 Y0；	重新定位
G01 Z-11. F80；	轴向进刀至底平面
M98 P1111；	调用子程序
G00 Z100.0；	退刀至初始平面
M30；	程序结束

表4—15　　　　　　　　　　　子　程　序

子程序	说明
O1111；	子程序名
D01 G41 G01 X10. Y10. F100；	建立刀补
X50. Y90.；	加工三角形轮廓
X90. Y10.；	
X10.；	
G40 G00 X-20.；	取消刀补
M99；	子程序结束，返回

4.8 数控铣床综合编程

4.8.1 轮廓铣削加工

零件轮廓加工如图 4—24 所示，轮廓深度 8 mm，背吃刀量 2 mm，铣刀直径 10 mm，要求用子程序编写加工程序。

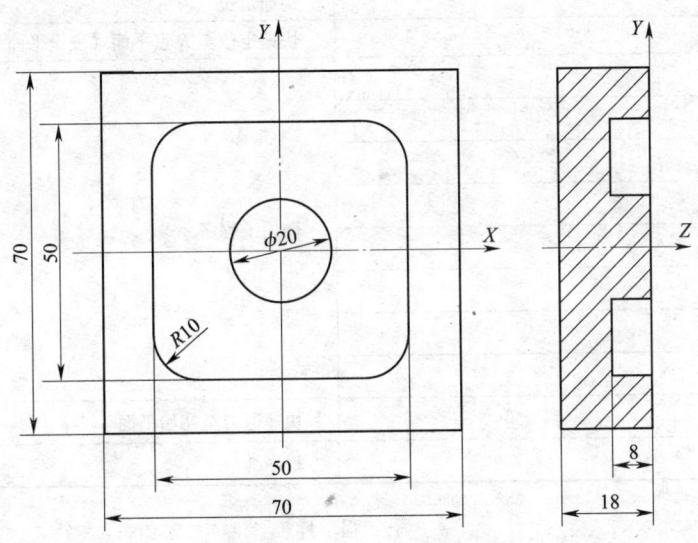

图 4—24 内外轮廓加工实例

1. 分析零件图样

零件图中有一个直径 20 mm、高 8 mm 的圆柱外轮廓，还有一个四角圆角 $R10$、深 8 mm 的正方形内轮廓。

2. 分析加工工艺

（1）零件内外轮廓对称于坯料对称面，设置工件坐标系原点与坯料对称面和上表面交点重合。

（2）零件内外轮廓在同一底平面上，刀具在此底平面上不抬刀连续加工内外轮廓。

（3）轴向切入点设定在内外轮廓的中间位置上（X-17.5，Y0）。

（4）先加工正方形内轮廓后加工圆柱形外轮廓。

3. 选择刀具

根据零件轮廓最小凹圆弧半径 10 mm，内外轮廓间距 15 mm，选用 ϕ12 mm 高速钢键槽铣刀。

4. 切削用量

主轴转速 600 r/min，轴向进给速度 30 mm/min，径向进给速度 60 mm/min。

5. 加工程序

加工程序见表4—16和表4—17。

表4—16 主 程 序

主程序	说明
O0001;	程序名
G54;	建立工件坐标系
S1000 M03;	主轴正转
M08;	切削液开
G90 G00 X-17.5 Y0;	快速定位
Z2.0;	快速定位至R点平面（安全平面）
G01 Z-2. F30;	
M98 P2000;	
G01 Z-4. F150;	
M98 P2000;	
G01 Z-6. F150;	调用子程序
M98 P2000;	
G01 Z-8. F150;	
M98 P2000;	
G00 Z100.;	快速退刀至初始平面
M30;	程序结束

表4—17 子 程 序

子程序	说明
O2000;	子程序名
G41 G01 X-25.0 Y-15 D01 F60;	
G03 X-15. Y-25. R10.;	
G01 X15.;	
G03 X25. Y-15. R10.;	
G01 Y15.;	加工正方形内轮廓
G03 X15. Y25. R10.;	
G01 X-15.;	
G03 X-25. Y15. R10.;	
G01 Y-15.;	
G03 X-15. Y-25.5 R10.;	
G42 G01 X0 Y-10. D02;	
G03 J10.;	加工圆柱外轮廓
G40 G01 X15. Y-17.5;	
G03 X-17.5 Y0 R17.5;	
M99;	子程序结束，返回主程序

4.8.2 简单曲面铣削加工

加工如图4—25所示的简单曲面(平面加工略)。

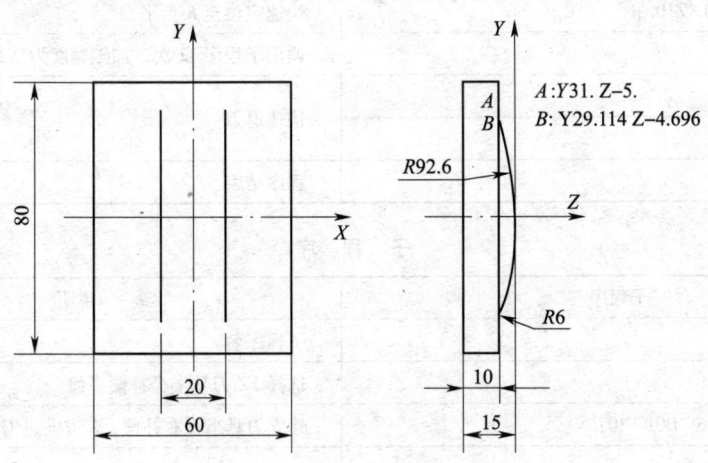

图4—25 简单曲面编程图形

1. 分析零件图样

曲面由三条圆弧构成,两侧圆弧半径 $R6$ 对称分布,小圆弧起点与终点坐标为已知值,中间圆弧半径 $R92.6$,曲面宽度 20 mm。

2. 分析加工工艺

(1) 设定矩形零件对称面与曲面交线的中点为工件坐标系原点。

(2) 采用球头铣刀加工曲面,由于刀位点是球心,对刀时刀具 Z 坐标要往下偏移球头铣刀半径值。

(3) 采用双向行切削加工法加工工件曲面轮廓。

3. 选择刀具

零件轮廓最小凹圆弧半径 6 mm,轮廓插补平面是 YZ,选用高速钢 ϕ10 mm 球头铣刀。

4. 切削用量

主轴转速 1 000 r/min,进给速度 60 mm/min。

5. 加工程序

加工程序见表4—18和表4—19。

表4—18 主 程 序

主程序	说明
O1172;	主程序名
G54	建立工件坐标系
S1000 M03;	主轴正转
M08;	切削液开

主程序	说明
G00 X-10.5 Y50. Z10. ;	快速定位至R点平面
M98 P420001;	调用子程序42次,加工宽度为 0.5×42=21 mm
G00 Z100. ;	快速退刀
G00 X100. Y100. ;	
M30;	程序结束

表4—19　　　　　　　　　　　　子　程　序

子程序	说明
O0001;	子程序名
G19;	选择YZ刀具半径补偿平面
D01 G42 G01 Z-5. D01 F30;	建立刀具半径右补偿,Z方向进刀至底平面
G01 Y31. F60;	
G02 Y29.114 Z-4.696 R6. ;	
G03 Y-29.114 Z-4.696 R92.6;	加工曲面轮廓
G02 Y-31. Z-5. R6. ;	
G01 Y-50. ;	
G40 G00 Z10. ;	取消刀具半径右补偿,快速退刀至R点平面
Y50. ;	返回起始点
G91 X0.5;	增量坐标,刀具X轴方向偏移 0.5 mm
G90;	绝对坐标
M99;	子程序结束

4.8.3　盘类零件铣削加工

加工如图4—26所示的盘类零件。

1. 分析零件图样

（1）第一层凸台由4个对称的轮廓组成,深4 mm。

（2）在第一层凸台底平面的中间是一个十字形型腔,型腔相对深度3 mm。

（3）第二层是宽度为 84.853 mm 的类似矩形凸台,深7 mm。

（4）第二层凸台底平面上有4个环形分布的孔,孔深17 mm（绝对坐标）。

2. 分析加工工艺

零件是盘类零件,采用三爪自定心卡盘夹具进行装夹,零件图轮廓由四部分组成,可以分解成4个加工模块,加工2个凸台包括去除毛刺的加工。

（1）第一个加工模块是加工如图4—27所示的四个对称凸台轮廓。

（2）第二个加工模块是加工如图4—28所示的十字形型腔。

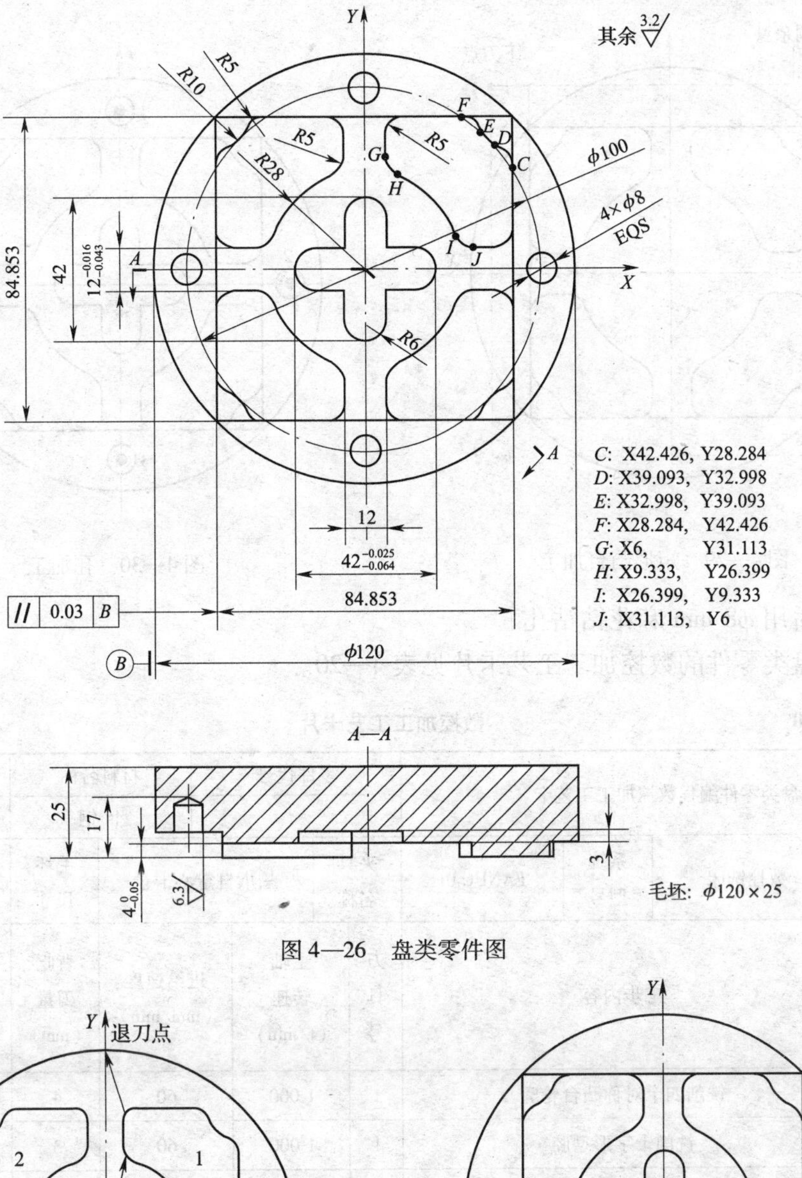
其余 3.2
Y
X
R5
R10
R5
R28
R5
F
E
D
C
G
H
$\phi100$
$4\times\phi8$
EQS
I
J
A
84.853
42
$12^{-0.016}_{-0.043}$
R6
A
C: X42.426, Y28.284
D: X39.093, Y32.998
E: X32.998, Y39.093
F: X28.284, Y42.426
G: X6, Y31.113
H: X9.333, Y26.399
I: X26.399, Y9.333
J: X31.113, Y6
12
$42^{-0.025}_{-0.064}$
// 0.03 B
84.853
$\phi120$
B
A—A
25
17
3
$4^{\ 0}_{-0.05}$
6.3
毛坯：$\phi120\times25$

图 4—26　盘类零件图

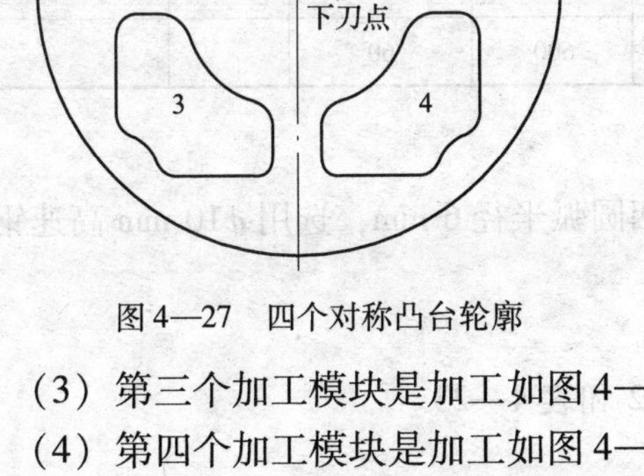
Y
退刀点
2
1
X
下刀点
3
4

图 4—27　四个对称凸台轮廓

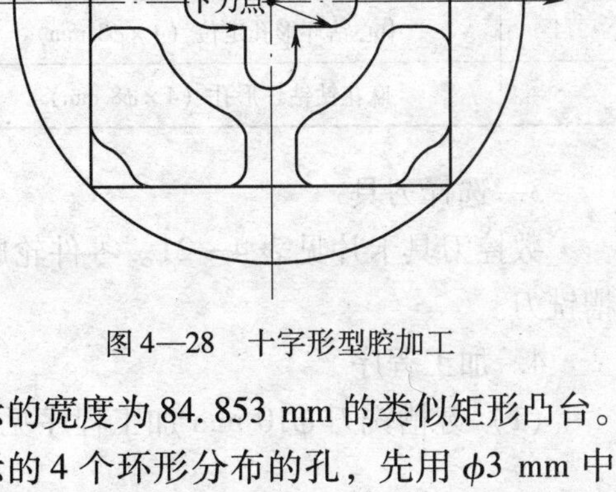
Y
X
下刀点

图 4—28　十字形型腔加工

（3）第三个加工模块是加工如图 4—29 所示的宽度为 84. 853 mm 的类似矩形凸台。

（4）第四个加工模块是加工如图 4—30 所示的 4 个环形分布的孔，先用 $\phi3$ mm 中

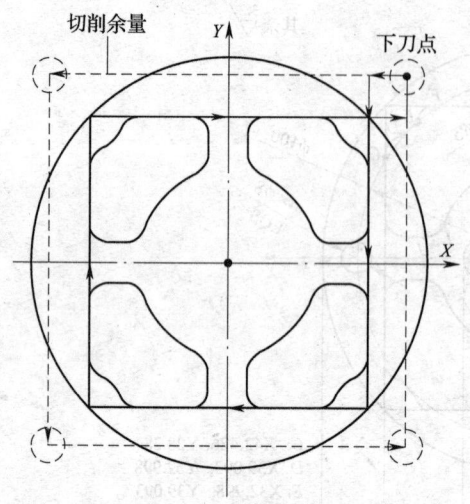 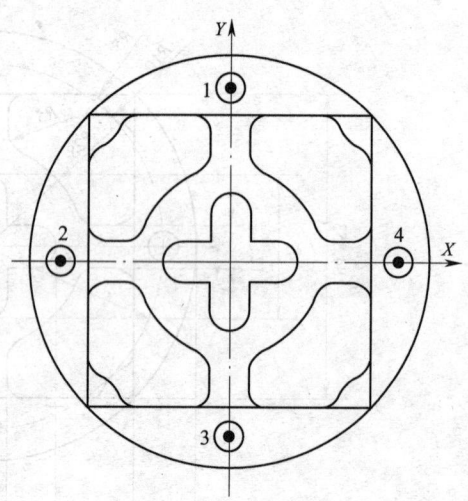

图4—29 矩形凸台加工　　　　图4—30 孔加工

心钻定位后用 φ8 mm 麻花钻钻孔。

这个盘类零件的数控加工工艺卡片见表4—20。

表4—20　　　　　　　　　数控加工工艺卡片

盘类零件编程数控加工工艺卡				零件代号		材料名称	零件数量
						45钢	1
设备名称	数控铣床	系统型号	FANUC 0i	夹具名称	三爪自定心卡盘	毛坯尺寸	φ120 mm×25 mm
工步号	工步内容			刀具号	主轴转速 (r/min)	进给速度 (mm/min)	背吃刀量 (mm)	备注
1	铣削四个对称凸台轮廓			1	1 000	60	4	
2	铣削十字形型腔			1	1 000	60	3	
3	铣削矩形凸台轮廓			1	1 000	60	3	
4	中心钻环形孔定位（4×φ3 mm）			2	2 000	30		
5	麻花钻钻环形孔（4×φ8 mm）			3	600	60		

3. 选择刀具

数控刀具卡片见表4—21。零件轮廓最小凹圆弧半径6 mm，选用 φ10 mm 高速钢键槽铣刀。

4. 加工程序

（1）键槽铣刀 φ10 mm 加工程序见表4—22 和表4—23。

表 4—21　　　　　　　　　　数控刀具卡片

序号	刀具号	刀具名称	刀具规格（mm）	刀具材料	备注
1	T01	键槽铣刀	$\phi 10$	高速钢	
2	T02	中心钻	$\phi 3$	高速钢	
3	T03	麻花钻	$\phi 8$	高速钢	

表 4—22　　　　　　　　　　铣削主程序

程序	说明
O0001；	铣削主程序
G54；	建立工件坐标系
G90 G40 G49；	设定初始条件
G17 G80 G69；	
S800 M03；	主轴正转
M08；	切削液开
G00 X0 Y0；	快速定位
Z2.；	快速定位至 R 点平面（安全平面）
G01 Z-4. F30；	轴向进给至底平面
M98 P0010；	调用子程序（加工4个象限凸台轮廓）
G51 X0 Y0 I-1. J1.；	
M98 P0010；	
G51 X0 Y0 I-1. J-1.；	
M98 P0010；	
G51 X0 Y0 I1. J-1.；	
M98 P0010；	
M98 P0020；	调用子程序（去除第一层凸台毛刺）
G01 Z-7. F30；	
M98 P0030；	调用子程序（加工十字形型腔）
G00 Z2.；	快速退刀至 R 平面
G00 X70. Y70.；	快速定位
G00 Z-7.；	轴向进刀至底平面
M98 P0040；	调用子程序（加工第二层凸台）
G00 Z100.；	快速退刀
X100. Y100.；	
M30；	程序结束

表 4—23 铣削子程序

程序	注释
O0010;	子程序（加工4个象限凸台轮廓）
G41 G01 X6. Y31.113 D01 F60;	建立刀具半径补偿
G01 Y37.426;	铣削第一象限凸台轮廓
G02 X11. Y42.426 R5.;	
G01 X28.284 Y42.426;	
G02 X32.998 Y39.093 R5.;	
G03 X39.093 Y32.988 R10.;	
G02 X42.426 Y28.284 R5.;	
G01 Y11.;	
G02 X37.426 Y6. R5.;	
G01 X31.113;	
G02 X26.399 Y9.333 R5.;	
G03 X9.333 Y26.399 R28.;	
G02 X6. Y31.113 R5.;	
G01 Y50.;	
G40 G01 X0. Y70.;	取消刀具半径补偿
G00 X0 Y0;	退刀
M99;	子程序结束
O0020;	子程序（去除第一层凸台毛刺）
G01 X12. F60;	圆弧起点
G03 I-12.;	加工整圆
G01 X20.;	圆弧起点
G03 I-20.;	加工整圆
G01 X56.;	圆弧起点
G03 I-56.;	加工整圆
G01 X0;	回起始位置
M99;	子程序结束
O0030;	子程序（加工十字形型腔）

续表

程序	注释
G41 G01 X15. Y-6. D01 F200;	建立刀具半径补偿
G03 Y6. R6.;	
G01 X6.;	
Y15.;	
G03 X-6. R6.;	
G01 Y6.;	
X-15.;	
G03 Y-6. R6.;	加工十字形型腔
G01 X-6.;	
Y-15.;	
G03 X6. R6.;	
G01 Y-6.;	
X15.;	
G03 Y6. R6.;	
G40 G01 X0 Y0;	取消刀具半径补偿
M99;	子程序结束
O0040;	子程序（加工第二层凸台）
G01 X56. Y56. F60;	
Y-56.;	
X-56.;	铣削外轮廓
Y56.;	
X56.;	
G01 G41 X42.426 D01;	建立刀具半径补偿
Y-42.426;	
X-42.426;	铣削内轮廓
Y42.426;	
X56.;	
G40 Y56;	取消刀具半径补偿
M99;	子程序结束

（2）中心钻 $\phi 3$ mm 加工程序见表 4—24 和表 4—25。

表 4—24　　　　　　　　　　中心钻钻孔主程序

程序	说明
O0002;	钻中心孔主程序
G54;	建立工件坐标系

续表

程序	说明
G90 G40 G49;	设定初始条件
G17 G80 G69;	
S2000 M03;	主轴正转
M08;	切削液开
Z2.;	快速定位至R点平面（安全平面）
G00 X50. Y0;	轴向进给至底平面
M98 P0050;	中心钻定位（4个环形孔）
G00 X0. Y-50;	
M98 P0050;	
G00 X-50. Y0;	
M98 P0050;	
G00 X0. Y50;	
M98 P0050;	
G00 Z100.;	快速退刀
X100. Y100.;	
M30;	程序结束

表 4—25　　　　　　　　　　　　　中心钻钻孔子程序

程序	说明
O0050;	子程序号
G01 Z-3. F30;	中心孔定位
G00 Z2.;	快速退刀至R点平面
M99;	子程序结束

（3）麻花钻 $\phi 8$ mm 加工程序见表 4—26 和表 4—27。

表 4—26　　　　　　　　　　　　　麻花钻钻孔主程序

程序	说明
O0003;	麻花钻钻孔主程序
G54;	建立工件坐标系
G90 G40 G49;	设定初始条件
G17 G80 G69;	
S600 M03;	主轴正转
M08;	切削液开
Z2.;	快速定位至R点平面（安全平面）

续表

程序	说明
G00 X50. Y0;	轴向进给至底平面
M98 P0060;	
G00 X0. Y−50.;	
M98 P0060;	
G00 X−50. Y0;	麻花钻钻孔（4个环形孔）
M98 P0060;	
G00 X0. Y50.;	
M98 P0060;	
G00 Z100.;	快速退刀
X100. Y100.;	
M30;	程序结束

表 4—27　　　　　　　　　　麻花钻钻孔子程序

程序	说明
O0060;	子程序号
G01 Z−17. F60;	中心孔定位
G00 Z2.;	快速退刀至 R 点平面
M99;	子程序结束

思考与练习

1. 非模态代码与模态代码有什么区别？
2. 如何判定立式铣床和卧式铣床坐标系坐标轴的方向？
3. 板类和盘类零件工件零点一般如何设置？
4. 在圆弧插补中如何判断圆弧的切削方向？
5. 在数控铣床铣削加工中为什么要进行刀具半径补偿？如何补偿？
6. 什么是顺铣？什么是逆铣？顺逆铣各有什么特点？如何选用？
7. 编写如图 4—31 所示板类零件的数控铣削加工程序。
8. 编写如图 4—32 所示盘类零件的数控铣削加工程序。

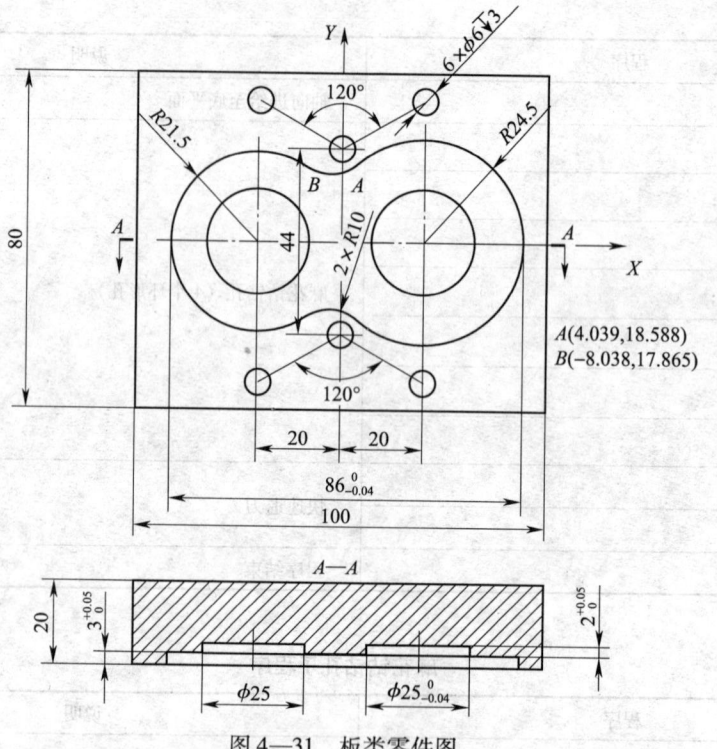

图4—31 板类零件图

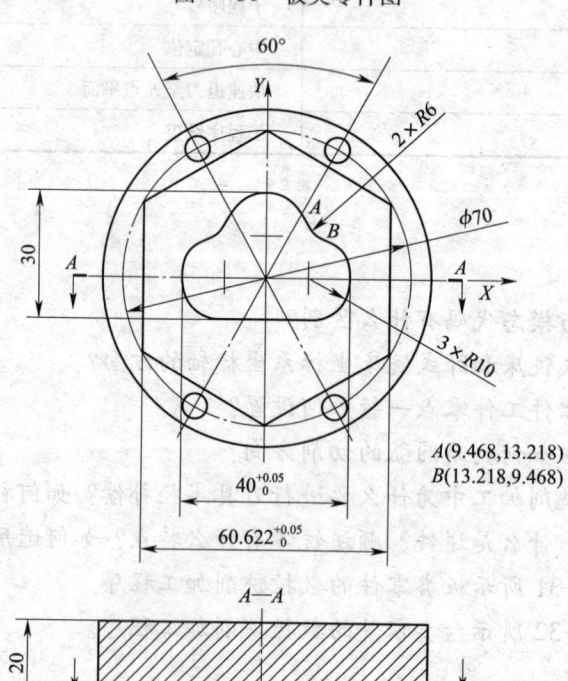

图4—32 盘类零件图

第 5 章
加工中心编程

5.1 加工中心坐标系

5.2 孔加工固定循环指令

5.3 加工中心刀具补偿

5.4 加工中心综合编程

加工中心由数控系统、伺服系统、机械本体、液压系统、刀库等各部分组成，是用于加工复杂轮廓工件的高效率自动化机床。加工中心与数控铣床的主要区别是加工中心备有刀库，具有自动换刀功能，是典型的机电一体化产品。加工中心装夹工件与刀具后，数控系统能控制机床按不同工序自动更换刀具、自动改变主轴转速与进给量等参数，能完成钻削、镗削、铣削、铰削、攻螺纹等多道工序的加工，因而大大减少了加工的辅助时间。加工中心对形状复杂、精度要求高的零件，具有良好的经济效益。

5.1 加工中心坐标系

加工中心的工作原理是数控系统把输入程序中的数字化信息转换成脉冲信息，通过伺服系统控制机床运动部件用刀具对工件进行切削加工。

由此可见，数字化对数控机床控制系统非常重要。数控机床数字化的方法，一般是建立一个坐标系，把零件轮廓分解为基点，把零件轮廓的尺寸转化为基点坐标，进而用基点坐标表示零件轮廓，形成轮廓轨迹与走刀路线，因此坐标系对于数控机床加工非常重要。如图5—1所示为立式加工中心坐标系，如图5—2所示为卧式加工中心坐标系。

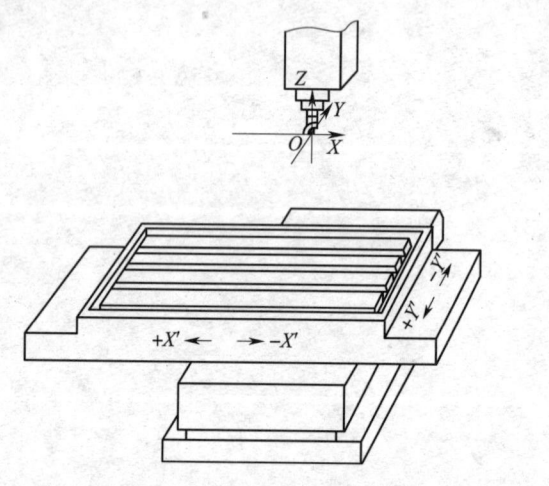

图5—1 立式加工中心坐标系

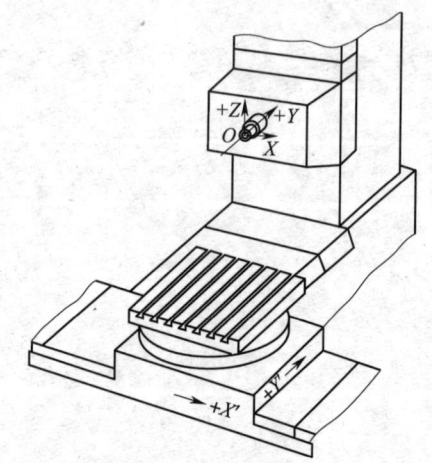

图5—2 卧式加工中心坐标系

5.1.1 机床坐标系

机床坐标系是加工中心的基本坐标系。机床坐标系的原点也称机械原点、回零点及机床参考点。机床坐标系原点是数控机床上固有的点，其位置由生产厂家所设定，一般不能随意改变。

加工中心选用增量式编码器，在接通电源后要做回零操作。加工中心断电后，数控系统将失去各坐标位置的记忆，在接通电源后，数控机床运动部件通过挡块与回零限位开关固定在特殊位置上,这个固定位置就是机床坐标系原点,也称机械原点机床参考点,也就是数控系统的初始化建立了机床坐标系。

加工中心选用绝对式编码器,在接通电源后不需要做回零操作。绝对式编码器的基准记忆在数控系统中,这个基准就是机床坐标系的基准。绝对式编码器不会产生累积误差,控制精度高于增量式编码器,操作与使用方便。

5.1.2 工件坐标系

加工中心是数字化机床,编写加工程序需要编程坐标系,一般情况下编程坐标系坐标轴与零件图的设计基准重合,用这个坐标系的坐标表示的零件轮廓基点的空间位置,形成了零件的轮廓轨迹,成为加工程序的刀具轨迹。

加工中心对零件进行加工,首先要通过对刀,把编程坐标系移植到工件上变为工件坐标系。所谓对刀就是建立工件坐标系原点在机床坐标系中的坐标值。通过坐标系平移原理,用机床坐标系表示用编程坐标系建立的零件轮廓基点坐标,这样加工中心数控系统可以直接控制刀具对零件进行切削加工。

建立工件坐标系的操作步骤:

1. 建立编程坐标系

设定编程坐标系的原则:要求坐标系的坐标轴与零件图的设计基准重合,根据零件轮廓定位尺寸把分散的尺寸基准转变为集中的尺寸基准,这样便于计算零件轮廓的基点坐标。对于板类零件,编程坐标系的原点设置在零件的左下角与零件表面的交点上,或者设置在零件对称面与零件表面的交点上;对于盘类零件则设置在零件中心轴与零件表面的交点上。如果遇到复杂零件,根据图形轮廓多个分散的尺寸基准分别设置工件坐标系,并且用对应的 G54—G59 坐标系指令表示。

2. 移植编程坐标系到工件上转变为工件坐标系

用对刀方法,把编程坐标系移植到工件上转变为工件坐标系,要求建立的工件坐标系坐标轴与编程坐标系对应坐标轴重合,与机床坐标系对应坐标轴平行。如果零件图各个轮廓尺寸分别用分散基准表示,也可以 G52 局部坐标指令进行坐标系原点平移,按平移坐标系编写轮廓基点坐标,对应零件轮廓的加工指令编写结束,再用 G52 局部坐标指令把平移坐标系原点返回到原来工件坐标系上。

3. 数控系统通过参数偏置寄存对刀参数

通过对刀方法在工件上建立工件坐标系,把工件坐标系原点在机床坐标系中的坐标值参数寄存在数控系统对应的工件坐标系中。

4. 数控系统按加工程序调用工件坐标系指令

数控系统根据加工程序的工件坐标系指令,利用寄存在数控系统中的工件坐标系原点与机床坐标系原点的对应关系,根据坐标系平移原理,用机床坐标系表示工件坐标系(即原编程坐标系)的轮廓基点坐标,从而控制刀具运动,对零件进行切削加工。

5.2 孔加工固定循环指令

孔加工固定循环指令具有钻孔、镗孔、铰孔、攻螺纹等孔加工功能。采用孔加工固定循环指令编写孔加工程序，可以完成一个孔加工所需要的全部动作。孔加工固定循环指令是模态指令。使用孔加工固定循环指令后，只要编写各个孔的位置坐标就能按指令完成所有孔的加工。这样的编程方式简化了加工程序，提高了编程的工作效率，同时也节省了数控系统的存储空间。

5.2.1 孔加工固定循环概述

1. 孔加工的基本动作

孔加工固定循环指令能独立完成钻孔、镗孔、铰孔和攻螺纹等孔加工工艺。一个孔加工固定循环指令在加工过程中包含六个动作，如图 5—3 所示。

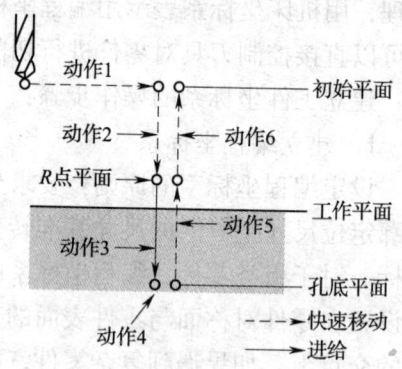

图 5—3 孔加工中的六个基本动作

（1）动作 1。快速运动孔定位，由 X 轴与 Y 轴坐标设定。

（2）动作 2。快速运动至 R 点平面（安全平面），此平面又为快速运动与进给运动的分界面。

（3）动作 3。孔加工运动，钻削塑性材料有进刀与退刀往复的进给运动。

（4）动作 4。孔底动作，精镗孔刀具有准停、径向位移等动作。

（5）动作 5。孔加工结束，退回到参考点（R 点平面），由 G99 指令设定。

（6）动作 6。孔加工结束，快速返回初始平面，由 G98 指令设定。

用孔加工固定循环指令编写加工程序，一般，孔的中心点位置设定在 XY 平面上，Z 轴方向对零件上的孔进行钻削加工。孔加工的种类很多，其加工工艺分别选用不同的孔加工固定循环指令来实现。

孔加工固定循环动作见表 5—1，常用的孔加工固定循环有 G73、G74、G76、G80—G89 等指令。由于孔加工固定循环指令是模态指令，需要用 G80 指令撤销孔加工固定循环指令的功能。

表 5—1 孔加工固定循环动作

G 代码	加工动作（−Z）	孔底动作	退刀动作（+Z）	用途
G73	间歇进给	—	快速进给	高速深孔加工循环
G74	切削进给	暂停、主轴正转	切削进给	攻左螺纹循环
G76	切削进给	主轴准停	快速进给	精镗孔循环

续表

G 代码	加工动作（-Z）	孔底动作	退刀动作（+Z）	用途
G80	—	—	—	撤销循环
G81	切削进给	—	快速进给	钻孔循环
G82	切削进给	暂停	快速进给	带停顿的钻孔循环
G83	间歇进给	—	快速进给	深孔加工循环
G84	切削进给	暂停、主轴反转	切削进给	攻右螺纹循环
G85	切削进给	—	切削进给	镗孔循环
G86	切削进给	主轴停	快速进给	镗孔循环
G87	切削进给	主轴正转	快速进给	反镗孔循环
G88	切削进给	暂停、主轴停	手动	镗孔循环
G89	切削进给	暂停	切削进给	镗孔循环

2. 孔加工过程中的四个平面

（1）初始平面。初始平面是为了安全操作而设定的定位刀具的平面。初始平面到零件表面的距离可以任意设定。若使用同一把刀具加工若干个孔，当孔间存在障碍需要跳跃或全部孔加工完成后，可用 G98 指令使刀具返回初始平面；对于连续加工多个孔，而且孔间无障碍的工况，则选用 G99 指令使刀具返回 R 点平面，这样可缩短加工辅助时间。

（2）R 点平面。R 点平面又叫 R 参考平面。这个平面表示刀具从快进转为工进的分界面。R 点平面距工件表面的距离主要取决于工件表面的实际状况，一般可取 2~5 mm。

（3）孔底平面。Z 坐标表示孔底平面位置，一般用麻花钻的横刃定位。加工通孔时要考虑麻花钻锋角的轴向尺寸与钻头伸出工件孔底平面的长度，保证通孔全部加工到位。钻削盲孔时也要考虑麻花钻锋角的轴向尺寸。

（4）工件平面。工件平面一般指工件的上表面或最高表面，工件坐标系 Z 轴坐标原点设置在工件平面上。

5.2.2 孔加工固定循环指令格式

1. 指令格式

$$\left.\begin{matrix}G98\\G99\end{matrix}\right\} G73\ (G74/G76/G81\text{—}G89)\ X\_\ Y\_\ Z\_\ R\_\ Q\_\ P\_\ I\_\ J\_\ F\_\ L\_\ ;$$

2. 指令说明

（1）G98 或 G99 指令。如图 5—4 所示，G98 指令表示刀具返回初始平面，G99 指令表示刀具返回 R 点平面。

（2）G73、G74、G76 和 G81—G89 指令。G73 表示高速深孔加工循环、G74 表示攻左螺纹循环、G76 表示精镗孔循环、G81—G89 表示各种孔加工固定循环。

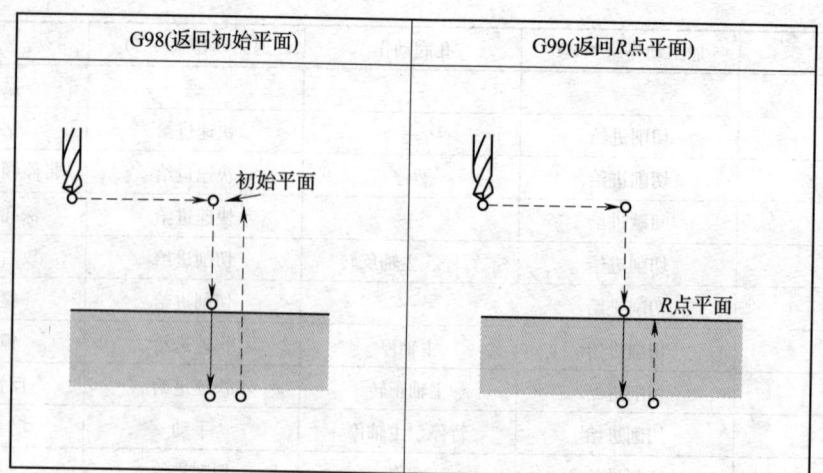

图 5—4 指定返回平面

（3）G90（机床默认）或 G91 指令。如图 5—5 所示，G90 指令定义绝对坐标编程方式，R 点平面与工件底面位置坐标分别表示为离开工件坐标系原点的距离；G91 指令定义相对坐标编程方式，R 点平面表示为工件初始平面至 R 点平面的距离（一般为坐标负方向），工件底面表示为 R 点平面到工件底平面的距离（一般为坐标负方向）。

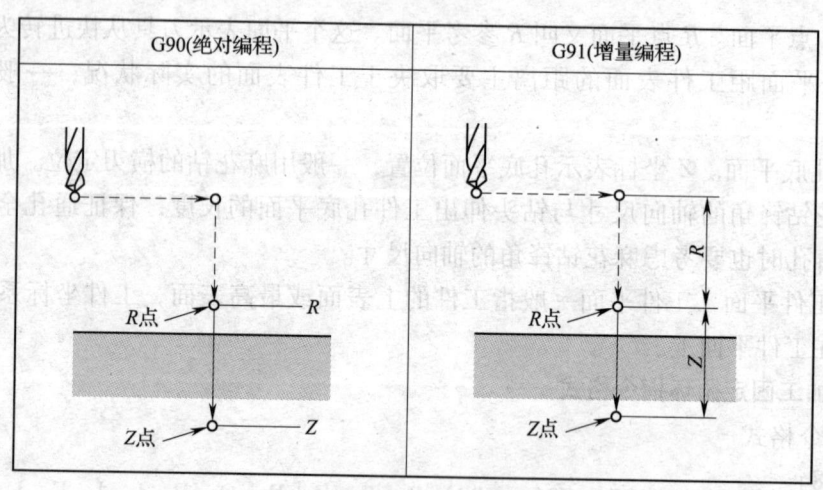

图 5—5 绝对和增量坐标表示法

（4）X_、Y_。X_、Y_ 表示孔的位置坐标，绝对坐标定义为孔的中心离开工件坐标系原点的距离，增量坐标定义为初始平面上刀具轴线至工件上孔轴线之间的距离。

（5）Z_。Z_ 表示工件孔底平面的位置坐标，绝对坐标定义为工件孔底平面离开工件坐标系原点的距离（一般为负值），增量坐标定义为 R 点平面至工件孔底平面的距离（一般为负值）。

(6) R_ 。R_ 表示 R 点平面的坐标位置，绝对坐标定义为离开工件坐标系原点的距离（一般为正值），增量坐标定义为初始平面至 R 点平面的距离（一般为负值）。

(7) Q_ 。Q_ 表示每次轴向进给深度，钻削塑性材料时起断屑作用。

(8) P_ 。P_ 表示刀具在孔底的暂停时间。

(9) J_ 。J_ 表示刀具准停后刀尖朝刀尖反方向的移动量。

(10) F_ 。F_ 表示切削进给速度。

(11) L_ 。L_ 表示重复执行固定循环指令的次数。

5.2.3 孔加工固定循环指令说明

1. 高速深孔加工循环指令 G73

指令格式：G73 X_ Y_ Z_ R_ Q_ F_ ；

指令功能：高速深孔加工。

指令说明：X_ Y_ Z_ 为孔底中心坐标；R_ 为 R 点平面坐标；Q_ 为进给深度；F_ 为切削速度。

钻孔深度与钻孔直径之比大于 5 的孔称为深孔。钻削塑性材料的深孔的工艺要求为断续钻孔，孔加工固定循环指令 G73 具有这个功能，在钻孔中由于钻头的退刀距离很小（0.4~0.8 mm），因此称 G73 指令为高速深孔加工循环指令，其加工循环过程如图 5—6 所示。

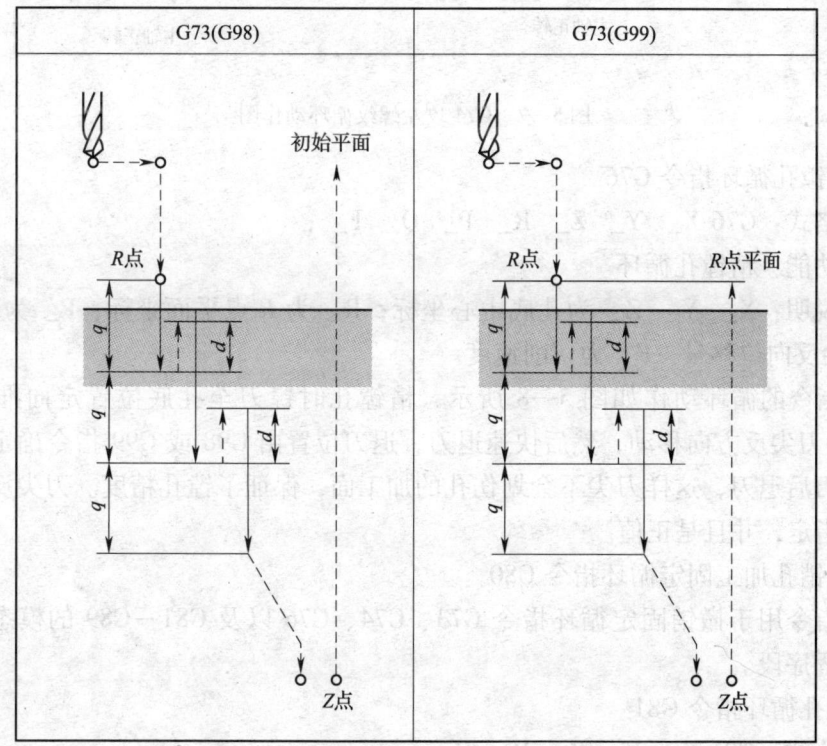

图 5—6　G73 高速深孔加工循环动作图

2. 攻左螺纹循环指令 G74

指令格式：G74 X_ Y_ Z_ R_ F_ ；

指令功能：攻左螺纹。

指令说明：X_ Y_ Z_ 为孔底中心坐标；R_ 为 R 点平面坐标；F_ 为攻螺纹的进给速率。

G74 指令主要用于攻左螺纹，其循环动作如图 5—7 所示，先是主轴反转，螺纹孔中心快速定位，轴向快进至 R 点平面，然后以 F 指定的进给速率对螺纹孔攻螺纹，至孔底位置后主轴正转，刀具返回 R 点平面或初始平面后又恢复原来主轴转向（反转）。

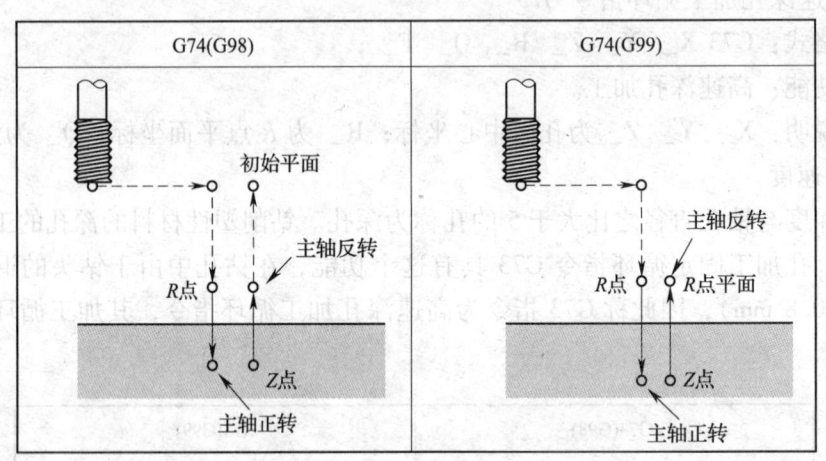

图 5—7 G74 攻左螺纹循环动作图

3. 精镗孔循环指令 G76

指令格式：G76 X_ Y_ Z_ R_ P_ Q_ F_ ；

指令功能：精镗孔循环。

指令说明：X_ Y_ Z_ 为孔底中心坐标；R_ 为 R 点平面坐标；P_ 为暂停时间；Q_ 为刀尖反向位移量；F_ 为切削速度。

G76 指令的循环动作如图 5—8 所示，精镗孔时镗刀至孔底位置定向准停（见图 5—9），向刀尖反方向移动，然后快速退刀，退刀位置由 G98 或 G99 指令确定。镗孔结束刀尖让刀后退刀，这样刀尖不会划伤孔的加工面，保证了镗孔精度。刀尖反向位移量用由 Q_ 指定，并且是正值。

4. 撤销孔加工固定循环指令 G80

G80 指令用于撤销固定循环指令 G73、G74、G76 以及 G81—G89 的模态，一般单独列一个程序段。

5. 钻孔循环指令 G81

指令格式：G81 X_ Y_ Z_ R_ F_ ；

指令功能：钻孔循环。

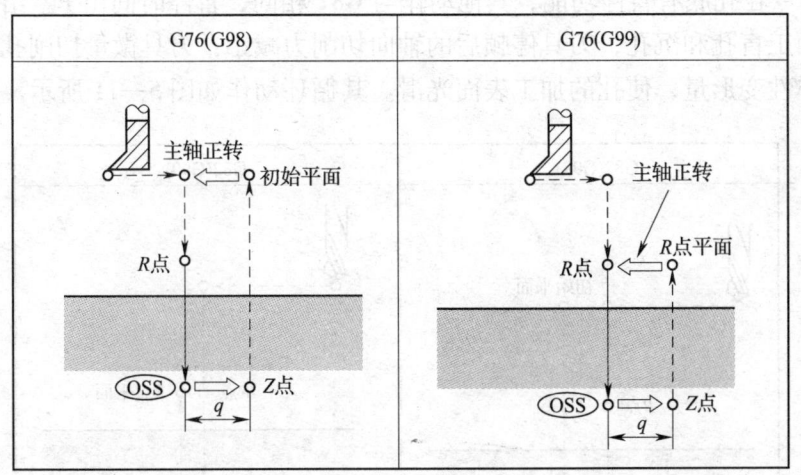

图 5—8　G76 精镗孔循环动作图

指令说明：X_ Y_ Z_ 为孔底中心坐标；R_ 为 R 点平面坐标；F_ 为切削速度。

G81 指令为钻孔循环指令，循环动作如图 5—10 所示，钻头以指定进给速度钻孔，由于钻孔精度要求不高，钻头到达孔底位置后快速退回，加工过程无孔底动作，这样的钻孔方式工作效率高。G81 指令适用于脆性材料的钻削加工。

6．带停顿的钻孔循环指令 G82

指令格式：G82 X_ Y_ Z_ R_ F_ P_ ；

指令功能：钻头在孔底有停顿功能。

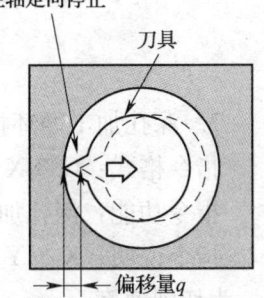

图 5—9　主轴定向准停

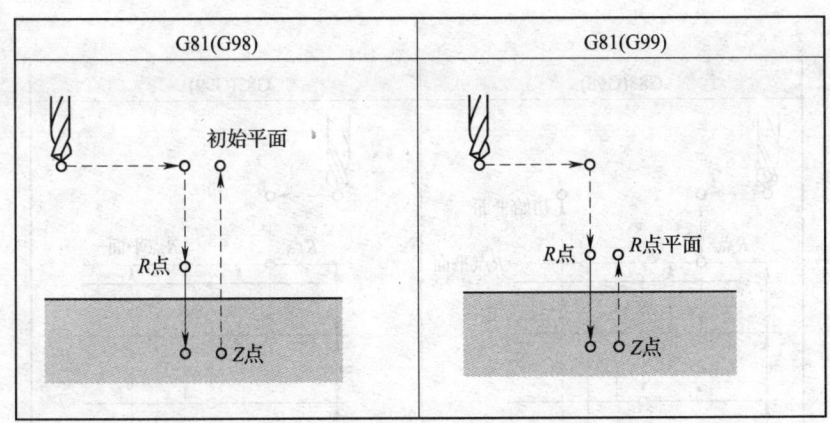

图 5—10　G81 钻孔循环动作图

指令说明：X_ Y_ Z_ 为孔底中心坐标；R_ 为 R 点平面坐标；P_ 为暂停时间；F_ 为切削速度。

G82 指令在孔底有暂停功能,其他动作与 G81 相同,暂停时间由 P_ 给出。此指令主要用于加工盲孔和沉孔,刀具停顿后的轴向切削力减小,刀具微量切削孔底平面或孔台阶面的弹性变形量,使孔的加工表面光滑。其循环动作如图 5—11 所示。

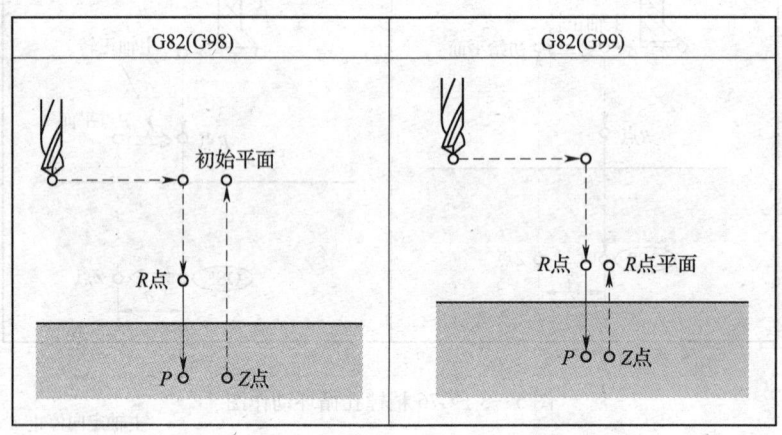

图 5—11　G82 带停顿的钻孔循环动作图

7. 深孔加工循环指令 G83

指令格式:G83 X_ Y_ Z_ R_ Q_ F_ ;

指令功能:深孔加工循环。

指令说明:X_ Y_ Z_ 为孔底中心坐标;R_ 为 R 点平面坐标;Q_ 为进给深度;F_ 为切削速度。

G83 指令的特点:钻头每次进给钻削后退刀至 R 点平面,刀具离开工件表面有利于切削液对工件的冷却,特别适合加工不锈钢类的韧性材料。其循环动作如图 5—12 所示。

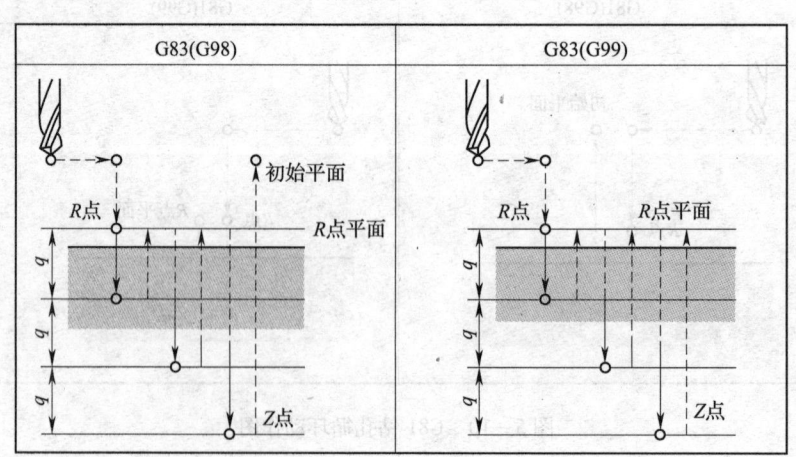

图 5—12　G83 深孔加工循环动作图

8. 攻右螺纹循环指令 G84

指令格式：G84 X_ Y_ Z_ R_ F_ ；

指令功能：攻右螺纹。

指令说明：X_ Y_ Z_ 为孔底中心坐标；R_ 为 R 点平面坐标；F_ 为攻螺纹的进给速率。

G84 指令主要用于攻右螺纹，其循环动作如图 5—13 所示，先是主轴正转，螺纹孔中心快速定位，轴向快进至 R 点平面，然后以 F 指定的进给速率攻螺纹，至孔底位置后主轴反转，刀具返回 R 点平面或初始平面后，又恢复原来的主轴转向（正转）。

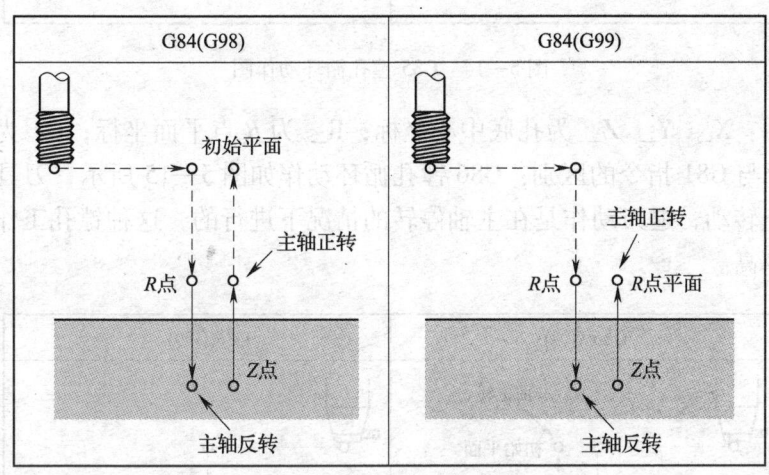

图 5—13　G84 攻右螺纹循环动作图

执行 G74 或 G84 攻螺纹固定循环指令，进给速度倍率旋钮无效，即使按下进给暂停键，机床在指令固定循环动作结束之前也不会停止。

9. 镗孔循环指令 G85

指令格式：G85 X_ Y_ Z_ R_ F_ ；

指令功能：用于镗孔与铰孔加工。

指令说明：X_ Y_ Z_ 为孔底中心坐标；R_ 为 R 点平面坐标；F_ 为切削速度。

G85 镗孔加工循环指令的特点：如图 5—14 所示，刀具以进给速度镗孔，到达孔底位置后没有孔底动作，以同样的进给速度退刀。

G85 镗孔循环指令适用于镗孔与铰孔的加工工艺，刀具退刀过程中进给速度保持不变，由于刀具对加工表面的压力减小，因而能够继续微量切除加工表面的弹性变形量，以改善孔加工的表面质量，保证孔的尺寸公差和同轴度和圆度等形位公差。

10. 镗孔循环指令 G86

指令格式：G86 X_ Y_ Z_ R_ F_ ；

指令功能：镗孔循环。

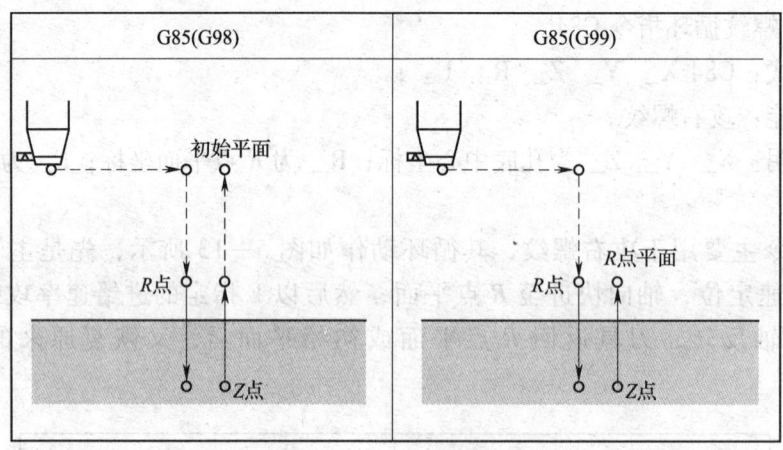

图 5—14　G85 镗孔循环动作图

指令说明：X_　Y_　Z_ 为孔底中心坐标；R_ 为 R 点平面坐标；F_ 为切削速度。

G86 指令与 G81 指令的区别：G86 镗孔循环动作如图 5—15 所示，刀具到达孔底位置后主轴停止转动，退刀动作是在主轴停转的情况下进行的，这种镗孔工作方式，快速退刀工作效率高。

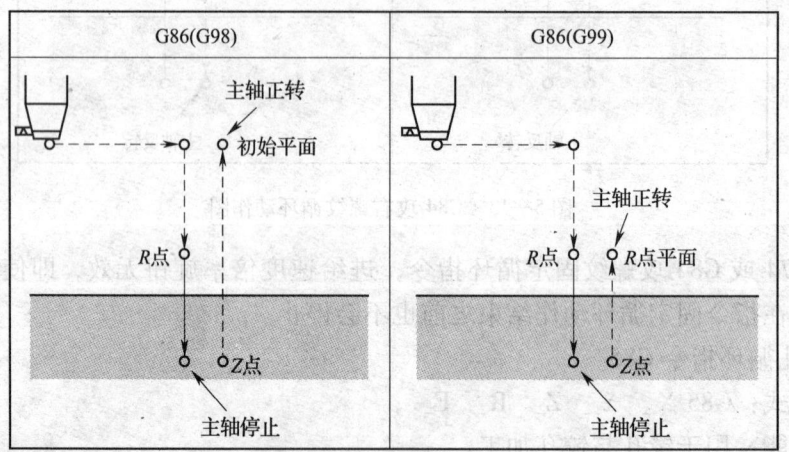

图 5—15　G86 镗孔循环动作图

11. 反镗孔循环指令 G87

指令格式：G87 X_　Y_　Z_　R_　Q_　F_ ；

指令功能：适用于反镗孔。

指令说明：X_　Y_　Z_ 为孔底中心坐标；R_ 为 R 点平面坐标；Q_ 为刀尖反向位移量；F_ 为切削速度。

反镗孔循环指令 G87 很有特色，它能满足工件一次装夹之后完成多道工序加工的工艺要求。G87 反镗孔循环动作如图 5—16 所示，刀具到达 R 点平面以后，走刀方向与其他循环指令相反，零件的 R 点平面在工件下表面之下，刀具的进给运动与坐标轴同

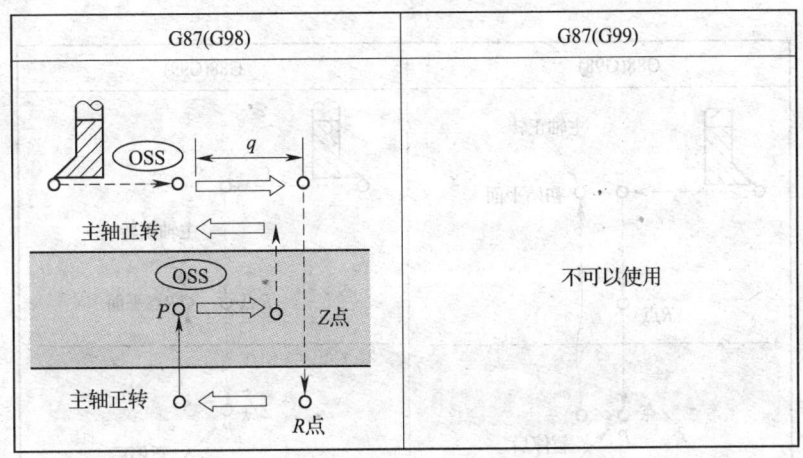

图 5—16 G87 反镗孔循环动作图

向,即从下向上镗孔。

在反镗孔过程中,刀具有四次准停,伴随有四次刀尖位移。

(1) 刀具定位后准停,并且刀尖反向位移。

(2) 刀具至 R 点平面准停,并且刀尖同向位移,随后主轴正转。

(3) 刀具向上镗孔,进给至孔底平面准停,并且刀尖反向位移。

(4) 刀具退刀至初始平面准停,并且刀尖同向位移完成反镗孔的循环加工。

由于反镗孔循环过程中刀尖频繁位移,因此不适宜使用 G99 指令的工作模式。

12. 镗孔循环指令 G88

指令格式:G88 X_ Y_ Z_ R_ P_ F_ ;

指令功能:手动镗孔循环。

指令说明:X_ Y_ Z_ 为孔底中心坐标;R_ 为 R 点平面坐标;P_ 为暂停时间;F_ 为切削速度。

G88 镗孔循环动作如图 5—17 所示,刀具到达孔底暂停后,主轴旋转与进给自动进入停止状态,刀具需通过手动方式退刀,刀具从孔中安全退出后,如果还需要加工则按循环启动按钮,刀具快速返回 R 点平面或初始平面,至孔的中心位置主轴恢复正转,继续执行 G88 固定循环指令。

13. 镗孔循环指令 G89

指令格式:G89 X_ Y_ Z_ R_ F_ P_ ;

指令功能:镗孔循环加工。

指令说明:X_ Y_ Z_ 为孔底中心坐标;R_ 为 R 点平面坐标;F_ 为切削速度;P_ 为暂停时间。

G89 镗孔循环指令与 G85 镗孔循环指令一样,按进给运动速度进刀与退刀,两者的唯一区别是 G89 在刀具到达孔底后有停顿,对于加工孔或阶梯孔能提高加工面的表面质量。G89 镗孔循环动作如图 5—18 所示。

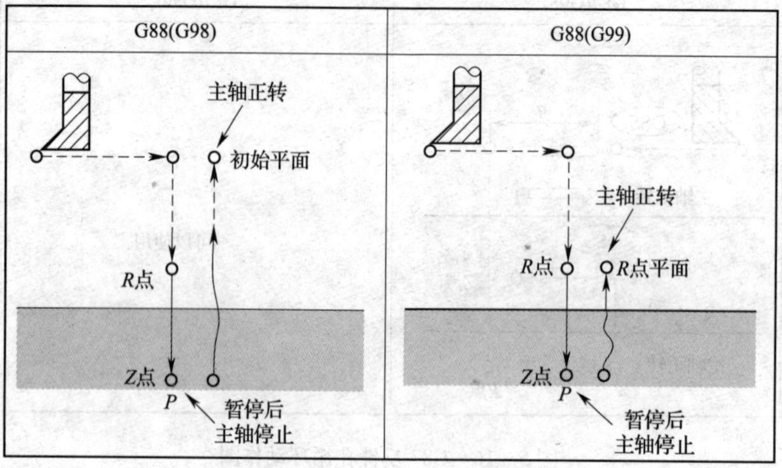

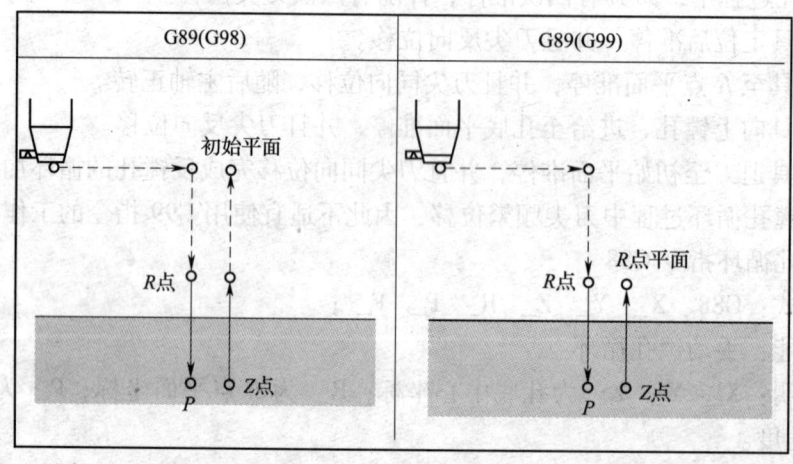

图 5—17 G88 镗孔循环动作图

图 5—18 G89 镗孔循环动作图

5.2.4 孔加工进给路线

1. 同向进给走刀路线法

加工多个孔时，如果刀具同向定位，不存在滚珠丝杠传动副的传动间隙；如果刀具反向定位，则滚珠丝杠传动副的反向传动间隙不可避免地会影响加工孔的定位精度。

如图 5—19a 所示，在工件上精镗孔 $4 \times \phi 30H7$，镗孔加工路线如图 5—20 所示。

（1）如图 5—20a 所示，加工 4 个孔，X 方向定位，孔Ⅰ、孔Ⅱ、孔Ⅲ由于同向定位不存在定位误差，加工孔Ⅳ时由于刀具反向运动，滚珠丝杠传动副的反向传动间隙会造成孔的定位误差；Y 方向定位，孔Ⅲ、孔Ⅳ相对于孔Ⅰ、孔Ⅱ一次走刀定位，不存在孔的定位误差。

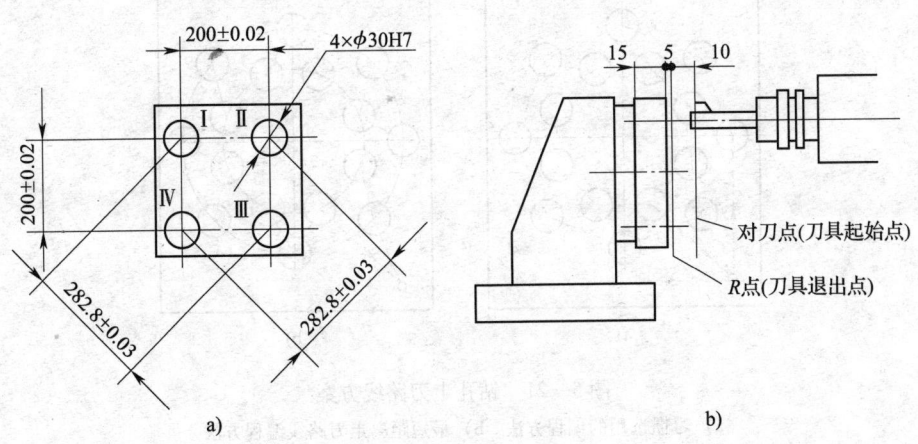

图 5—19　镗孔加工示意图

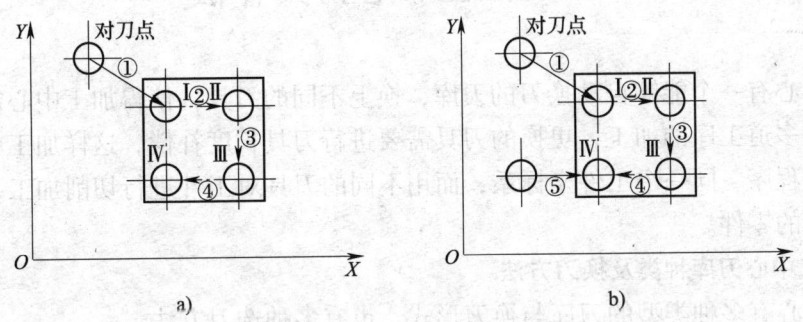

图 5—20　镗孔加工路线示意图
a) 存在定位误差的走刀路线　b) 消除定位误差的走刀路线

（2）如图 5—20b 所示，加工孔Ⅲ时，刀具反向运动经过孔Ⅳ后再反向运动，刀具的 2 次反向运动抵消了滚珠丝杠传动副的反向传动间隙，这样保证了孔Ⅳ的定位精度。

（3）如图 5—19b 所示的刀具轴向定位走刀路线，加工第二个孔时，先退刀至对刀点或 R 平面，然后进刀切削加工，这样经过 2 次反向运动抵消了滚珠丝杠传动副的反向传动间隙，保证了孔的轴向定位精度。

2. 最短距离走刀路线法

编写孔的加工程序，要求在保证孔加工定位精度的前提下尽量减少刀具空行程时间，以提高孔加工效率。如图 5—21 所示，加工内外两排环形孔。图 5—21a 所示是习惯选用的编程方法，先加工同一圆周上均布的 8 个孔，再加工另一圆周上均布的 8 个孔；图 5—21b 是最短距离走刀路线编程方法，交替加工内外圆周上的环形孔，这样走刀路线的空行程最短，钻孔效率最高。

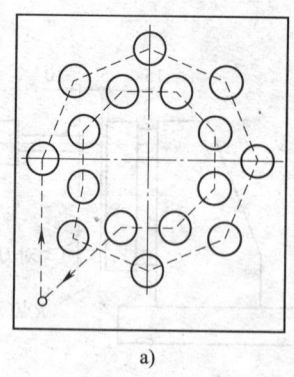 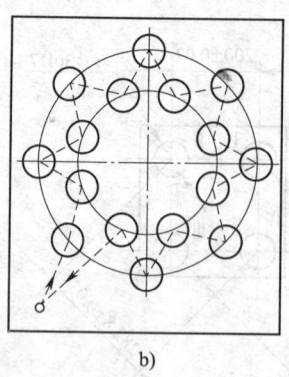

图 5—21 钻孔走刀路线方案
a) 习惯选用的编程方法 b) 最短距离走刀路线编程方法

5.3 加工中心刀具补偿

加工中心有一个能够自动换刀的刀库，换上不同的刀具，使得加工中心能够实现一次装夹完成多道工序的加工，更换的刀具需要进行刀具长度补偿，这样加工中心能够用同一个加工程序、同一个工件坐标系，而用不同的刀具对工件进行切削加工，加工出符合图样要求的零件。

5.3.1 加工中心刀库种类及换刀方法

加工中心有多种类型的刀库与换刀形式，也有多种选刀方法。

1. 加工中心刀库种类

盘式刀库与链式刀库是加工中心典型的刀库类型。

（1）盘式刀库。盘式刀库结构简单、紧凑，一般存放的刀具不超过 32 把，盘式刀库又可分为刀臂式刀库与斗笠式刀库（见图 5—22）。

图 5—22 斗笠式刀库

1) 刀臂式刀库（见图5—23）。刀臂式刀库更换刀具分选刀与换刀两个过程。选刀包括选择刀具，转动刀盘使选中刀具置于换刀位置。选刀指令可以与换刀指令分开，把选刀指令与插补指令放在同一个程序段中，这样两个指令可以同时执行，选刀操作不影响主轴上当前刀具对工件的切削加工，从而节省了选刀辅助时间，提高了加工中心的工作效率。因此，合理的编程方法应该把选刀指令与换刀指令编写在不同的程序段中。刀臂式刀库换刀操作步骤如下：

图5—23　刀臂式刀库

第一步，加工中心做好选刀准备，把选中的刀具放置在换刀位置上。

第二步，主轴当前刀具取消刀具长度补偿，回机床换刀参考点。

第三步，卸刀操作。机械刀臂转动90°分别抓住主轴上当前刀具与刀盘上选中要更换的刀具并且向下卸刀。

第四步，换刀操作。机械刀臂转动180°交换刀具。

第五步，装刀操作。机械刀臂向上装刀，把选中的刀具装在主轴上，把更换下来的刀具装在刀盘的刀座上。

第六步，机械刀臂复位，机械刀臂旋转90°至初始位置。

刀臂式刀库换刀迅速，整个换刀过程只需要2 s。刀臂式刀库的刀具容量等于刀库中刀座数加上主轴上　把当前刀具。分析刀臂式刀库换刀过程可知，它是把主轴上当前刀具放置在选中刀具号的刀座上，可见刀臂式刀库的刀座可以交换放置不同的刀具，因此其刀座号与放置刀具的刀位号不呈一一对应关系。

2) 斗笠式刀库。斗笠式刀库没有转动刀臂，结构简单，但是换刀速度较慢，斗笠式刀库刀具容量等于刀库中的刀座数量。斗笠式刀库换刀操作分卸刀、选刀与装刀三个步骤：

第一步，卸刀操作。主轴当前刀具取消刀具长度补偿，回机床换刀参考点，斗笠式刀盘向右移动，主轴当前刀具装入斗笠式刀盘的刀座中，主轴向上卸刀。

第二步，选刀操作。斗笠式刀库选中更换的刀具至换刀位置。

第三步，装刀操作。主轴向下装刀，斗笠式刀盘向左移动，更换下来的刀具脱离刀座，装在主轴上成为当前刀。

由此可见，斗笠式刀库空刀位刀座号与主轴上当前刀的刀位号呈一一对应关系。

(2) 链式刀库。如图5—24所示为链式刀库，链式刀库的装刀容量大，适合机床规格大、装刀数量多的加工中心。链式刀库多为轴向取刀，换刀速度较慢。

2. 加工中心选刀方式

加工中心选刀方式有顺序选择刀具方式和任意选择刀具方式。

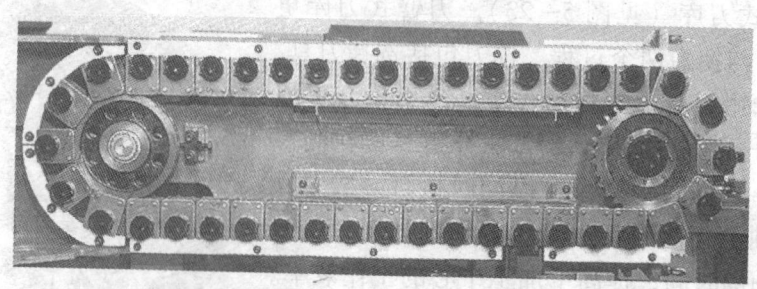

图 5—24 链式刀库

（1）顺序选择刀具方式。顺序选择刀具方式是将加工所需要的刀具，按照预先确定的加工顺序依次安装在刀座中，换刀时，刀库按顺序转动。这种换刀方式与控制方法简单，但是刀库中刀具排列顺序与选用刀具顺序必须一致，不能有差错。

（2）任意选择刀具方式。任意选择刀具方式是对刀具或刀座进行编码，其刀具管理又可以分为刀具编码方式和刀座编码方式。

1）刀具编码方式。刀具编码方式是使用安装在刀柄上的编码元件（如编码环、编码螺钉等）预先对刀具进行编码，再将刀具放在刀座中，换刀时通过编码识别装置选择需要的刀具。采用刀具编码方式可以把刀具放在刀库的任意刀座中，而且换下的刀具不必放回原来的刀座中，刀库中的刀具可以在不同的工序中调用。

2）刀座编码方式。斗笠式刀库与刀臂式刀库选刀都采用刀座编码方式，但在使用上有所不同。

①斗笠式刀库刀座编码方式。在选刀与换刀过程中，刀具编号与刀座编号相对应，在刀盘中始终有一个空的刀座，而且空的刀座始终对着装有当前刀的主轴。

②刀臂式刀库刀座编码方式。由于刀臂换刀在一个刀座中可以放置不同刀号的刀具，也就是说，刀座编号与刀具编号没有对应关系，而是通过数控系统寄存刀座编号地址与刀具编号地址来建立刀座编号与刀具编号的相互关系。

目前，任意选择刀具方式应用最广泛。这种选择刀具方式操作方便，只要在加工程序中编写选刀指令与换刀指令，整个选刀与换刀过程都由计算机控制完成。加工中心刀库上设置机械原点，每次选刀时刀库正反方向运动都不会超过180°的范围。

5.3.2　加工中心换刀指令

1. 换刀指令格式

指令格式：T_ M06；

指令功能：具有选刀功能与换刀功能。

指令说明：T_ 为选刀指令；M06 为换刀指令。

2. 换刀指令应用

（1）对于刀臂式刀库，选刀指令与换刀指令应该分别编写在不同的程序段中，这样选刀操作不影响刀具对工件的切削加工，提高了加工中心的工作效率。

（2）对于斗笠式刀库，选刀指令与换刀指令应该放置在同一个程序段中，这样换刀不易产生误操作。

（3）表5—2为数控系统换刀时有自动关闭切削液泵，自动停止主轴转动功能的编程格式。

（4）表5—3为数控系统在换刀前要求编写切削液泵关闭、主轴停止转动、刀具回换刀参考点等指令的编程格式。

上述这些编程格式的变化取决于数控系统中PLC对数控机床硬件设备的控制。

表5—2　　　　　　　　　　　选刀与换刀指令的应用一

程序	注释
M06 T01；	系统关闭机床辅助操作，至换刀位置换取1号刀具
……	
M06 T03；	系统关闭机床辅助操作，至换刀位置换取3号刀具
……	
M06 T04；	系统关闭机床辅助操作，至换刀位置换取4号刀具
……	
M06 T05；	系统关闭机床辅助操作，至换刀位置换取5号刀具

表5—3　　　　　　　　　　　选刀与换刀指令的应用二

程序	注释
M09；	关闭机床辅助操作
M05；	
G91 G28 Z0；	Z轴回零点
M06 T03；	主轴上更换为3号刀
G90；	绝对坐标
……	
M09；	关闭机床辅助操作
M05；	
G91 G28 Z0；	Z轴回零点
M06 T04；	主轴上更换为4号刀
G90；	绝对坐标
……	
M09；	关闭机床辅助操作
M05；	
G91 G28 Z0；	Z轴回零点
M06 T05；	主轴上更换为5号刀
G90；	绝对坐标
……	

5.3.3 加工中心刀具补偿指令

1. 刀具半径补偿

加工中心刀具半径补偿原理及补偿方法与数控铣床一样,在这里不再重复叙述。刀具半径补偿指令在实际操作中具有很多的功能。

(1) 简化加工程序的编写。按加工零件轮廓进行编程,通过刀具半径补偿使刀具中心偏离工件轮廓半径值,数控系统自动计算这个刀具的刀心轨迹,并控制刀心轨迹切削加工零件。这种编程方法简单实用。

(2) 运用刀具半径补偿原理设定零件粗加工、半精加工与精加工的余量。

(3) 用刀具半径补偿量补偿刀具的磨损量。

(4) 用增大刀具半径补偿量的方法铣削内外轮廓的毛刺。

使用这个方法有局限性,刀具半径补偿量不能超过轮廓凹圆弧的半径值,也要避免过切相邻零件轮廓。

(5) 如果运用宏程序编写刀具半径补偿量以及用在线输入刀具半径补偿值的方法,则能对复杂工件轮廓进行曲线倒角。

2. 刀具长度补偿原理

加工中心在零件加工过程中有自动换刀功能,安装第一把刀(基准刀)时用对刀方法把编程坐标系移植到工件上使之成为工件坐标系,基准刀加工结束后更换其他刀具进行切削加工,由于刀具长度变化,可以用更改程序,或更改工件坐标系,或对刀具长度进行补偿的方法来解决这个问题,一般情况下都采用刀具长度补偿的方法。

如图 5—25 所示,主轴装上 T01 刀具在对刀位置上的坐标值为 Z_1(基准刀)。主轴上更换成 T02 或 T03 刀具后,刀具的坐标值应不变,还是 Z_1。如图 5—26 所示,移动 T02 与 T03 刀具在对刀位置上,刀具坐标值也将相应改变,那么,用刀具长度补偿公式可以计算更换成一般刀后的刀具长度补偿值。

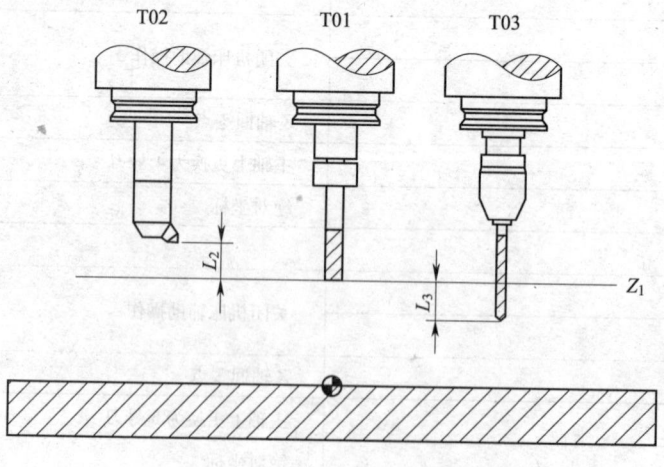

图 5—25 用刀具长度差值设定偏移值

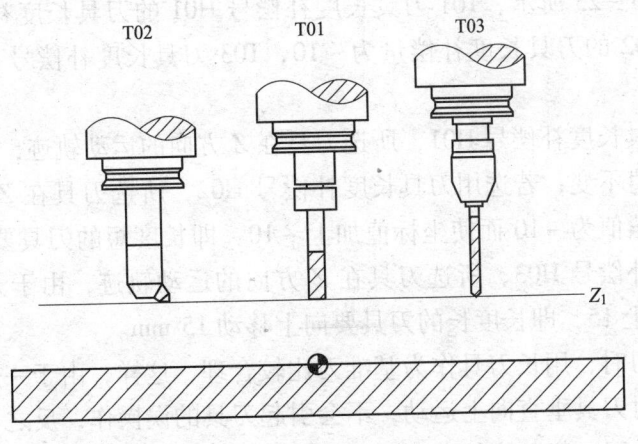

图5—26 经过长度补偿后的刀具位置

$$L_i = Z_i - Z_1$$
$$L_1 = Z_1 - Z_1 = 0$$
$$L_2 = Z_2 - Z_1 \text{（负值）}$$
$$L_3 = Z_3 - Z_1 \text{（正值）}$$

由此可见，加工中心可以用刀具长度补偿公式计算值对刀具长度进行补偿，T01刀具在 Z 方向刀具运动的坐标值加上 L_1，由于 L_1 为零，刀具运动坐标值不变；T02刀具在 Z 方向刀具运动的坐标值加上 L_2，由于 L_2 为负值，刀具向下补偿，L_2 坐标值与 T01 刀具位置保持一致；T03刀具在 Z 方向刀具运动的坐标值加上 L_3，由于 L_3 为正值，刀具向上补偿，L_3 坐标值也与 T01 刀具位置保持一致。

综上所述，加工中心运用刀具长度补偿原理，所有刀具都可以用基准刀建立的工件坐标系及编写的加工程序完成各道工序对零件的加工。

同理，运用刀具长度补偿原理，可以留出工件底平面粗加工与半精加工的余量，可以用测量计算结果修正精加工的刀具长度补偿量，从而满足轮廓底平面尺寸精度的要求。在加工过程中，对于刀具的磨损、重磨或换刀后的刀具长度变化量，也可以通过修正刀具长度补偿值来补偿。

3. 刀具长度补偿指令 G43、G44、G49

指令格式：G43/G44 G00（G01）Z_ H_ ;
　　　　　G49 G00（G01）Z_ ;

指令功能：G43 为刀具长度正补偿，G44 为刀具长度负补偿，G49 为取消刀具长度补偿。

指令说明：Z_ 为刀具建立长度补偿的位置；H_ 为刀具长度补偿号。

刀具长度补偿指令 G43、G44、G49 是非运动指令，只有通过 G00 或 G01 运动指令才能建立对应刀具的长度补偿量。刀具长度补偿号不等于刀具号，如 T01 H01，表示选用 1 号刀具、1 号刀具长度补偿号；T01 H03，表示选用 1 号刀具、3 号刀具长度补偿号。

例如，如图 5—25 所示，T01 刀具长度补偿号 H01 的刀具长度补偿量为 0，T02 刀具长度补偿号 H02 的刀具长度补偿量为 -10，T03 刀具长度补偿号 H03 的刀具长度补偿量为 15。

如果选用刀具长度补偿号 H01，所选刀具在 Z 方向的运动轨迹，由于刀具长度补偿值为 0 而使坐标值不变；若选用刀具长度补偿号 H02，所选刀具在 Z 方向的运动轨迹，由于刀具长度补偿值为 -10 而使坐标值加上 -10，即长度短的刀具要向下移动 10 mm；若选用刀具长度补偿号 H03，所选刀具在 Z 方向的运动轨迹，由于刀具长度补偿值为 15 而使坐标值加上 15，即长度长的刀具要向上移动 15 mm。

加工中心对刀时，用长刀具作为基准刀比较合理，这样，由于一般刀为短刀具，取消刀具长度补偿时刀具垂直向上运动，不会引起刀具的误操作；反之，若用短刀具作为基准刀，这样，由于一般刀为长刀具，取消刀具长度补偿时刀具垂直向下运动，容易产生刀具的误操作。

4. 刀具长度补偿指令应用

如图 5—25 所示，T01 为基准刀，通过对刀建立工件坐标系，T02 与 T03 为一般刀，通过对刀计算刀具长度的补偿量。用刀具长度补偿指令编写的加工程序见表 5—4。

表 5—4　　　　　用刀具长度补偿指令编写的加工程序

程序	注释
O0043;	程序名
G54;	建立工件坐标系
G91 G28 Z0;	主轴在 Z 方向回参考点
T01 M06;	调用 1 号刀具
G90 G43 G00 Z50. H01;	1 号刀建立刀具长度正补偿，长度补偿值为 0，刀具处于 Z50 位置
……	1 号刀具加工轮廓
G49 G00 Z50.;	1 号刀取消刀具长度补偿，刀具处于 Z50 位置
G91 G28 Z0;	主轴在 Z 方向回参考点
T02 M06;	调用 2 号刀具
G90 G43 G00 Z50. H02;	2 号刀建立刀具正补偿，长度补偿值为 -10，刀具处于 Z40 位置
……	2 号刀具加工轮廓
G49 G00 Z50.;	2 号刀取消刀具长度补偿，刀具处于 Z50 位置
G91 G28 Z0;	主轴在 Z 方向回参考点
T03 M06;	调用 3 号刀具
G90 G43 G00 Z50. H03;	3 号刀建立刀具正补偿，长度补偿值为 15，刀具处于 Z65 位置
……	3 号刀具加工轮廓
G49 G00 Z50.;	3 号刀取消刀具长度补偿，刀具处于 Z50 位置
M30;	程序结束

5.4 加工中心综合编程

5.4.1 加工中心模块化编程

加工中心的主要特点是一次装夹后能够完成多道工序的加工。因此，在加工中心编程中，常常以换刀之后的加工或以一道工序的加工作为一个加工模块，通过加工模块编写加工程序称为模块化编程。加工模块中包含设置工艺参数、换刀、刀具长度补偿、定位、刀具半径补偿、轮廓加工、取消刀具半径补偿、退刀和取消刀具长度补偿等操作。模块化编程法应用见表5—5，表中包括设置工艺参数、刀具定位、轮廓加工、退刀4个步骤。

表5—5　　　　　　　　　　　　　　模块化编程法应用

程序	注释
O0054;	程序名
G54;	调用1号刀，设置工艺参数
G91 G28 Z0;	
T01 M06;	
S_ M03;	
G90 G43（G44）G00 Z_ H01;	刀具定位
G00 X_ Y_ ;	
G00 Z5.;	
G01 Z_ F_ ;	
G41（G42）G01 X_ Y_ F_ D01;	轮廓加工
……	
G40 G01 X_ Y_ ;	
G01 Z5.;	退刀
G49 G00 Z_ ;	
M05;	调用2号刀，设置工艺参数
G91 G28 Z0;	
T02 M06;	
S_ M03;	
G90 G43（G44）G00 Z_ H02;	刀具定位
G00 X_ Y_ ;	
G00 Z5.;	
G01 Z_ F_ ;	

续表

程序	注释
G41（G42）G01 X_ Y_ F_ D02；	轮廓加工
……	
G40 G01 X_ Y_ ；	
G01 Z5.；	退刀
G49 G00 Z_ ；	
M30；	程序结束

5.4.2 孔加工程序

1. 矩形排列孔加工程序

如图5—27所示，零件坯料厚度为12 mm，选用直径为10 mm的麻花钻，钻深15 mm，工件坐标系设定在零件左下角与零件的上表面上，用固定循环指令编写孔加工程序。

矩形排列孔加工程序见表5—6和表5—7。

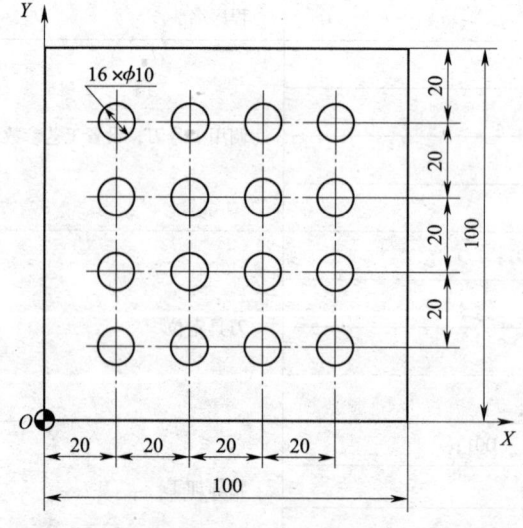

图5—27 矩形排列孔

表5—6　　　　　矩形排列孔加工程序（主程序）

程序	注释
O0001；	程序名
G54；	设置切削参数
G90 G40 G49；	
G17 G80 G69；	
G91 G28 Z0；	
M06 T01；	
S1000 M03；	

续表

程序	注释
G90 G43 Z100. H01;	定位
G00 X0 Y0;	
M98 P040002;	孔加工（调用子程序 4 次）
G49 G00 Z100.;	退刀
G00 X100. Y100.;	
M30;	程序结束

表 5—7　　　　　　　　　矩形排列孔加工程序（子程序）

程序	注释
O0002;	子程序名
G91 G01 Y20. F200;	Y 轴正方向相对位移 20 mm
G90 G99 G83 X20. Z-15. R5. Q5. F80;	所在行钻第一列孔
X40.;	所在行钻第二列孔
X60.;	所在行钻第三列孔
X80.;	所在行钻第四列孔
G80;	取消固定循环指令
G00 X0;	退刀回初始位置
M99;	子程序结束返回主程序

2. 环形排列孔加工程序

如图 5—28 所示，零件坯料厚度为 12 mm，选用直径为 10 mm 的麻花钻，钻深 15 mm，工件坐标系设定在零件中心与零件的上表面上，用固定循环指令编写孔加工程序。

环形排列孔加工程序见表 5—8 和表 5—9。

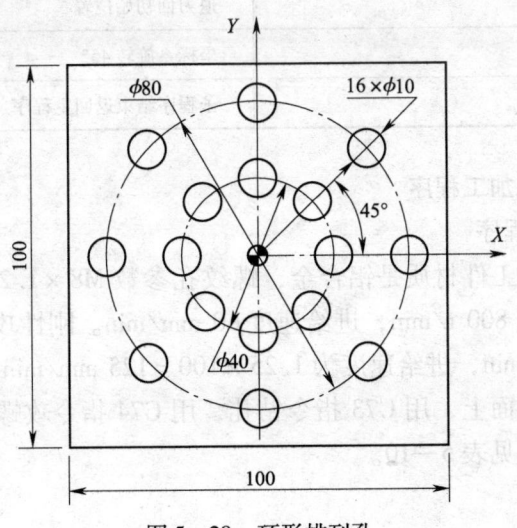

图 5—28　环形排列孔

表 5—8　　　　　　　　　　环形排列孔加工程序（主程序）

程序	注释
O0001;	程序名
G54;	设置切削参数
G90 G40 G49;	
G17 G80 G69;	
G91 G28 Z0;	
M06 T01;	
S1000 M03;	
G90 G43 Z100. H01;	定位
G00 X0 Y0;	
M98 P080002;	孔加工（调用子程序8次），取消坐标旋转变换
G69;	
G49 G00 Z100.;	退刀
G00 X100. Y100.;	
M30;	程序结束

表 5—9　　　　　　　　　　环形排列孔加工程序（子程序）

程序	注释
O0002;	子程序名
G90 G99 G81 X20. Y0 Z-15. R5. F100;	钻 $\phi 40$ mm 圆周上的孔
X40. Y0;	钻 $\phi 80$ mm 圆周上的孔
G80;	取消固定循环指令
G00 X0 Y0;	退刀回初始位置
G91 G68 X0 Y0 R45.;	坐标系旋转45°
M99;	子程序结束返回主程序

5.4.3　钻螺纹孔与铰孔加工程序

1. 钻螺纹孔加工程序

如图 5—29 所示，工件材质是铝合金，螺纹孔参数 M8×1.25—LH，切削参数：钻头 $\phi 6.8$ mm，主轴转速 800 r/min，进给速度 60 mm/min。刚性攻螺纹参数：丝锥 M8×1.25，主轴转速 100 r/min，进给速度为 1.25×100 = 125 mm/min。工件坐标系设定在零件左下角与零件的上表面上，用 G73 指令钻孔，用 G74 指令攻螺纹。

钻螺纹孔加工程序见表 5—10。

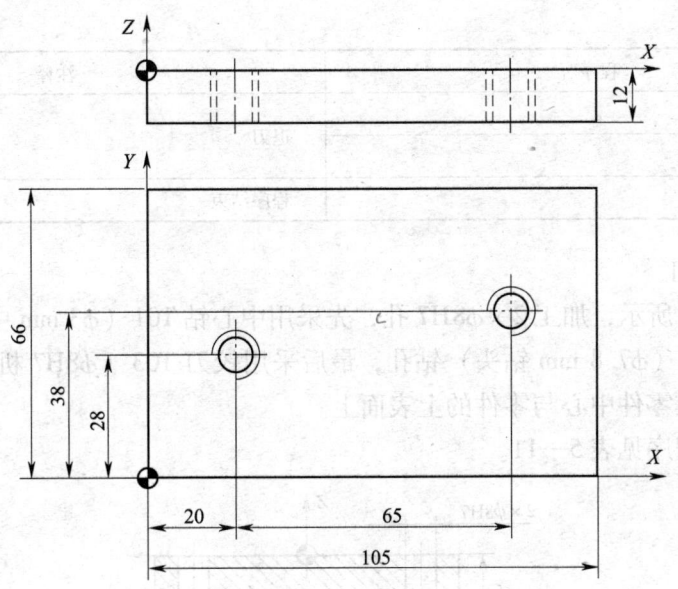

图 5—29　钻螺纹孔

表 5—10　　　　　　　　　　钻螺纹孔加工程序

程序	注释
O0074；	程序名
G54；	设置切削参数（钻孔）
G90 G40 G49；	
G17 G80 G69；	
G91 G28 Z0；	
M06 T01；	
S800 M03；	
G90 G43 G00 Z100. H01；	定位
G99 G73 X20. Y28. R3. Z-15. Q3.0 F60；	钻孔加工
X85. Y38.；	
G80；	
G49 G00 Z100.	退刀
M05；	
G91 G28 Z0；	设置切削参数（攻螺纹）
M06 T02；	
S100 M04；	
G00 G43 G00 Z100. H02；	定位
G98 G74 X20. Y28. R3. Z-15. F125；	攻螺纹加工
X85. Y38.；	
G80；	

程序	注释
G00 G49 Z100.;	退刀
X100. Y100.;	
M30;	程序结束

2. 铰孔加工

如图5—30所示，加工 $2\times\phi 8H7$ 孔，先采用中心钻 T01（$\phi 3$ mm 中心钻）定位，再采用麻花钻 T02（$\phi 7.8$ mm 钻头）钻孔，最后采用铰刀 T03（$\phi 8H7$ 机铰刀）铰孔。工件坐标系设定在零件中心与零件的上表面上。

铰孔加工程序见表5—11。

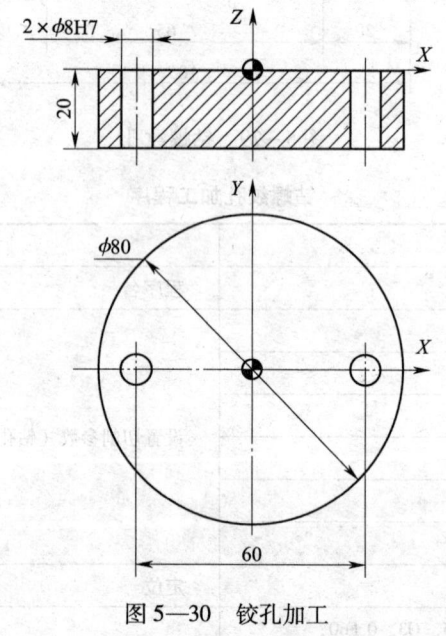

图5—30 铰孔加工

表5—11　　　　　　　　　　　铰孔加工程序

程序	注释
O0531;	程序名
G54;	
G90 G40 G49;	
G17 G80 G69;	设置切削参数（中心钻）
G91 G28 Z0;	
M06 T01;	
S2000 M03;	
G90 G43 G00 Z100. H01;	定位

续表

程序	注释
G99 G81 X30. Y0 Z-3. R5. P1000 F100;	中心钻定位
X-30.;	
G80;	
G49 G00 Z100.;	退刀
M05	设置切削参数（麻花钻）
G91 G28 Z0;	
M06 T02;	
S800 M03;	
G90 G43 G00 Z100. H02;	定位
G99 G83 X30. Y0 Z-24. R5. Q8. F100;	麻花钻钻孔
X-30.;	
G80;	
G49 G00 Z100.;	退刀
M05;	设置切削参数（铰孔）
G91 G28 Z0;	
M06 T03;	
M03 S400;	
G90 G43 G00 Z20. H03;	定位
G99 G85 X30. Y0 Z-24. R5. F100;	铰刀铰孔
X-30.;	
G80;	
G49 G00 Z100.;	退刀
X100. Y100.;	
M30;	程序结束

5.4.4 加工中心综合编程实例

如图 5—31 所示的铝合金工件，要求采用 G81 指令中心钻定位、G83 指令钻孔，G82 指令铣沉孔，G76 指令镗孔，G84 指令攻右螺纹。

1. 分析图样与加工工艺

(1) 中心坐标 (15, 45) 沉孔，分 3 道工序加工，中心钻定位、$\phi 5$ mm 钻头钻孔、$\phi 10$ mm 立铣刀铣沉孔。

(2) 中心坐标 (40, 15) 螺纹孔，分 3 道工序加工，中心钻定位、$\phi 5.2$ mm 钻头钻孔、M6 丝锥攻螺纹。

(3) 中心坐标 (90, 30) 精镗孔，分 4 道工序加工，中心钻定位、$\phi 15$ mm 钻头钻孔、$\phi 29$ mm 钻头扩孔、精镗刀镗孔。

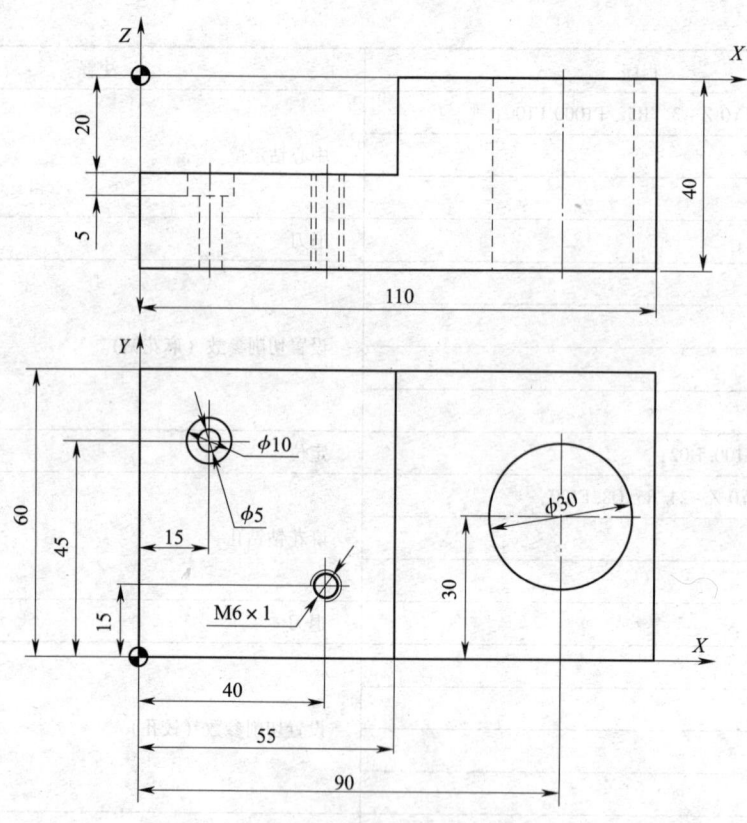

图 5—31 孔加工综合实例

2. 加工工艺卡片

加工中心的加工工艺卡片见表 5—12。

表 5—12　　　　　　　　　　加工工艺卡片

盘类零件编程 数控加工工艺卡				零件代号	材料名称	零件数量
				HZ0001	铝合金	1
设备名称	加工中心	系统型号	FANUC 0i	夹具名称	平虎钳	毛坯尺寸	100 mm × 60 mm × 40 mm
工步号	工步内容		刀具号	主轴转速 (r/min)	进给速度 (mm/min)	背吃刀量 (mm)	备注
1	中心钻定位（φ3 mm）		1	2 000	30	1.5	
2	麻花钻钻孔（φ5 mm）		2	1 800	60	2.5	
3	立铣刀铣沉孔（φ10 mm）		3	1 000	30	5	
4	麻花钻钻孔（φ5.2 mm）		4	1 800	60	2.6	
5	丝锥攻螺纹（M6）		5	100	100	0.8	
6	麻花钻钻孔（φ15 mm）		6	500	60	7.5	
7	麻花钻扩孔（φ29 mm）		7	400	60	7	
8	可调式镗孔刀镗孔		8	1 000	60	0.5	

3. 刀具卡片

刀具卡片见表5—13。

表5—13　　　　　　　　　　　刀具卡片

序号	刀号	刀具名称	刀具规格（mm）	主轴转速（r/min）	进给速度（mm/min）	刀具材料
1	T01	中心钻	φ3	2 000	30	高速钢
2	T02	麻花钻	φ5	1 800	60	高速钢
3	T03	立铣刀	φ10	1 000	30	高速钢
4	T04	麻花钻	φ5.2	1 800	60	高速钢
5	T05	丝锥	M6	100	100	高速钢
6	T06	麻花钻	φ15	500	60	高速钢
7	T07	麻花钻	φ29	400	60	高速钢
8	T08	镗孔刀	φ30	1 000	60	硬质合金

4. 加工程序

加工程序如表5—14所示。

表5—14　　　　　　　　　　　孔加工综合编程

程序	注释
O0532；	程序名
G54；	设置切削参数（φ3 mm 中心钻）
G90 G40 G49；	
G17 G80 G69；	
G91 G28 Z0；	
T01 M06；	
S2000 M03；	
G90 G43 G00 Z100. H01；	定位
G99 G81 X90. Y30. Z-3. R5. F30；	中心钻定位
X15. Y45. R-15.；	
G98 X40. Y15.；	
G80；	退刀
G49 G00 Z100.；	
M05；	设置切削参数（φ5 mm 麻花钻）
G28 G91 Z0；	
T02 M06；	
S1800 M03；	
G90 G43 G00 Z100. H02；	定位

续表

程序	注释
G98 G83 X15. Y45. Z-45. R-15. Q5. F60;	钻孔（φ5 mm）
G49 G00 Z100.;	退刀
M05;	
G28 G91 Z0;	设置切削参数（φ10 mm 立铣刀）
T03 M06;	
S1000 M03;	
G90 G43 G00 Z100. H03;	定位
G98 G82 X15. Y45. Z-25. R-15. P20 F30;	铣沉孔（φ10 mm）
G49 G00 Z100.;	退刀
M05;	
G28 G91 Z0;	设置切削参数（φ5.2 mm 麻花钻）
T04 M06;	
S1800 M03;	
G90 G43 G00 Z100. H04;	定位
G98 G83 X40. Y15. Z-45. R-15. Q5. F60;	钻孔（φ5.2 mm）
G49 G00 Z100.;	退刀
M05;	
G28 G91 Z0;	设置切削参数（M6 mm 丝锥）
T05 M06;	
S100 M03;	
G90 G43 G00 Z100. H05;	定位
G98 G84 X40. Y15. Z-45. R-15. F100;	攻螺纹（M6 mm）
G49 G00 Z100.;	退刀
M05;	
G91 G28 Z0;	设置切削参数（φ15 mm 麻花钻）
T06 M06;	
S500 M03;	
G90 G43 Z100. H06;	定位
G98 G83 X90. Y30. Z-45. R5. F100;	钻孔（φ15 mm）
G49 G00 Z100.;	退刀
M05;	
G91 G28 Z0;	设置切削参数（φ29 mm 麻花钻）
T07 M06;	
S400 M03;	
G90 G43 Z100. H07;	定位

续表

程序	注释
G73 X90. Y30. Z-45. R5. Q1. P1000 F100；	扩孔（φ29 mm）
G49 G00 Z100.；	退刀
M05；	
G91 G28 Z0；	设置切削参数（φ30 mm 镗孔刀）
T08 M06；	
S100 M03；	
G90 G43 Z100. H08；	定位
G76 X90. Y30. Z-45. R5. Q1. F100；	精镗孔（φ30 mm）
G49 G00 Z100.；	退刀
M05；	主轴停止
M30；	程序结束

思考与练习

1. 简述固定循环指令的主要动作。
2. 简述加工中心刀库的种类。
3. 简述孔加工中的四个平面的含义。
4. 简述孔系加工时的定位方法。
5. 已知工件坐标系 G54 原点位置（X-100，Y-100）；G55 原点位置（X-50，Y-200），求加工程序运行中刀具中心在机床坐标系中的坐标位置，并填写在表5—15中。

表5—15　　　　　　　　　　刀具坐标换算

程序	刀具在机床坐标系中的坐标值
G90 G54 G00 X100. Y50.；	
X-30. Y100.；	
G55 X-30. Y200.；	
X100. Y100.；	
G92 X0. Y50.；	
G00 X100. Y100.；	
G28 X150. Y150.；	
G29 X0. Y0.；	

6. 根据表5—16，分别执行下列各程序段后，求钻孔深度。

表5—16　　　　　　　　　　　钻孔深度计算

序号	程序	长度补偿值	实际钻孔深度
1	G90 G01 G43 Z-50. H01 F100;	H01 = 2	
2	G90 G01 G44 Z-50. H01 F100;	H01 = 2	
3	G90 G01 G43 Z-50. H01 F100;	H01 = -2	
4	G91 G01 G44 Z-50. H01 F100;	H01 = -2	
5	G91 G01 G43 Z-50. H01 F100;	H01 = 0	
6	G91 G01 G44 Z-50. H01 F100;	H01 = 0	

7. 如图5—32所示的零件，材料为45钢，试编写加工程序。

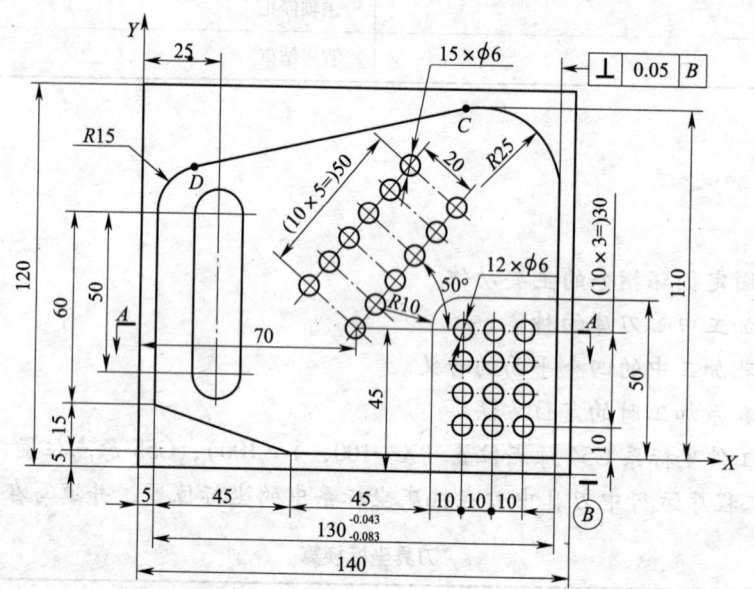

C: X104.512, Y114.39
D: X16.707, Y94.634

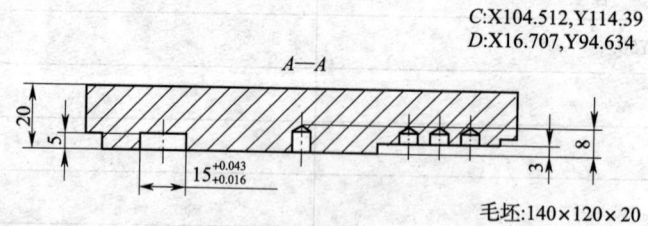

毛坯：140×120×20

图5—32　加工综合编程图

第 6 章
数控机床仿真加工

6.1 仿真软件安装与运行

6.2 数控机床仿真系统基本操作

6.3 数控车床仿真加工

6.4 数控铣床(加工中心)仿真加工

6.1 仿真软件安装与运行

6.1.1 仿真软件简介

本书介绍的仿真软件由上海宇龙软件工程有限公司研制开发。数控加工仿真系统是基于虚拟现实的仿真软件，如国内外常用的 FANUC、SIEMENS、华中等数控系统的仿真系统。数控加工仿真系统可以仿真数控车床、数控铣床和加工中心机床全过程的加工，其中包括毛坯定义与夹具，刀具定义与选用，加工零件的测量，对刀参数的设置，数控程序输入、编辑和调试，加工仿真以及各种程序错误的检测功能。

6.1.2 仿真软件的安装与卸载

1. 仿真软件的安装

本系统的安装可分为两个部分：加密锁管理软件和数控仿真软件的安装。

Windows 2000 在"\ 数控加工仿真系统\ 2000"目录下安装，Windows XP 在"\ 数控加工仿真系统\ XP"目录下安装，在操作系统中执行相应目录下的 Setup.exe 文件。

2. 仿真软件的卸载

（1）打开"开始"→"设置"→"控制面板"→"添加\ 删除程序"。

（2）选中程序列表中的"数控加工仿真系统"。

（3）单击"添加\ 删除（R）…"即可删除系统内的程序。

6.1.3 仿真软件的运行

在局域网中选择一台机器作为教师机，这是由授课教师使用的数控加工仿真系统。一个局域网内只能有一台教师机，将加密锁安装在教师机相应接口上，其他机器作为学生机。

1. 启动加密锁管理程序

用鼠标左键依次单击"开始"→"程序"→"数控加工仿真系统"→"加密锁管理程序"，加密锁管理程序启动后，屏幕右下方的工具栏中将出现"🔒"图标。

2. 数控加工仿真系统的运行

依次单击"开始"→"程序"→"数控加工仿真系统"，系统将弹出"用户登录"界面。此时，可以通过单击"快速登录"按钮进入数控加工仿真系统的操作界面，或通过输入用户名和密码，再单击"登录"按钮，进入数控加工仿真系统。

6.2 数控机床仿真系统基本操作

6.2.1 软件功能操作

仿真系统操作界面如图 6—1 所示，顶部是软件功能操作的主菜单和图标，有文件

(<u>F</u>)、视图(<u>V</u>)、机床(<u>M</u>)、零件(<u>P</u>)、测量(<u>T</u>)等主菜单,每个主菜单有相应的子菜单。

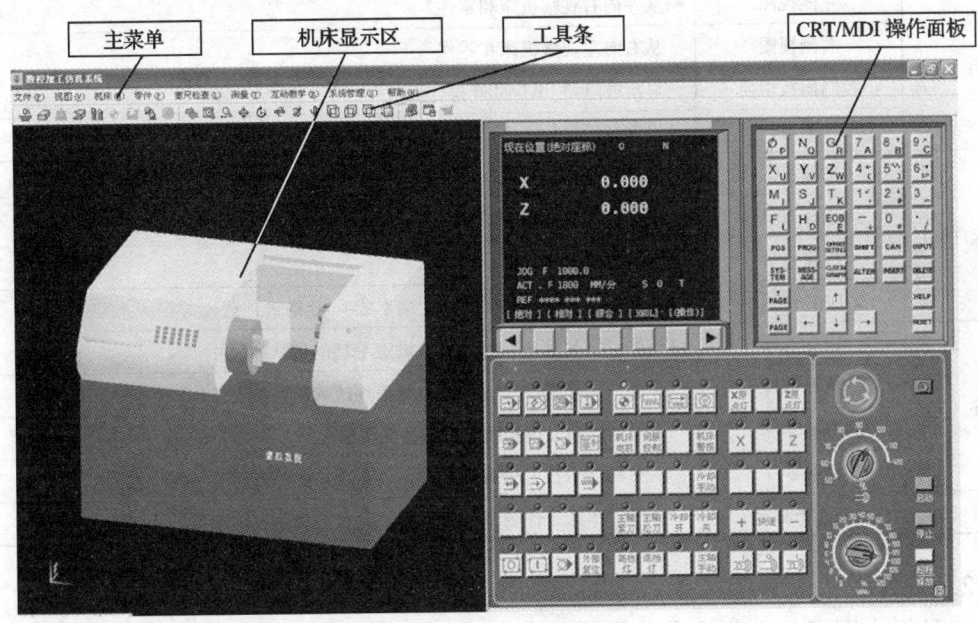

图6—1 仿真系统操作界面

1. 主菜单

主菜单是一个下拉式菜单,常用的主菜单与子菜单见表6—1。

表6—1　　　　　　　　常用的主菜单与子菜单

主菜单	子菜单	作用
文件(<u>F</u>)	新建项目(<u>N</u>)	重新进入仿真系统
	打开项目(<u>O</u>)	恢复以前保存下来的工作状态
	保存项目(<u>S</u>)	当前的工作状态按指定的路径保存为一个文件
	另存项目(<u>A</u>)	当前的工作状态更换名称或路径保存
	导入零件模型(<u>I</u>)	调用先前保存下来的零件状态作为本步操作的毛坯
	导出零件模型(<u>E</u>)	当前的零件状态保存,作为下一步工作的毛坯使用
	退出(<u>X</u>)	结束数控仿真操作
视图(<u>V</u>)	复位	将显示区中所显示的机床视图恢复到初始状态
	动态平移	按鼠标左键拖动将显示区内的视图平行移动
	动态旋转	按鼠标左键拖动将显示区内的视图在三维空间内转动
	动态缩放	滚动鼠标中间滚轮实现显示区内机床视图放大或缩小
	局部放大	鼠标左键框选显示区内局部视图,局部放大选中部位
	前视图	站在机床的操作位置(正前方)观察机床和零件
	俯视图	从正上方观察机床和零件

续表

主菜单	子菜单	作用
视图（V）	左侧视图	从左向右观察机床和零件
	右侧视图	从右向左观察机床和零件
	控制面板切换	显示或隐藏 CRT/MDI 操作面板
	选项	设定显示参数或仿真加工速度
机床（M）	选择机床	弹出"选择机床"对话框
	选择刀具	弹出"刀具选择"对话框
	拆除刀具	拆除刀架上的刀具
	DNC 传送	外部文件存储数控程序（记事本或 word 格式）载入
零件（P）	定义毛坯	弹出"定义毛坯"对话框，设定毛坯的形状和尺寸
	放置零件	弹出"选择零件"对话框，将毛坯放入默认的安装位置
	移动零件	调整零件的夹持长度或将零件掉头装夹
	拆除零件	从夹具（卡盘）中拆除零件
测量（T）	剖面图测量	弹出"车床工件测量"对话框，测量零件剖视图中的尺寸

2. 工具栏

工具栏中图标与主菜单中子菜单名称的对应关系见表 6—2。

表 6—2　　　　　　　　　　　　工具栏中图标含义

图标	名称	图标	名称
	选择机床		动态平移
	定义毛坯		动态旋转
	夹具		绕 X 轴旋转
	放置零件		绕 Y 轴旋转
	选择刀具		绕 Z 轴旋转
	基准工具		左侧视图
	DNC 传送		俯视图
	复位		前视图
	局部放大		选项
	动态缩放		控制面板切换

6.2.2 视图的基本操作

1．视图变换的选择

鼠标左键单击主菜单"视图"弹出下拉菜单，其中有复位、局部放大、动态缩放、动态平移、动态旋转、绕 X 轴旋转、绕 Y 轴旋转、绕 Z 轴旋转、左侧视图、俯视图、前视图等子菜单。将光标置于机床显示区域内，单击鼠标右键，弹出浮动菜单，可做相应选择；也可用鼠标拖动在机床显示区域内进行相应操作。

2．控制面板切换

在菜单"视图"或浮动菜单中选择"控制面板切换"，或在工具条中单击"▣"，即完成控制面板切换。

3．"选项"对话框

在菜单"视图"或浮动菜单中选择"选项"或在工具条中选择"▣"，在对话框中进行设置。其中透明显示方式可方便地观察内部加工状态。"仿真加速倍率"项中的速度值用以调节仿真速度，有效数值范围为 1～100。如果选中"对话框显示出错信息"，出错信息提示将出现在对话框中，否则，出错信息将出现在屏幕的右下角。

6.2.3 数控机床系统的选择

打开菜单"机床"→"选择机床…"，在"选择机床"对话框中选择控制系统、数控机床种类等项目，按"确定"按钮确认。

6.2.4 数控车床工件的装夹和刀具选择

数控加工仿真系统可以实现数控车床毛坯定义、刀具定义与选用、零件模型的导入与导出、零件的放置与调整以及车床刀具的选择和安装等。

1．定义毛坯

打开菜单"零件"→"定义毛坯"或在工具条上选择"▣"，"定义毛坯"对话框如图 6—2 所示。

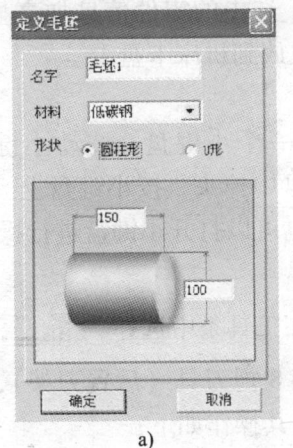
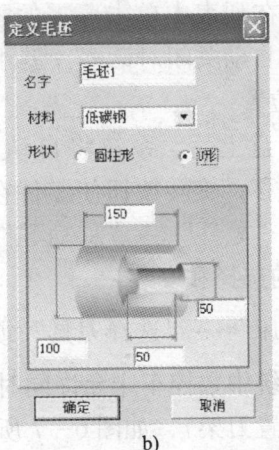

a)   b)

图 6—2　"定义毛坯"对话框

a) 圆柱形毛坯　b) U 形毛坯

具体操作如下：

(1) 名字框输入毛坯名称。

(2) 材料框选择毛坯材料。

(3) 形状栏选择毛坯形状。

(4) 输入毛坯尺寸。

(5) 按"确定"键退出（或按"取消"键退出）。

2. 导出零件模型

如图6—3所示，导出零件模型是把经过加工的零件作为零件模型保存起来。

打开菜单"文件"→"导出零件模型"，如图6—4所示，系统弹出"另存为"对话框，在对话框中输入文件名，按"保存"按钮，此零件模型即被保存，文件的后缀为".PRT"。

3. 导入零件模型

打开菜单"文件"→"导入零件模型"，如图6—5所示，系统弹出"打开"对话框，在对话框中选择后缀为".PRT"的文件，选中后的零件模型被放置在三爪自定心卡盘上。

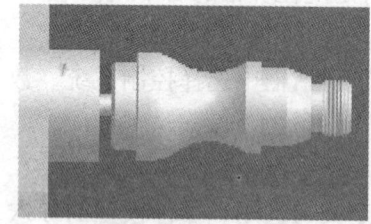 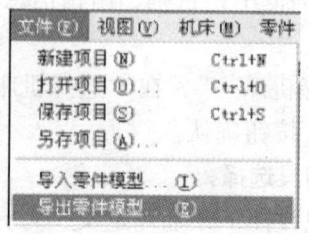 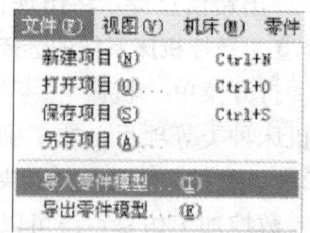

图6—3　零件模型　　　图6—4　"导出零件模型"选项　　图6—5　"导入零件模型"选项

4. 放置零件

打开菜单"零件"→"放置零件"命令或者在工具条上选择图标"　"，系统弹出操作对话框。在列表中单击所需的零件，选中的零件信息加亮显示，按下"安装零件"按钮，系统自动关闭对话框，零件将被放到机床卡盘上。

5. 调整零件位置

零件放置在卡盘上后，系统将自动弹出一个小键盘，按动小键盘上的方向按钮"　"，零件随之平移，旋转按钮使零件在卡盘中掉头，按小键盘上"退出"按钮关闭小键盘。选择菜单"零件"→"移动零件"也可以打开小键盘进行操作。

6. 车床刀具的选择和安装

打开菜单"机床"→"选择刀具"或者在工具条中选择"　"，系统弹出"刀具选择"对话框。系统中数控车床允许同时安装8把刀具（后置刀架），如图6—6所示；或者4把刀具（前置刀架），如图6—7所示。其操作如下：

(1) 选择、安装车刀

1) 在刀架图中单击所需的刀位。该刀位对应程序中的T01—T08（T04）。

· 216 ·

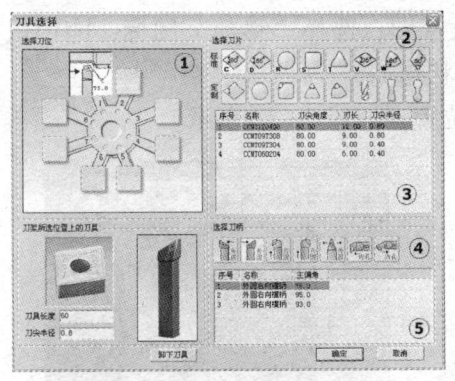 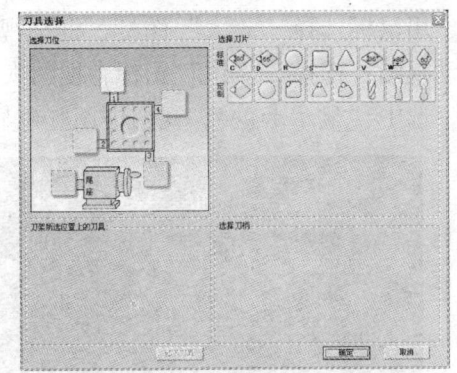

图6—6　后置刀架刀具选择　　　　图6—7　前置刀架刀具选择

2）选择刀片类型。
3）在刀片列表框中选择刀片。
4）选择刀柄类型。
5）在刀柄列表框中选择刀柄。

（2）变更刀具长度和刀尖半径。刀具选择完成后，该界面的左下部位显示出刀架所选位置上的刀具。其中显示的"刀具长度"和"刀尖半径"均可以由操作者修改。

（3）拆除刀具。拆除刀具时，在刀架图中单击要拆除刀具的刀位，单击"卸下刀具"按钮。

（4）确认操作完成。

6.2.5　数控车床工件测量

数控加工仿真系统提供卡尺对工件进行测量，当工件不处于加工状态，选择菜单"测量"→"坐标测量"，弹出对话框如图6—8所示。

对话框上视图显示当前机床上零件的上半剖视图。坐标系水平方向以零件轴线为 Z 轴，向右为正，反之为负，默认工件最右端中心为原点，拖动 ⊕ 可以改变 Z 轴原点位置。垂直方向上为 X 轴，显示零件的半径刻度， Z 方向、 X 方向各有一把卡尺，用来测量两个方向上的投影距离。

1. 选择一条线段

在列表中单击选择一条线段，线段变黄，列表当前行变蓝，视图中黄色标记线段为零件剖视图上的尺寸。

2. 设置测量原点

拖动 ⊕ ，改变测量原点位置。拖动虚线上的黄色圆圈在 Z 轴上滑动，遇到线段端点时，跳到线段端点处，如图6—9所示。

3. 视图操作

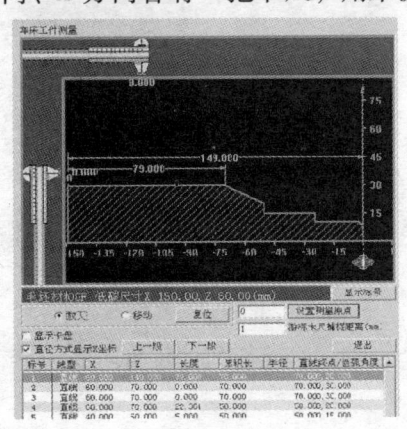

图6—8　"车床工件测量"对话框

用鼠标选择"放大"图标，框选视图则放大视图；选择"移动"图标，能用鼠标拖动视图；选择"复位"图标，视图恢复到初始状态。

选中"显示卡盘"，视图中用红色显示卡盘位置，如图6—10所示。

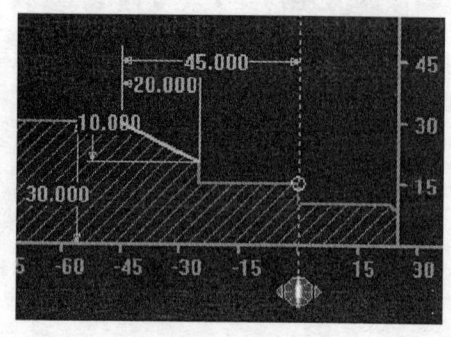

图6—9　设置测量原点

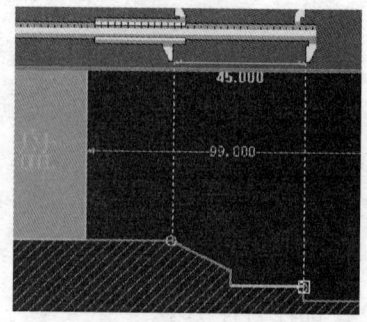

图6—10　显示卡盘

4．卡尺测量

在视图的 X、Z 方向各有一把卡尺，可以拖动卡尺的两个卡爪测量任意两位置间的水平距离和垂直距离。如图6—10所示，移动卡爪时，延长线与工件交点由 ![] 变为 ![] 时，卡爪位置为线段的一个端点，用同样的方法使另一个卡爪处于端点位置，这样能测出两端点间的投影距离，图中卡尺读数为45.000。通过设置"游标卡尺捕捉距离"，可以改变卡尺移动端查找线段端点的范围。单击"退出"按钮即退出对话框。

6.2.6　数控铣床（加工中心）工件的装夹和刀具选择

数控铣床仿真系统能进行毛坯定义、放置与调整，刀具选择与安装，零件模型导入与导出。

1．定义毛坯

打开菜单"零件"→"定义毛坯"，或在工具条上选择" ![] "，系统将打开"定义毛坯"对话框，如图6—11所示。

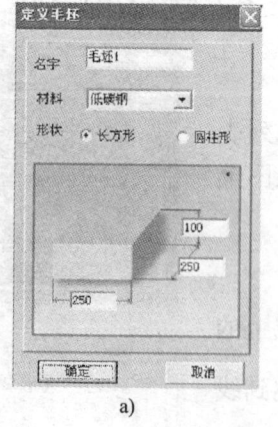
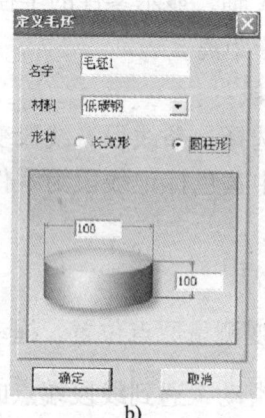

a)　　　　　　　　b)

图6—11　"定义毛坯"对话框

a）长方形　b）圆柱形

具体操作如下：
(1) 名字框输入毛坯名称。
(2) 材料框选择毛坯材料。
(3) 形状栏选择毛坯形状。
(4) 输入毛坯尺寸。
(5) 按"确定"键退出（或按"取消"键退出）。

2. 导出零件模型

如图6—12所示，导出零件模型是把经过加工的零件作为零件模型保存。

打开菜单"文件"→"导出零件模型"，如图6—13所示，系统弹出"另存为"对话框，在对话框中输入文件名，按"保存"按钮，此零件模型即被保存，文件的后缀为".PRT"。

3. 导入零件模型

打开菜单"文件"→"导入零件模型"，如图6—14所示，系统弹出"打开"对话框，在对话框中选择后缀为".PRT"的文件，选中后的零件模型被放置在工作台上。

 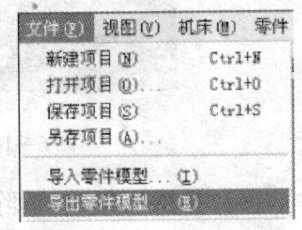 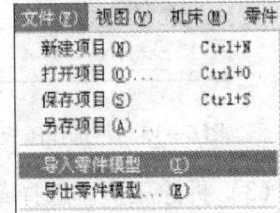

图6—12 零件模型　　图6—13 "导出零件模型"选项　　图6—14 "导入零件模型"选项

4. 使用夹具

打开菜单"零件"→"安装夹具"，或者在工具条上选择图标 ，打开操作对话框。

首先在"选择零件"列表框中选择毛坯。然后在"选择夹具"列表框中选择夹具，长方体零件可以使用工艺板或者平口钳，圆柱形零件可以选择工艺板或者卡盘。也可以不使用夹具，将工件直接放置在机床工作台上。

5. 放置零件

打开菜单"零件"→"放置零件"，或者在工具条上选择图标 ，系统弹出操作对话框。

在列表中单击所需的零件，按下"安装零件"按钮，系统自动关闭对话框，零件和夹具放置在机床工件台上。

6. 调整零件位置

零件可以在工作台面上移动。毛坯放上工作台后，系统弹出一个小键盘，通过按动小键盘上的方向按钮，零件可以前后、左右平移。按小键盘上"退出"按钮关闭小键盘。选择菜单"零件"→"移动零件"也可以打开小键盘进行操作。

7. 使用压板

如果不使用夹具时，也可以使用压板。

（1）安装压板。打开菜单"零件"→"安装压板"，系统打开"选择压板"对话框，如图6—15所示。对话框中列出各种安装方案，可以拉动滚动条浏览全部方案，选择所需要的安装方案，按下"确定"按钮，压板出现在工作台面上。

（2）移动压板。打开菜单"零件"→"移动压板"，系统弹出小键盘，用鼠标选择需要移动的压板，选中的压板变成灰色，按动小键盘中方向按钮操纵压板移动，如图6—16所示。

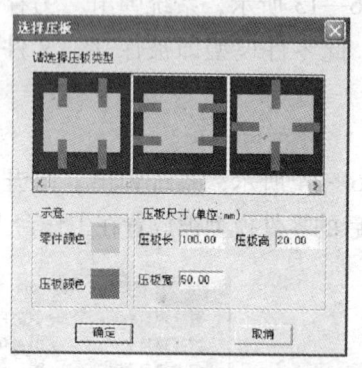

图6—15 "选择压板"对话框

图6—16 移动压板

（3）拆除压板。选择菜单"零件"→"拆除压板"，拆除全部压板。

8. 铣床刀具的选择和安装

打开菜单"机床"→"选择刀具"，或在工具条中选择" "，系统弹出"刀具选择"对话框。

（1）按条件列出工具清单

1）在"所需刀具直径"输入框内输入刀具直径尺寸。

2）在"所需刀具类型"选择列表中选择刀具类型，如平底刀、平底带R刀、球头刀、钻头、镗刀等。

3）按下"确定"按钮，符合条件的刀具在"可选刀具"列表中显示。

（2）指定刀位号。对话框下半部中的序号就是刀库中的刀位号。卧式加工中心机床允许同时选择20把刀具，立式加工中心机床允许同时选择24把刀具。对于铣床，对话框中只有1号刀位可以使用。

（3）选择需要的刀具。指定刀位号后，再用鼠标单击"可选刀具"列表中的所需刀具，选中的刀具对应显示在"已选择的刀具"列表中选中的刀位号所在行。

（4）输入刀柄参数。操作者可以按需要输入刀柄参数，有直径和长度两个参数。总长度是刀柄长度与刀具长度之和。

（5）删除当前刀具。按"删除当前刀具"键可删除此时"已选择的刀具"列表中光标所在行的刀具。

（6）确认选刀。选择完全部刀具后，按"确认"键完成选刀操作，或按"取消"键退出选刀操作。如果把指定刀具安装到主轴上，可以先用光标选中刀具，然后点击"添加到主轴"按钮，选中刀具即安装到主轴上。

6.2.7　数控铣床（加工中心）工件测量

1. 数控铣床（加工中心）工件剖视图测量

选择工件上某一平面，利用卡尺测量该平面上的尺寸。

（1）单击菜单"测量"→"剖面图测量"，弹出对话框，如图6—17所示。

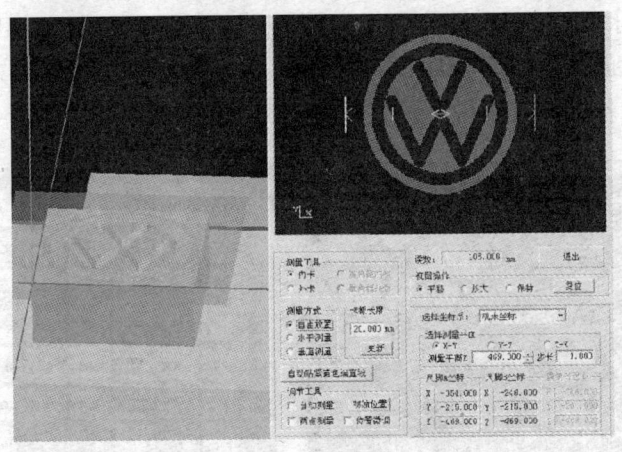

图6—17　工件测量界面

（2）测量时首先选择一个平面，在左侧的机床显示视图中，绿色的透明表面表示所选的测量平面。在右侧测量对话框上部，显示的是工件的截面形状。

2. 测量过程

（1）选择坐标系。在"选择坐标系"栏中可选择机床坐标系、G54至G59工件坐标系、当前工件坐标系、工件坐标系（毛坯的左下角）等不同的坐标系，可显示相应坐标系的坐标值。

（2）选择测量平面

1）选择平面。其中有 XY 平面、YZ 平面与 XZ 平面。

2）选择测量平面。选择测量平面的具体位置，可框选移动步长，通过按钮移动测量平面。

（3）选择卡尺类型

1）测量内径选用内卡。

2）测量外径选用外卡。

（4）选择测量方式

1）水平测量。指卡尺在当前测量平面内保持水平。

2）垂直测量。指卡尺在当前测量平面内保持垂直。

3）自由放置。可以随意拖动与转动。

（5）确定卡爪的长度。如果非两点测量，可以修改卡爪长度，输入数值，单击"更新"即生效。

6.3 数控车床仿真加工

6.3.1 数控车床面板简介

1. CRT/MDI 系统面板

FANUC 0i 车床 CRT/MDI 系统面板如图 6—18 所示，左侧为 CRT 显示屏，右侧为 MDI 手动数控输入面板。CRT/MDI 系统面板有程序名新建、程序输入/输出、程序编辑与调用等功能键，各键的详细说明见表 6—3。

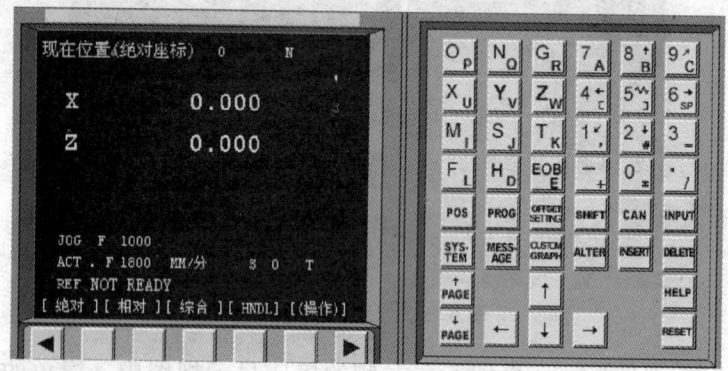

图 6—18 FANUC 0i 车床 CRT/MDI 系统面板

表 6—3   CRT/MDI 系统面板功能键说明

MDI 键	功能 说 明
![PAGE↑ PAGE↓]	PAGE↑ 向上翻页功能键； PAGE↓ 向下翻页功能键
![箭头键]	↑ 光标向上移动；↓ 光标向下移动；← 光标向左移动；→ 光标向右移动
![字母键]	字符输入，单击 SHIFT 键后再单击字符键，将输入右下角的字符，例如，直接单击 O_P 键输入"O"字符，单击 SHIFT 键后再单击 O_P 键输入"P"字符；直接单击"EOB"键输入"；"字符，表示结束换行
![数字键]	字符输入，例如，直接单击 5 键输入"5"字符，单击 SHIFT 键后再单击 5 输入"]"字符

续表

MDI 键	功 能 说 明
POS	在 CRT 中显示坐标值
PROG	CRT 进入程序编辑界面
OFFSET SETTING	CRT 进入参数补偿显示界面
CUSTOM GRAPH	自动运行状态显示切换至轨迹模拟
SHIFT	输入字符切换键
CAN	删除单个字符
INPUT	数据区域中数据输入到指定区域
ALTER	字符替换
INSERT	缓冲区域内容输入到存储区域
DELETE	删除一段字符
RESET	机床复位

2. 操作面板

FANUC 0i 车床标准操作面板如图 6—19 所示,操作面板有启动、停止、超程释放、紧急停止等按键,各键功能见表 6—4。

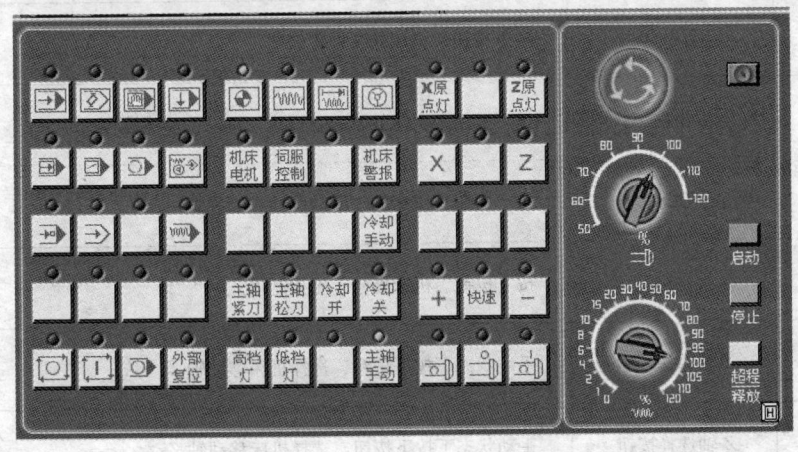

图 6—19　FANUC 0i 车床标准操作面板

表 6—4　　　　　　　　　　　　　操作面板功能键说明

按钮	名称	功能说明
	自动运行	按下按钮，系统进入自动加工模式
	编辑	按下按钮，系统进入程序编辑状态
	MDI	按下按钮，系统进入 MDI 模式，手动输入指令
	远程执行	按下按钮，系统进入远程执行模式，即 DNC 模式，输入与输出信息
	单节	按下按钮，运行程序，一次执行一个程序段
	单节忽略	按下按钮，数控程序中的注释符号"/"有效，不执行该程序段
	选择性停止	按下按钮，"M01"代码有效
	机械锁定	按下按钮，锁定机床
	试运行	按下按钮，机床进入空运行状态，快速模拟运行程序
	进给保持	按下按钮，程序运行暂停，按"循环启动"按钮，程序恢复运行
	循环启动	按下按钮，自动加工模式运行程序或"MDI"模式运行手动输入程序
	循环停止	按下按钮，停止运行的程序
	回原点	按下按钮，机床处于回零模式
	手动	按下按钮，机床处于手动模式，可以手动连续移动
	手动脉冲	按下按钮，机床处于手动脉冲控制模式
	手动脉冲	按下按钮，机床处于手轮控制模式
	X 轴选择按钮	手动状态下按下按钮，选择机床移动轴 X
	Z 轴选择按钮	手动状态下按下按钮，选择机床移动轴 Z

续表

按钮	名称	功能说明
	正向移动	手动状态下按下按钮，刀具所选轴正方向移动，回零状态下刀具则回零
	负向移动	手动状态下按下按钮，刀具所选轴负方向移动
	快速按钮	按下按钮，机床处于手动快速状态
	主轴倍率调节旋钮	鼠标左键或右键单击，调节主轴旋转倍率
	进给倍率调节旋钮	鼠标左键或右键单击，调节进给速度倍率
	急停按钮	按下按钮，机床移动立即停止
	超程释放	超程释放
	主轴控制	控制主轴正转、停止、反转
	手轮显示	按下按钮，显示手轮面板
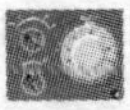	手轮面板	单击 H 按钮显示出手轮面板
	手轮轴选	手轮模式下，鼠标左键或右键单击旋钮选择进给轴
	手轮倍率	手轮模式下，鼠标左键或右键单击旋钮选择手轮步长
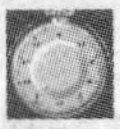	手轮	鼠标左键或右键单击旋钮转动手轮
	启动	启动控制系统
	停止	关闭控制系统

6.3.2 数控车床启停操作

1. 开机

（1）单击"启动"按钮，机床电机和伺服控制的指示灯  变亮。

（2）"急停"按钮  凸起表示开，"急停"按钮  凹下表示关。

2. 回零

（1）回零表示回机床原点或零点，也称回机床参考点。若指示灯 [图] 不亮，单击"回原点"按钮后进入回原点模式，回原点指示灯 [图] 亮表示已进入回原点模式。

（2）在回原点模式下，单击"X 轴选择"按钮 [X]，使 X 轴方向移动指示灯 [X] 变亮，单击"正方向移动"按钮 [+]，此时 X 轴回原点，X 轴回原点灯 [X原点灯] 变亮，数控车床 CRT 上的 X 坐标变为"390.00"。

（3）同样方法，单击"Z 轴选择"按钮 [Z]，使指示灯变亮，单击 [+] 使 Z 轴将回原点，Z 轴回原点灯 [X原点灯][Z原点灯] 变亮。

3. 关机

在仿真机床中，直接单击右上角的"关闭"按钮 [×]，或者选择"文件"→"退出"即可。

在真实机床中，关机时需先按下红色的"急停"按钮 [图]，再关闭机床电源，这样可减小机床电源对 CNC 元件的冲击。

6.3.3 数控车床常规操作

1. 机床位置界面

单击 [POS] 键进入坐标位置界面。单击菜单软键 [绝对]、[相对]、[综合]，CRT 显示对应的绝对坐标、相对坐标和综合坐标界面。

注意：车削零件需要掉头加工，为确保工件的长度尺寸，通常在端面车削之后，在相对菜单中进行清零，具体操作方法：相对→操作→起源→全轴。

2. 手动方式

通常都是在大距离移动时单击 [快速] 键，从而达到快速移动坐标轴的目的。

（1）单击操作面板上的"手动"按钮 [图]，使其指示灯亮 [图]，机床进入手动模式。

（2）分别单击 [X]、[Z] 键，选择移动的坐标轴。

（3）分别单击 [+]、[-] 键，控制机床向正方向或负方向移动。

（4）分别单击 [图]、[图]、[图] 按钮，控制主轴的反转、正转和停止。

注意：刀具切削工件时如果发生碰撞（如刀柄与工件碰撞），系统将弹出警告对话框，同时主轴自动停止转动。处理方法：按"RESET"键，单击主轴转动后，调整刀柄离开碰撞的工件。

3. 手轮方式

精确对刀需要采用手轮操作方式。

(1) 单击操作面板上的手轮按钮 ◎，使指示灯 变亮。

(2) 单击按钮 ，显示手轮面板 。

(3) 鼠标左键或右键单击"手轮轴选"旋钮 ，选择坐标轴。

(4) 鼠标左键或右键单击"手轮倍率"旋钮 ，选择进给倍率。

(5) 操作手轮 ，鼠标左键单击，机床负方向逆时针转动；鼠标右键单击，机床正方向顺时针转动。

(6) 单击 、 、 按钮，控制主轴正转、反转和停止。

(7) 单击按钮 ，隐藏手轮。

在真实机床中，只有在手轮操作模式下才能使用手轮操作。

4. MDI 方式

单击操作面板上 MDI 键盘的 按钮，使其指示灯变亮，进入 MDI 模式，在 MDI 键盘上按 PROG 键，进入 MDI 编辑页面。

MDI 方式只能输入较短的程序，程序运行完后会自然消失。在对刀操作时，常用 MDI 方式进行换作操作与启动主轴运转等操作。

6.3.4 数控车床对刀操作

数控车床编程方法是在加工图样上建立编程坐标系，推算工件轮廓基点坐标。数控车床对刀方法是把加工图样上的编程坐标系移植到工件上使之转变为机床坐标系，从而建立工件坐标系原点在机床坐标系中的坐标值，再运用坐标系平移的原理，用机床坐标系表示工件轮廓的基点坐标，进而控制刀具对工件进行切削加工，因此，对刀操作对于数控机床加工来说是一项至关重要的工作。

对于数控车床加工，无论是建立编程坐标系还是工件坐标系，一般方法都是把坐标系的原点放在工件回转轴与工件右端面的交点上，坐标轴方向与车床的纵向导轨和横向导轨平行。

1. 外圆对刀设置 X 轴补偿值

(1) 所选刀具试切工件外圆，刀具保持 X 轴方向位置不变，Z 轴方向切削工件后退出，单击"主轴停止"按钮 ，再单击菜单"测量"→"坐标测量"，记录测量加工外圆的直径值 D 与刀具位置 X_0 的坐标值。

(2) 单击 MDI 键盘的功能键 ，进入工具补正/形状参数设定界面，将光标移到所选刀具的刀位上，输入刀具偏移量 XD（D 表示刀具在工件外圆上向下偏移的外圆直径值），按菜单［测量］功能键，对应的刀具偏移量自动输入（$X_0 - D$），此值表示工件轴线在机床坐标系中的坐标值。

2. 端面对刀设置 Z 轴补偿值

(1) 试切工件端面，刀具保持 Z 轴方向位置不变，X 轴方向切入工件后退出。单击"主轴停止"按钮,记录刀具位置 Z_0 坐标值。

(2) 单击 MDI 键盘的功能键 [OFFSET SETTING],进入工具补偿/形状参数设定界面,将光标移到所选刀具的刀位上,输入刀具偏移量 Z_0(0 表面刀具在工件端面上的位置不偏移),按菜单[测量]功能键,对应的刀具偏移量自动输入(Z_0),此值表示工件端面在机床坐标系中的坐标值。

6.3.5 数控车床程序处理

1. 程序管理界面

单击功能键 [PROG] 进入程序管理界面,单击菜单软键[LIB],列出程序库中的程序,输入程序名,单击搜索软键就能显示程序管理界面。

2. 导入数控程序

数控程序可以通过记事本或写字板等编辑软件输入并保存为文本格式。

(1) 单击操作面板上的编辑键,进入编辑状态。

(2) 单击 MDI 键盘上的 [PROG] 键,CRT 界面转入编辑页面。

(3) 按菜单软键[操作],下级子菜单中按扩展键,按扩展菜单键[READ]。

(4) 单击 MDI 键盘上的数字/字母键,输入程序名,按软键[EXEC]。

(5) 单击菜单"机床"→"DNC 传送",在弹出对话框中选择存放程序路径及 NC 程序,按"打开"确认,则数控程序被导入并显示在 CRT 界面上。

3. 数控程序管理

(1) 显示数控程序目录。经过导入数控程序操作后,单击操作面板上的编辑键,进入编辑状态。单击 MDI 键盘上的 [PROG] 键,CRT 界面转入编辑页面,按菜单软键[LIB],经过 DNC 传送的数控程序名存储在程序库中。

(2) 选择数控程序。单击 MDI 键盘上的 [PROG] 键,CRT 界面转入编辑页面。用 MDI 键盘输入程序名(程序库存储的程序名),按↓键搜索,搜索成功后 NC 程序显示在屏幕上。

(3) 删除数控程序。单击操作面板上的编辑键进入编辑状态,用 MDI 键盘输入程序名,按 [DELETE] 键,程序即被删除。

(4) 新建一个 NC 程序。单击操作面板上的编辑键进入编辑状态,单击 MDI 键盘上的 [PROG] 键,CRT 界面转入编辑页面,MDI 键盘输入程序名(与程序库中程序名不重复)按 [INSERT] 键,CRT 界面显示空程序,通过 MDI 键盘输入程序,输入一个程序段,单击回车键或 [EOB] 键,程序段结束换行,按 [INSERT] 键则所键入程序段输入程序库中。

4. 数控程序编辑

单击操作面板上的编辑键进入编辑状态,单击 MDI 键盘上的 [PROG] 键,CRT 界面转入编辑页面,选定数控程序后程序显示在 CRT 界面上,此时可对数控程序进行编辑。

(1) 移动光标。按 [PAGE↑] 和 [PAGE↓] 键翻页,按方位键 ↑、↓、←、→ 移动光标。

(2) 插入字符。先将光标移到所需位置，单击 MDI 键盘上的数字/字母键，将代码输入到输入域中，按 [INSERT] 键，把输入域的内容插入到光标所在代码后面。

(3) 删除输入域中的数据。按 [CAN] 键，删除输入域中的数据。

(4) 删除字符。先将光标移到所需删除字符的位置，按 [DELETE] 键，删除光标后面的代码。

(5) 替换。先将光标移到所需替换字符的位置上，用 MDI 键盘输入替换字符至输入域，按 [ALTER] 键，输入域内容即替代光标所在处的代码。

5．保存程序

编辑的程序应保存在计算机中，否则关闭数控仿真软件，编辑的程序会随之消失。

(1) 单击操作面板上的编辑键进入编辑状态。

(2) 按菜单软键［操作］，按扩展键［Punch］。

(3) 在弹出的对话框中输入文件名，选择文件类型和路径，按"保存"按钮。

6.3.6 数控车床参数设定

数控车床的刀具补偿包括磨耗补偿参数和形状补偿参数，两者之和构成车刀偏置量补偿参数。

1．输入磨耗补偿参数

一般情况下磨耗存放精加工余量与刀具磨损量，如图 6—20 所示，在 MDI 键盘上单击 [OFFSET SETTING] 键，进入磨耗补偿参数设定界面。

用方向键 [↑]、[↓] 选择所需的番号，并用 [←]、[→] 键确定所需补偿参数；单击数字键，输入补偿值到输入域；按功能键［输入］或 [INPUT] 键，将参数输入到指定区域；按 [CAN] 键逐字删除输入域中的字符。

2．输入形状补偿参数

一般情况下将对刀时的刀具偏置量作为形状补偿参数存储在系统中，在 MDI 键盘上单击 [OFFSET SETTING] 键进入形状补偿参数设定界面。如图 6—21 所示。用方向键 [↑]、[↓] 选择所需

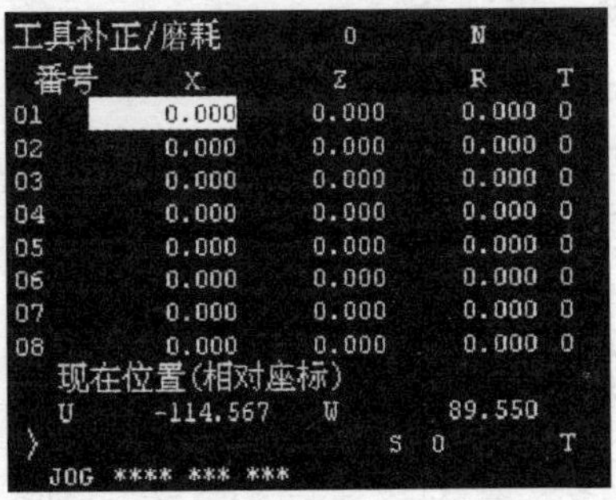

图 6—20　磨耗补偿参数设定界面 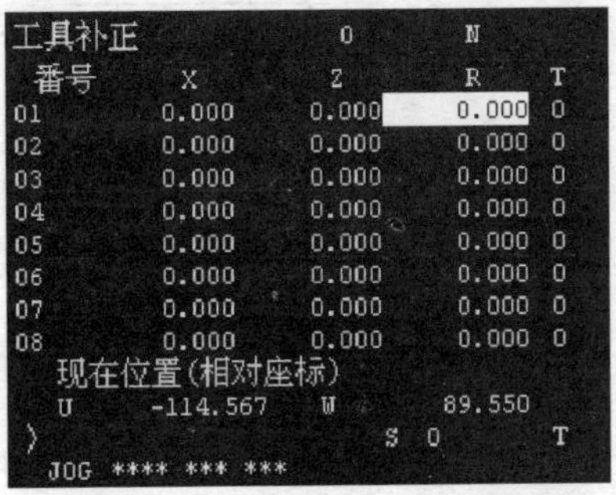　　　图 6—21　形状补偿参数设定界面

的番号,并用 ←、→ 键确定所需补偿参数;单击数字键,输入补偿值到输入域;按功能键[输入]或 INPUT 键,将参数输入到指定区域;按 CAN 键逐字删除输入域中的字符。

3. 输入刀尖半径和刀位号

如图 6—21 所示,光标移到刀尖半径 R 和刀位号 T 中,输入刀尖圆弧补偿值 R 和刀位号 T,按功能键[输入]或 INPUT 键,将参数输入到指定区域;按 CAN 键逐字删除输入域中的字符。

6.3.7 数控车床加工

1. 刀具轨迹运行

NC 程序导入后,可检查运行轨迹。

(1) 单击操作面板上的"自动运行"按钮 ,使指示灯变亮 ,进入自动加工模式。

(2) 单击 MDI 键盘上的 PROG 键,输入程序名,按 ↓ 键搜索,程序显示在 CRT 界面上。

(3) 单击 CUSTOM GRAPH 键,进入刀具轨迹运行模式。单击操作面板上的"循环启动"按钮 ,显示刀具运行轨迹。

通过"视图"菜单中的动态旋转、动态缩放、动态平移等选项,全方位观察刀具运行轨迹。

2. 自动运行操作步骤

(1) 机床回零操作。

(2) 导入数控加工程序或编写加工程序。

(3) 选择"自动运行"模式,使其指示灯变亮 。

(4) 单击操作面板上的"循环启动"按钮 执行程序。

6.3.8 数控车床仿真加工实例

1. 零件仿真车削实例

(1) 零件图。按图 6—22 所示的零件图进行仿真车削加工。

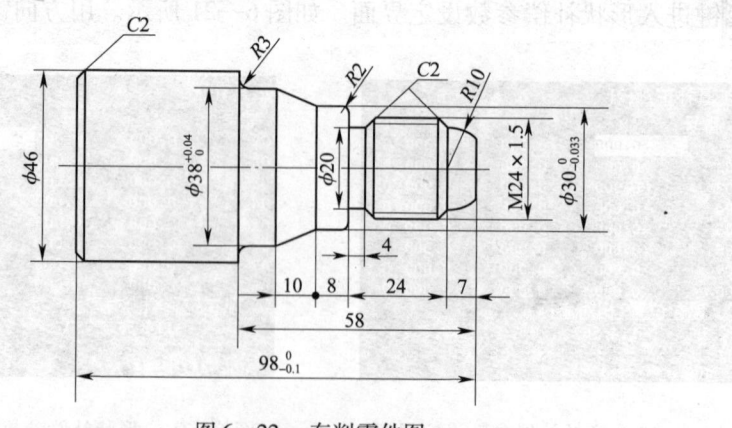

图 6—22 车削零件图

第6章 数控机床仿真加工

（2）加工准备。外圆车削加工选取 1 号外圆左偏刀，刀片刀尖圆弧半径 0.4 mm，刀尖角 35°，主偏角 93°，刀具长度 60 mm；3 号外圆螺纹刀，刀片刀尖角 60°，刀具长度 60 mm。圆柱形毛坯直径 50 mm，长度 100 mm。工作坐标系原点设在工件右端面的中心处。

（3）数控程序。编写三个加工程序，表 6—5 为车削零件左端轮廓加工程序，表 6—6 为车削零件右端轮廓加工程序，表 6—7 为车削零件右端螺纹加工程序。

表 6—5 车削零件左端轮廓加工程序

程序	注释
O3001；	程序名（车削零件左端轮廓）
T0101；	设置切削参数
M03 S600；	
M08；	
G00 X52. Z5.；	快速定位（循环点）
G71 U1.5 R0.05；	外圆粗加工
G71 P10 Q20 U0.5 W0. F0.2；	
N10 G00 X42.；	轮廓车削加工
G01 Z0.；	
X46. Z-2.；	
Z-50.；	
N20 G01 X55.；	
G70 P10 Q20 F0.1；	外圆精加工
T0100；	
G28 U0；	退刀
G28 W0；	
M30；	程序结束

表 6—6 车削零件右端轮廓加工程序

程序	注释
O3002；	程序名（车削零件右端轮廓）
T0101；	设置切削参数
M03 S600；	
M08；	
G00 X52. Z5.；	快速定位（循环点）
G71 U1.5 R0.05；	外圆粗加工
G71 P30 Q40 U0.5 W0. F0.2；	
N30 G00 X14.283；	
G01 Z0.；	

续表

程序	注释
G03 X20. Z-7. R10.;	
G01 X24. Z-9.;	
Z-25.;	
X20. Z-27.;	
Z-31.;	
X26.;	
G03 X30. Z-33. R2.;	外圆粗加工
G01 X30. Z-39.;	
X38. Z-49.;	
Z-55.;	
G02 X44. Z-58. R3.;	
G01 X46.;	
N40 G01 X55.;	
G70 P30 Q40 F0.1;	外圆精加工
T0100;	
G28 U0;	退刀
G28 W0;	
M30;	程序结束

表6—7　　　　　　　　　　　车削零件右端螺纹加工程序

程序	注释
O3003;	程序名（车削零件右端螺纹）
T0303;	
M03 S400;	设置切削参数
M08;	
G00 X26. Z-5.;	快速到达螺纹循环点
G76 P021060 Q100 R50;	螺纹复合循环加工
G76 X22.05 Z-28. P900 Q400 F1.5;	
T0300;	
G28 U0;	退刀
G28 W0;	
M30;	程序结束

2. 仿真加工步骤

（1）选择机床。单击菜单"机床"→"选择机床"，弹出"选择机床"对话框，在"控制系统"中选择FANUC 0i系统，"机床类型"选择车床，单击"确定"按钮。

(2) 机床回零

1) 单击启动按钮 ▦，机床电机和伺服控制指示灯 ▦▦ 变亮。

2) 急停按钮 ▦ 打开。

3) 单击 ▦ 按钮进入回原点模式，回原点指示灯 ▦ 亮。

4) X、Z 轴回零。单击操作面板上的"X 轴选择"按钮 ▦，使 X 轴方向移动指示灯 ▦ 变亮，单击"正方向移动"按钮 ▦，X 轴回原点灯 ▦ 变亮，CRT 上 X 坐标显示 "390.00"。单击"Z 轴选择"按钮 ▦，单击 ▦，Z 轴回原点灯 ▦ ▦ 变亮，完成机床回零操作。

(3) 装夹零件。单击"零件"→"定义毛坯"菜单，在"定义毛坯"对话框中定义零件尺寸：直径 50 mm，长度 100 mm，单击"确定"按钮。

单击"零件"→"放置零件"菜单，在"选择零件"对话框中选取名称为"毛坯 1"的零件，单击"确定"按钮，单击移动小键盘，使毛坯伸出端满足零件的加工长度，单击移动小键盘"退出"按钮。

(4) 输入加工程序。单击操作面板上的编辑按钮进入编辑状态，单击 MDI 键盘上的程序键 ▦，CRT 界面转入编辑页面；输入程序名，按［插入］功能键进入程序编辑状态后输入加工程序。也可用导入数控程序方法，把已编写好的加工程序导入数控仿真系统，如图 6—23 所示。

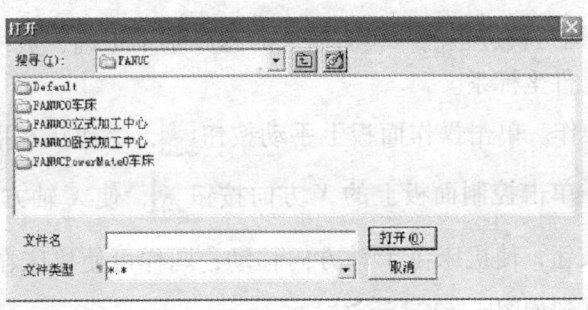

图 6—23　导入数控程序

(5) 运行车削轨迹。单击操作面板上的"自动运行"按钮，进入自动加工模式，单击 MDI 键盘上的程序键 ▦，输入程序名后单击 ▦ 键进行搜索，程序显示在 CRT 界面上后单击 ▦ 键进入模拟轨迹模式；单击操作面板上的循环启动按钮 ▦，可以观察刀具的运行轨迹，运行轨迹如图 6—24 所示。通常情况下，界面中红线代表刀具快速移动的轨迹，绿线代表刀具切削的轨迹。

(6) 装刀与对刀操作

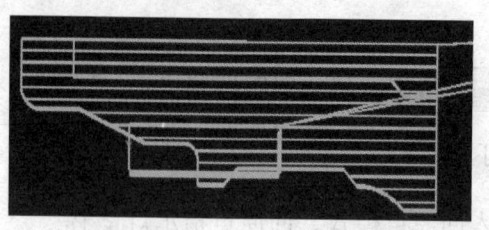

图6—24　运行轨迹

1) 装刀操作。单击菜单"机床"→"选择刀具",或者在工具条中选择" ",在"车刀选择"对话框中根据加工方式选择所需的刀片和刀柄,输入刀尖半径0.4 mm,刀具长度60 mm,按"确定"按钮退出,如图6—25所示。

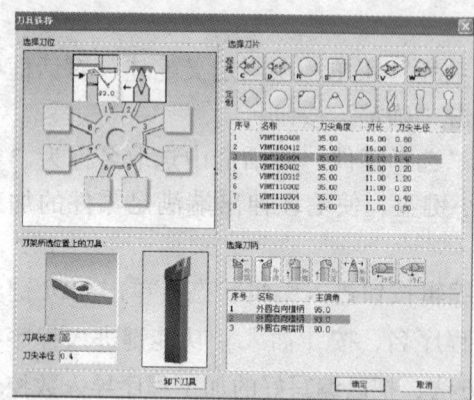 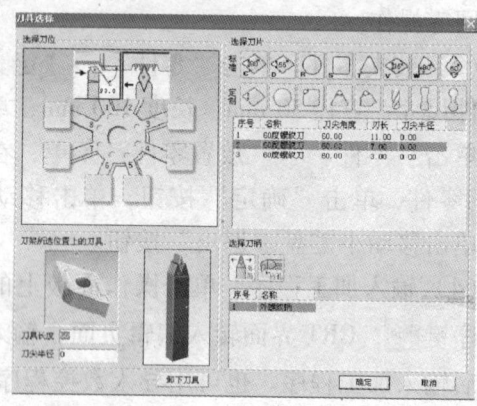

图6—25　选择外圆车刀和外螺纹车刀

2) 对刀操作。运行轨迹正确,表明输入的程序基本正确,数控程序以零件右端面中心点为原点建立工件坐标系。

①X方向对刀操作。单击操作面板上手动按钮 ,手动状态指示灯 变亮,机床进入手动操作模式;单击控制面板上的X方向按钮 ,使X轴方向移动指示灯 变亮,单击 或 按钮,使机床在X轴方向移动;同样可使机床在Z轴方向移动。通过手动方式将机床移到如图6—26所示位置。

单击操作面板上的主轴正转按钮 ,使其指示灯变亮,主轴转动。再单击Z方向按钮 ,使Z轴方向指示灯 变亮,单击 按钮,如图6—27所示为试切工件外圆,然后按 按钮,刀具Z方向退出,X方向保持不动。

单击操作面板上的主轴停止按钮 ,使主轴停止转动。单击"工艺分析"→"测量",如图6—28所示。单击外圆所切线段,选中的线段由红色变为黄色,记录对话框中对应的X值49.361,单击操作面板上 键,再按[形状]键,输入X值,单击[测量]键完成X方向的对刀,如图6—29所示。

第6章 数控机床仿真加工

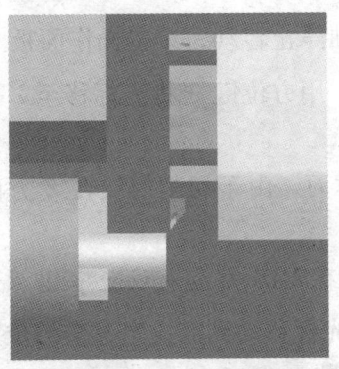
图6—26 X轴对刀准备

图6—27 试切工件外圆

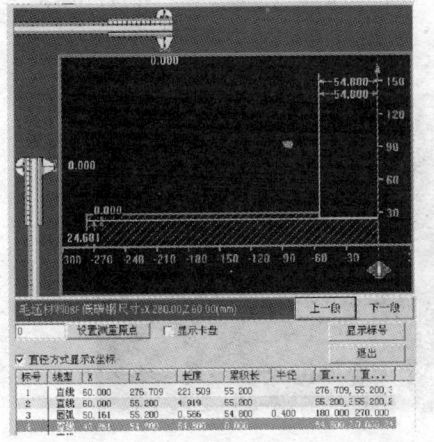
图6—28 测量外圆直径

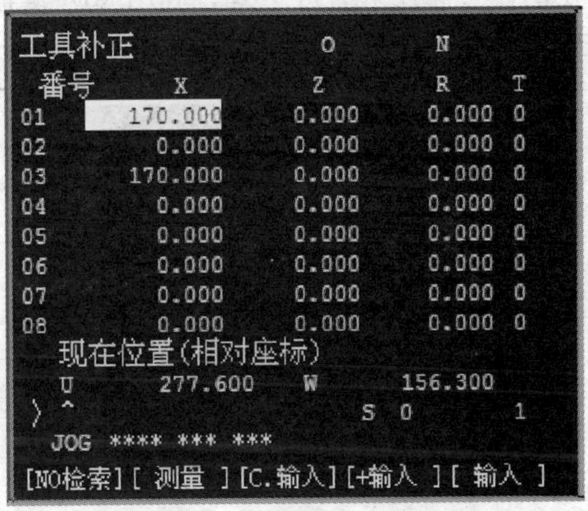

图6—29 刀具补偿X坐标输入

用同样的方法也可以完成3号刀具在X方向的对刀。

②Z方向对刀操作。把刀具退至如图6—30所示位置,单击控制面板上X方向按钮 X ,使X轴方向移动指示灯 X 变亮,如图6—31所示,单击按钮 — 切削工件端面,然后按按钮 + ,刀具X方向退出,Z方向保持不动。

图6—30 Z轴对刀准备

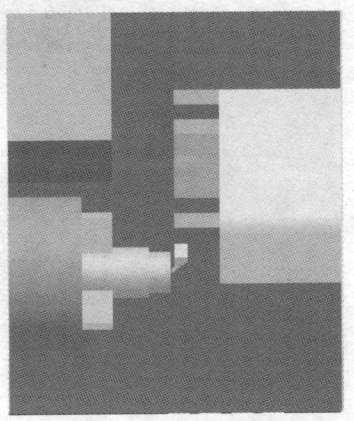
图6—31 试切工件端面

单击操作面板上的主轴停止按钮，使主轴停止转动，单击操作面板上OFFSET SETTING键，再按[形状]键，单击[(操作)]键后出现[测量]键，用方位键→将光标移至 *Z* 的位置，输入 Z0 后单击测量键完成 *Z* 方向的对刀操作。

用同样方法也可以完成 3 号刀具在 *Z* 轴的对刀，由于切削螺纹在 *Z* 方向的位置要求不高，只需大概对齐即可，如图 6—32 所示。

（7）刀尖圆弧半径、刀位号补偿参数设置。在 MDI 键盘上双击OFFSET SETTING键，进入形状补偿参数设定界面，用方位键↑、↓、←、→将光标移动到需设定参数的位置。在第一行 R 处，利用 MDI 键盘输入“0.4”，按[输入]键，把刀尖半径的补偿值 0.4 输入所指定的位置。在第一行 T 处，利用 MDI 键盘输入“3”，按[输入]键，把刀位补偿参数输入到指定位置，如图 6—33 所示。

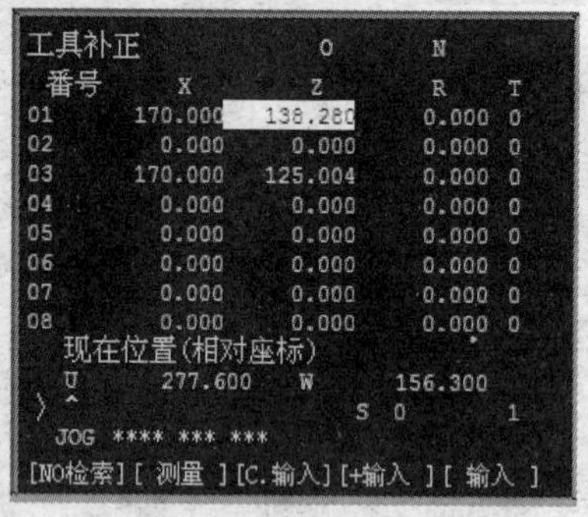

图 6—32　刀具补偿 *Z* 坐标输入

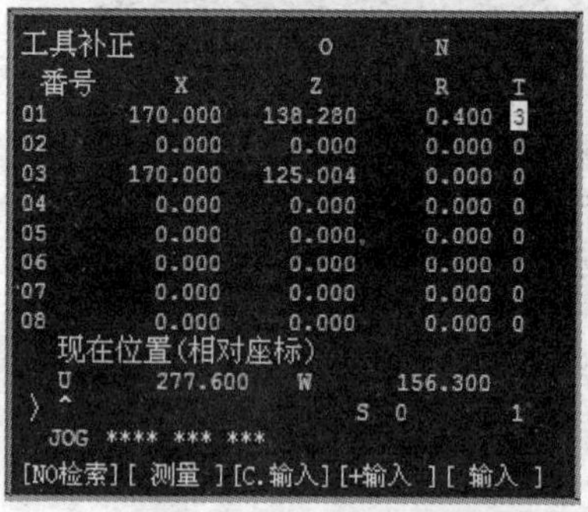

图 6—33　刀尖圆弧半径、刀位号的补偿值

（8）自动加工。先将机床回零，单击操作面板上的自动运行按钮，进入自动加工模式使其指示灯亮，单击循环启动按钮后机床自动加工工件。如图 6—34 所示是零件仿真加工结果。

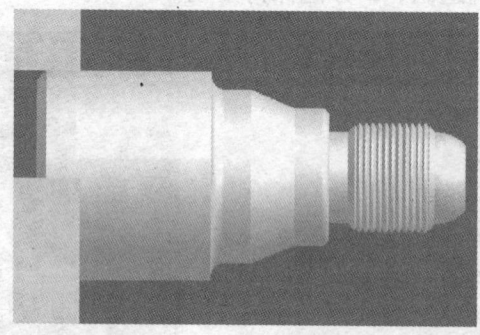

图 6—34　零件仿真加工结果

6.4 数控铣床(加工中心)仿真加工

加工中心与数控铣床仿真加工操作方法基本相似,只是多一个可以自动换刀的刀库与一条自动换刀的指令。下面一起介绍这两种机床的 FANUC-0i 数控系统仿真软件的使用方法。

6.4.1 数控铣床(加工中心)面板简介

1. CRT/MDI 系统面板

FANUC 0i 数控铣床(加工中心)CRT/MDI 系统面板如图 6—35 所示。左侧为 CRT 显示屏,右侧为 MDI 手动输入面板,通过 CRT/MDI 系统面板可以完成程序名的新建、程序的输入、程序的编辑等操作。操作面板上各键的详细说明与数控车床介绍的表 6—3 相似,本节不再重复叙述。

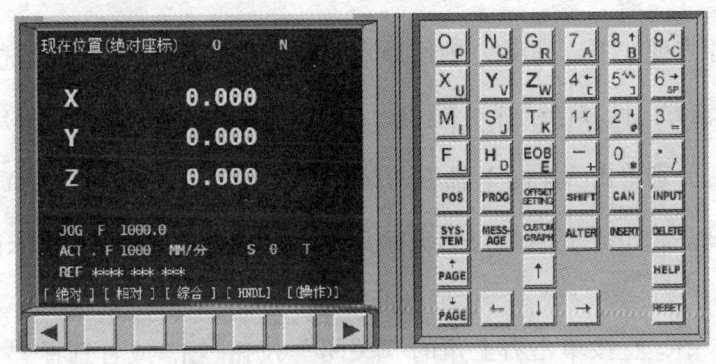

图 6—35 CRT/MDI 系统面板

2. 操作面板

FANUC 0i 数控铣床(加工中心)操作面板如图 6—36 所示,通过操作面板可以完成循环加工启动与停止、超程释放、紧急停止等操作。各键功能参见表 6—4。其与数控车床的不同点是数控铣床(加工中心)有 X、Y、Z 三个坐标轴。

6.4.2 数控铣床(加工中心)启停操作

1. 开机

(1) 单击"启动"按钮，打开机床电源,使机床电机和伺服控制指示灯变亮。

(2) 按"急停"按钮,打开 CNC 电源。

2. 回零

按"回原点"按钮，转入回原点模式,回原点指示灯亮。

数控机床编程与加工

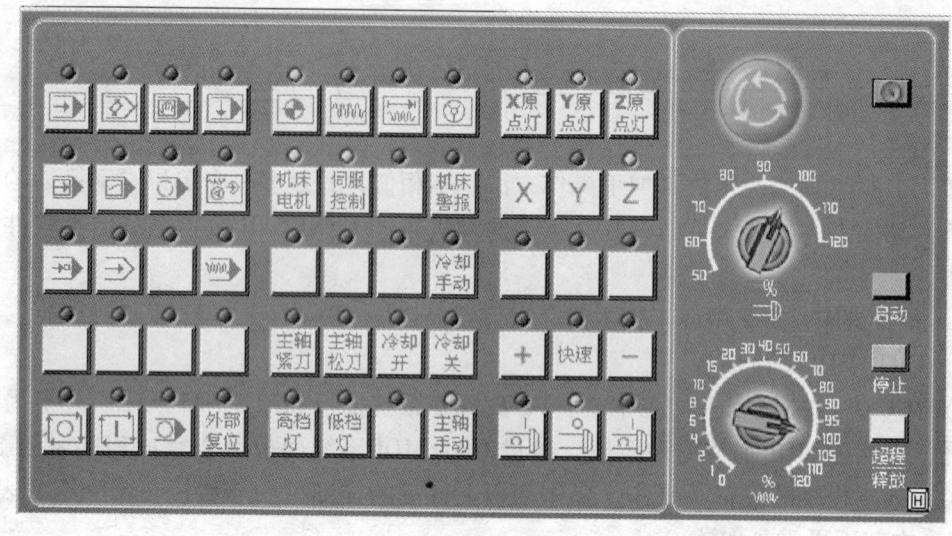

图6—36　FANUC 0i 数控铣床（加工中心）操作面板

（1）在回原点模式下，先将 Z 轴回原点，单击操作面板上"Z 轴选择"按钮，单击，使 Z 轴方向回零指示灯变亮，CRT 上的 Z 坐标变为"0.000"。

（2）同样，分别单击 X 轴、Y 轴方向按钮、，单击，使 X 轴、Y 轴回原点灯变亮，CRT 上的 X 与 Y 坐标变为"0.000"，从而完成机床回零操作。

3. 关机

在仿真机床中，直接单击右上角的"关闭"按钮，或者选择"文件"→"退出"即可关机。在真实机床中合理的关机方法是先按红色"急停"按钮，关闭 CNC 电源后再关闭机床电源，这样可避免机床电源对 CNC 元件的冲击。

6.4.3　数控铣床（加工中心）常规操作

1. 机床位置界面

单击键进入坐标位置界面。单击菜单［绝对］、［相对］和［综合］功能键，CRT 对应显示绝对坐标、相对坐标和综合坐标界面。

2. 手动方式

运动部件长距离移动时按键，能加快运动部件移动速度。

3. 手轮方式

对刀操作时采用手轮移动方式能提高对刀精度。

4. MDI 方式

单击操作面板上 MDI 按钮，使指示灯变亮，进入 MDI 模式。单击按键，显示 MDI 编辑页面，加工中心换刀时要输入换刀指令"G91 G28 W0；T01 M06"。循环启动后调用 1 号刀具。在 MDI 方式下只能编写简单的操作程序，程序运行后会自动消失。

6.4.4 数控铣床对刀操作

加工中心对刀的目的是建立基本刀的工件坐标系，把零件的编程坐标系移植到工件上转变为工件坐标系。通过对刀设定工件坐标系原点在机床坐标系中的坐标值，对于一般刀还要通过对刀测定刀具长度的补偿值。在对刀之前要装夹工件和刀具，加工中心还要把使用的刀具放在指定的刀位上。对刀时通过 MDI 方式进行换刀。

数控机床（加工中心）建立工件坐标系的一般方法：先使用基准工具"圆柱心棒"找正，确定工件坐标系原点（X_0、Y_0）在机床坐标系中的坐标值，再用基准刀对刀确定工件坐标系原点 Z_0 在机床坐标系中的坐标值。

1. "圆柱心棒"找正对刀（X 与 Y 方向对刀）

假设工件坐标系原点设定在矩形坯料对称面与工件上表面的交点上，建立工件坐标系对刀方法是先用百分表找正矩形坯料表面与机床导轨的平行度，然后用圆柱心棒对准工件的左侧与右侧各测量一次，两次测量值相加除以 2 后为 X 坐标原点在机床坐标系中的坐标值。同理，用圆柱心棒对准工件的前面与后面各测量一次，两次测量值相加除以 2 后为 Y 坐标原点在机床坐标系中坐标值。"基准工具"界面如图 6—37 所示。

（1）X 轴方向对刀

1）单击操作面板中的"手动"按钮，手动状态灯亮，进入"手动"方式。

2）分别选择 X 、 Y 、 Z 按钮，分别操作 + 、 - 按钮，移动圆柱心棒至工件右侧，如图 6—38 所示。

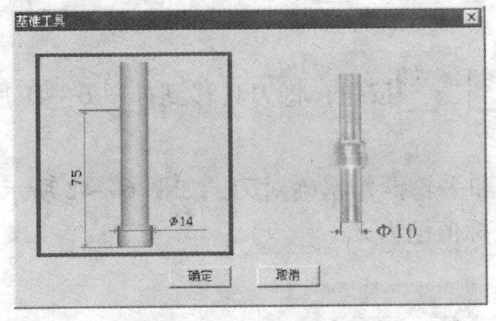

图 6—37 "基准工具"界面

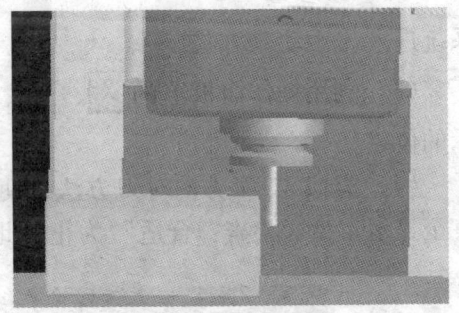

图 6—38 进行 X 轴方向对刀

3）单击菜单"塞尺检查"，选用 1 mm 塞尺，采用手轮调节方式精确对刀，如图 6—39 所示，塞尺插入圆柱心棒和零件之间。

4）单击操作面板上按钮，使手动脉冲指示灯变亮，单击按钮显示手轮，调节手轮坐标轴旋钮置于 X 挡，调节手轮进给步长旋钮，单击鼠标左键或右键精确调节手轮，使圆柱心棒靠近工件，直到提示信息对话框显示"塞尺检查的结果：合适"为止，如图 6—40 所示。

图 6—39 塞尺检查

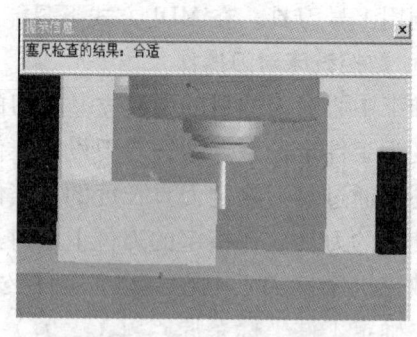
图 6—40 显示检查结果

5）记录塞尺检查结果为"合适"时 CRT 界面中的 X 坐标值，记为 X_1。同理，测量工件左侧记录 X 坐标值为 X_2，测量工件前面记录 Y 坐标值为 Y_1，测量工件后面记录 Y 坐标值为 Y_2。

工件坐标系原点计算公式为

$$X_0 = (X_1 + X_2)/2$$
$$Y_0 = (Y_1 + Y_2)/2$$

2. Z 轴方向对刀

Z 轴方向对刀采用 MDI 方式，换上所用刀具，加工中心对刀是把第一把刀作为基准刀，其余刀作为一般刀。

（1）单击菜单"机床"→"选择刀具"或单击工具条上的小图标 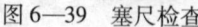，选择所需刀具。

（2）装好刀具后，单击操作面板中的"手动"按钮，手动状态指示灯亮，系统进入"手动"方式。

（3）利用操作面板上的 X 、 Y 、 Z 和 + 、 - 按钮，将刀具移到如图 6—41 所示的位置。

（4）类似 X、Y 方向对刀方法，使用塞尺和手轮操作精确对刀，如图 6—42 所示，直至显示"塞尺检查：合适"为止，此时 Z 坐标值记为 Z_1。

图 6—41 Z 轴方向对刀

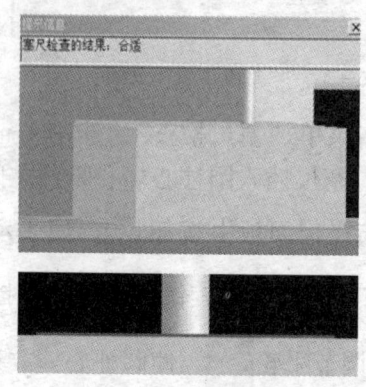
图 6—42 显示检查结果

工件坐标系原点计算公式为

$$Z_0 = Z_1 - 1（塞尺厚度）$$

3. 加工中心长度补偿对刀

加工中心的工作特点是用基准刀对刀建立工件坐标系，按工件坐标系编写加工程序。换刀时由于刀具长度的变化会影响轮廓加工的尺寸，有两种解决方法：其一是工件坐标系变换法，其二是刀具长度补偿法。

（1）工件坐标系变换法。数控系统中有6个工件坐标系指令（G54—G59）。

1）单击按钮 [OFFSET SETTING]，按[坐标系]功能键，通过第一把刀对刀，建立G54工件坐标系，X坐标（-250）、Y坐标（-200）、Z坐标（-150.0），如图6—43所示。

2）通过第二把刀对刀，建立G55工件坐标系，X坐标（-250）、Y坐标（-200）、Z坐标（-180.0），如图6—43所示。

3）以同样的方法可以建立其他刀对应的工件坐标系。由于可见，所建立的工件坐标系的X与Y坐标分别相同，只是Z坐标不同。因此除基准刀外，其余的只要在Z方向对刀就可以建立各把刀对应的工件坐标系。

（2）刀具长度补偿法

1）单击按钮 [OFFSET SETTING]，按[坐标系]功能键，通过第一把刀对刀，建立G54工件坐标系，X坐标（-250）、Y坐标（-200）、Z坐标（0），如图6—44所示。把Z坐标（-150）放在刀具长度补偿号之中，"番号"001、"形状（H）"-150，如图6—45所示。

2）通过第二把刀对刀，把Z坐标（-180）放在刀具长度补偿号之中，"番号"002、"形状（H）"-180，如图6—45所示。

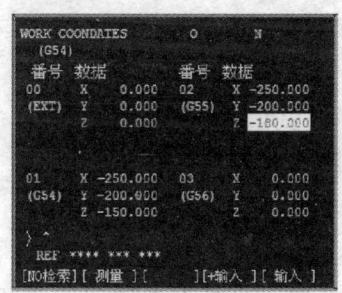 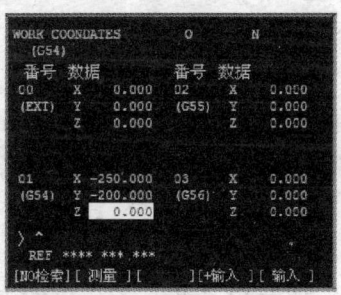 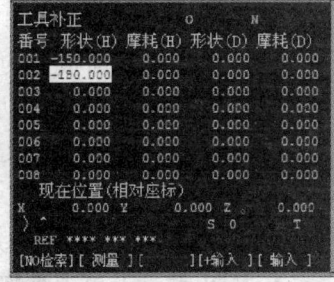

图6—43　工件坐标系变换法的Z坐标　　图6—44　刀具长度补偿法的Z坐标　　图6—45　刀具长度补偿

3）以同样的方法可以把其他刀对刀的Z坐标放在对应的长度补偿号中。这样用刀具长度补偿方法可以共用一个坐标系，换刀之后，用这把刀的长度补偿值与工件坐标系Z坐标叠加，即成为这把刀的工件坐标系。实质上其工作原理与第一种方法相同。

6.4.5　数控铣床（加工中心）程序处理

1. 程序管理界面

单击 [PROG] 键进入程序管理界面，单击菜单软键[LIB]，列出程序库中所有的程序，输入程序名，按"INSERTER"，显示该加工程序。

2. 导入数控程序

数控机床加工程序可以通过记事本或写字板等编辑软件输入，并保存为文本格式（*.txt）文件。也可采用文件导入方法进入数控仿真系统。

3. 数控程序管理

包含以下内容：

（1）显示数控程序目录。

（2）选择一个数控程序。

（3）删除一个数控程序。

（4）新建一个 NC 程序。

4. 数控程序编辑

单击操作面板上的"编辑"键进入编辑状态。单击 MDI 键盘上的 PROG 键，CRT 界面转入编辑页面。输入程序库中已存在程序的程序名，搜索后程序显示在 CRT 界面上，可以对该程序进行编辑。程序编辑有以下功能：

（1）移动光标。

（2）插入字符。

（3）输入程序段。

（4）删除字符。

（5）替换字符。

5. 保存程序

编辑好的程序保存在计算机中。

保存程序的操作步骤如下：

（1）单击操作面板上的"编辑"键进入编辑状态。

（2）按菜单［操作］功能键，在扩展菜单中按［Punch］功能键。

（3）在对话框中输入文件名，选择文件类型和路径，按"保存"按钮。

6.4.6 数控铣床（加工中心）参数设置

1. 设置工件坐标系参数 G54—G59

在 MDI 键盘上单击 键，按菜单［坐标系］功能键，进入坐标系参数设定界面，用方位键 ↑、↓、←、→ 选择坐标系和坐标轴，利用 MDI 键盘输入通过对刀得到的工件坐标原点在机床坐标系中的坐标值。

2. 设置数控铣床及加工中心刀具补偿参数

数控铣床及加工中心刀具补偿包括刀具半径补偿和刀具长度补偿，刀具半径补偿包括形状半径补偿和磨耗半径补偿，刀具长度补偿包括形状长度补偿和磨耗长度补偿。

6.4.7 数控铣床（加工中心）加工

1. 运行刀具轨迹

NC 程序导入后，可以运行刀具轨迹。

2. 数控铣床加工操作步骤

(1) 机床回零操作。

(2) 导入数控程序或输入加工程序。

(3) 单击操作面板上"自动运行"按钮，使指示灯变亮，进入自动运行模式。

(4) 单击操作面板上的"循环启动"按钮，执行加工程序。

6.4.8 数控铣床（加工中心）仿真加工实例

1. 零件铣削仿真加工

(1) 零件图。如图6—46所示，铣削加工该零件。

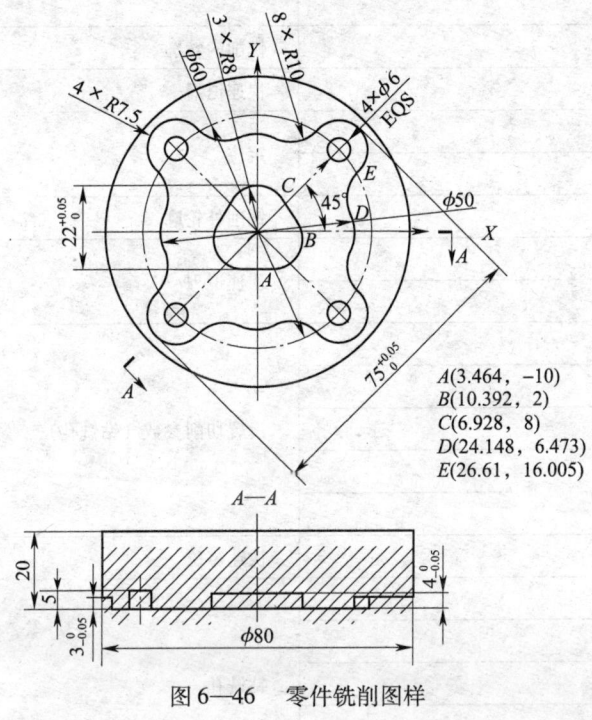

图6—46 零件铣削图样

(2) 加工准备。采用加工中心铣削加工零件，选取 $\phi12$ mm 平底刀加工内外轮廓，指定刀号T01；加工4个 $\phi6$ mm 盲孔选用 $\phi6$ mm 平底刀钻铣，指定刀号T02。建立G54工件坐标系，工件坐标系原点设在毛坯上表面中心处。

(3) 数控程序。加工程序见表6—8、表6—9。

表6—8 零件铣削仿真加工主程序

程序	注释
O4001;	程序名
G54;	
G90 G40 G49;	设置切削参数（铣削轮廓）
G17 G80 G69;	

续表

程序	注释
G91 G28 Z0;	设置切削参数（铣削轮廓）
T01 M06;	
S800 M03;	
M08;	
G90 G43 G00 Z100. H01;	快速定位
G00 X0 Y-3.;	
Z5.;	
G01 Z-4. F30;	
M98 P4010;	铣削内轮廓
G00 Z5.;	快速退刀
G00 X39. Y0;	定位
G01 Z-3. F30;	
M98 P4020;	铣削外轮廓
G00 Z5.;	快速退刀
G49 G00 Z100.;	
M05;	
G91 G28 Z0;	设置切削参数（钻铣孔）
T02 M06;	
S1000 M03;	
M08;	
G90 G43 G00 Z100. H02;	快速定位
G16 X30 Y45.;	
G99 G81 Z-5. R5. F30;	钻铣孔
Y135.;	
Y225.;	
Y315.;	
G49 G00 Z100.;	快速退刀
M30;	程序结束

表6—9　　　　零件铣削仿真加工子程序

程序	注释
O4010;	子程序名
G41 G01 X7. Y4. D01 F60;	建立刀具半径补偿
G03 X0 Y11. R7.;	加工内轮廓
G03 X-6.928 Y8. R8.;	

续表

程序	注释
G01 X-10.392 Y2.;	
G03 X-3.464 Y-10. R8.;	
G01 X3.464 Y-10.;	
G03 X10.392 Y2. R8.;	加工内轮廓
G01 X6.928 Y8.;	
G03 X0 Y11. R8.;	
G03 X-7. Y4. R7.;	
G40 G01 X0 Y-3.;	取消刀具半径补偿
M99;	子程序结束
O4020;	子程序名
G41 G01 X32. Y7. D01 F60;	建立刀具半径补偿
G03 X25. Y0 R7.;	
G02 X24.148 Y-6.473 R25.;	
G03 X26.61 Y-16.005 R10.;	
G02 X16.005 Y-26.61 R7.5;	
G03 X6.473 Y-24.148 R10.;	
G02 X-6.473 Y-24.148 R25;	
G03 X-16.005 Y-26.61 R10.;	
G02 X-26.61 Y-16.005 R7.5;	
G03 X-24.148 Y-6.473 R10.;	
G02 X-24.148 Y6.473 R25.;	加工外轮廓
G03 X-26.61 Y16.005 R10.;	
G02 X-16.005 Y26.61 R7.5;	
G03 X-6.473 Y24.148 R10.;	
G02 X6.473 Y24.148 R25.;	
G03 X16.005 Y26.61 R10.;	
G02 X26.61 Y16.005 R7.5;	
G03 X24.148 Y6.473 R10.;	
G02 X25. Y0 R25.;	
G03 X32. Y-7. R7.;	
G40 G01 X39. Y0;	取消刀具半径补偿
M99;	子程序结束

2. 仿真加工步骤

（1）选择机床。单击"机床"→"选择机床"，在对话框中，"控制系统"选择 FANUC 0i 系统，"机床类型"选择加工中心机床，单击"确定"按钮。

（2）机床回零。在回原点模式下先 Z 轴回原点，单击操作面板 Z 方向键 Z，Z 轴方向移动指示灯变亮，单击 + 按钮，Z 轴回原点灯 变亮，CRT 上 Z 坐标变为 "0.000"。同样分别单击 X 轴、Y 轴方向按钮 X、Y，X、Y 方向移动指示灯变亮，单击 + 按钮，X 与 Y 轴回原点指示灯 变亮，CRT 上 X 与 Y 坐标变为 "0.000"，机床完成回零操作。

（3）安装零件

1）单击"零件"→"定义毛坯"菜单，"定义毛坯"中设零件尺寸高 20 mm、直径 80 mm，名字为默认"毛坯 1"，单击"确定"按钮。

2）单击"零件"→"安装夹具"菜单，"选择零件"栏中选取"毛坯 1"，"选择夹具"栏中选取"卡盘"，用向上键调整毛坯位置，单击"确定"按钮。

3）单击"零件"→"放置零件"菜单，"选择零件"对话框中选取类型为"选择毛坯"，选取名称为"毛坯 1"零件，单击"安装零件"按钮，界面上出现控制零件移动的面板，可以用其移动零件，单击"退出"按钮，关闭面板，零件放置在机床工作台面上。

（4）导入 NC 程序

1）单击操作面板上的编辑按钮 ，进入编辑状态。

2）单击 MDI 键盘上程序键 PROG，CRT 界面显示编辑页面。

3）单击软键 [(操作)]，单击扩展键 ▶，单击 [EXEC] 键，在弹出的对话框中选择 NC 程序，单击"打开"按钮。

4）单击软键 [READ]，在 MDI 键盘上输入程序名，单击 [EXEC] 键，数控程序显示在 CRT 界面上，功能键如图 6—47 所示。

图 6—47 软键 [READ]

（5）运行刀具轨迹

1）单击操作面板自动运行按钮 ，进入自动加工模式。

2）单击 MDI 键盘上的程序功能键 PROG，选定的数控程序显示在 CRT 界面上。

3）单击 键，进入运行刀具轨迹模式，单击操作面板上循环启动按钮 ，运行刀具轨迹，如图 6—48 所示。界面中红线代表刀具快速移动轨迹，绿线代表刀具切削轨迹，全方位动态观察刀具轨迹。

(6) 安装刀具与对刀操作

1) X 与 Y 轴方向对刀操作。以零件上表面中心点为原点。

单击"机床"→"基准工具"菜单，在"基准工具"对话框中选取左边圆柱心棒为基准工具，直径为 14 mm，如图 6—49 所示。单击操作面板手动按钮，使指示灯变亮，机床进入手动操作状态，单击操作面板方向按钮 X、Y、Z 和机床移动按钮 $+$、$-$，刀具对刀位置如图 6—50 所示。

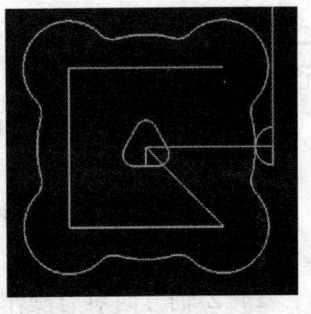

图 6—48 刀具轨迹

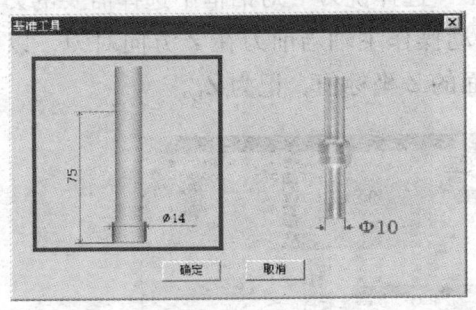

图 6—49 基准工具选择

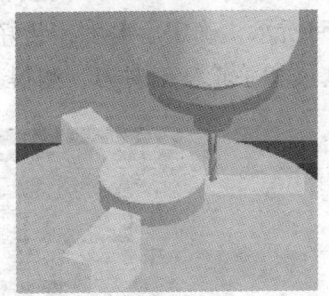

图 6—50 对刀位置

单击菜单"塞尺检查"→"1 mm"，在工件右侧 X 轴方向对刀，单击操作面板手动脉冲按钮，使手动脉冲指示灯变亮，采用手动脉冲方式精确对刀。

单击显示手轮按钮，手轮面板如图 6—51 所示，坐标轴旋钮选择 X 轴，进给速度旋钮选择步长"×100"，鼠标左键或右键单击手轮精确对刀，直至提示信息对话框中显示"塞尺检查的结果：合适"，如图 6—52 所示，记录 CRT 中 X 坐标值，X 坐标值记为 X_1。

图 6—51 手轮面板

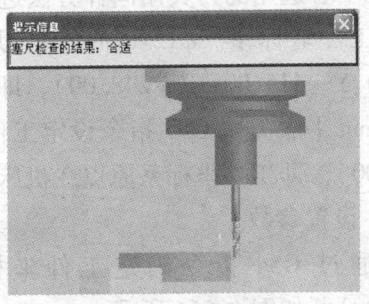

图 6—52 塞尺检查的结果

单击操作面板手动按钮进入手动操作状态，单击 Z 和 + 按钮，将 Z 轴提起，单击 X 和 + 按钮，将基准工具移到工件左侧，刀具在 Y 方向不能移动，重复上面的步骤，记录 CRT 中 X 坐标值，X 坐标值记为 X_2。

工件坐标系 X 轴原点计算公式为

$$X_0 = (X_1 + X_2)/2$$

同样对刀操作，得工件坐标系 Y 轴原点计算公式为

$$Y_0 = (Y_1 + Y_2)/2$$

2) Z 轴方向对刀操作。X 与 Y 方向对刀结束，单击菜单"塞尺检查"→"收回塞尺"，单击菜单"机床"→"拆除工具"，拆除基准工具圆柱心棒。

单击操作面板手动按钮，机床进入手动操作状态。

单击菜单"机床"→"选择刀具"，在"选择铣刀"对话框中选择需要的刀具，如图 6—53 所示，确定后退出，装好刀具后手动操作主轴当前刀在 Z 方向对刀，以同样方法用塞尺和手轮精确对刀，测得工件上表面的 Z 坐标值，记为 Z_1。

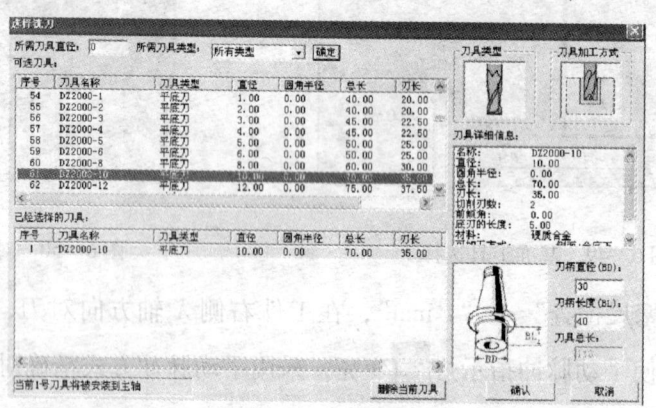

图 6—53 选择刀具

工件坐标系 Z 轴原点计算公式为

$$Z_0 = Z_1 - 1 \text{（塞尺厚度）}$$

加工中心选用的刀具用同样方法进行对刀，记录各把刀的对刀参数。

3) 工件坐标系。φ12 mm 平底刀用 G54 指令设定工件坐标系，对刀参数（X-500.00、Y-415.00、Z-248.00），即工件坐标系原点在机床坐标系中的坐标值。

φ6 mm 平底刀用 G55 指令设定工件坐标系，对刀参数（X-500.00、Y-415.00、Z-268.00），即工件坐标系原点在机床坐标系中的坐标值。

(7) 设置参数

1) 通过 G54 指令确定工件坐标系原点坐标值（X-500.00、Y-415.00、Z-248.00），如图 6—54 所示。

2) 通过 G55 指令确定工件坐标系原点坐标值（X-500.00、Y-415.00、Z

-268.00)。

3) 输入刀尖半径补偿参数，单击 MDI 界面上的 ![offset setting] 键，进入补偿参数设定界面，利用方位键 ↑、↓、←、→ 将光标移到对应刀具的"形状（D）"栏，通过 MDI 键盘上的数字/字母键，输入对应刀具半径补偿值如下：

"番号" 001，"形状（D）" 6；

"番号" 002，"形状（D）" 3。

(8) 自动加工。导入数控程序或编写加工程序后，先将机床回零，单击操作面板自动运行按钮 ![→]，使其指示灯 ![→] 亮，单击循环启动按钮 ![|]，机床执行加工程序，加工完成的零件如图 6—55 所示。

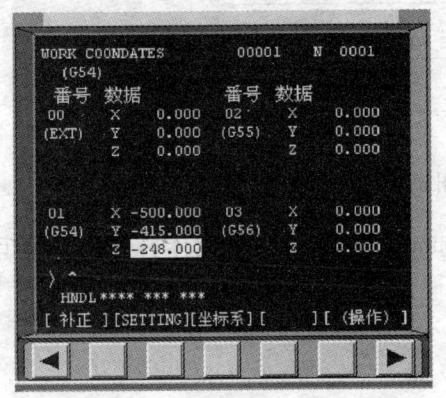

图 6—54 G54 工件坐标系

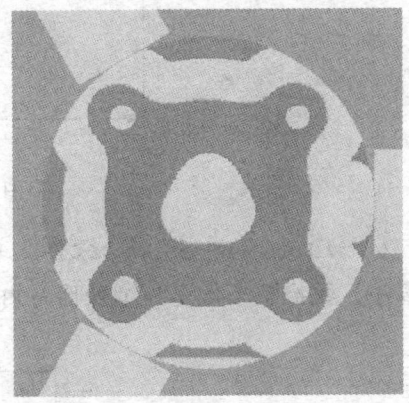

图 6—55 加工完成的零件

思考与练习

1. 加工如图 6—56、图 6—57 所示零件，手工编写加工程序，毛坯分别为 φ50 mm ×70 mm 和 φ70 mm×90 mm 的 45 钢棒料，数控车床仿真加工。

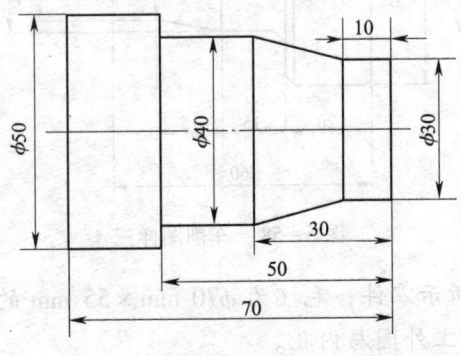

图 6—56 车削图样一

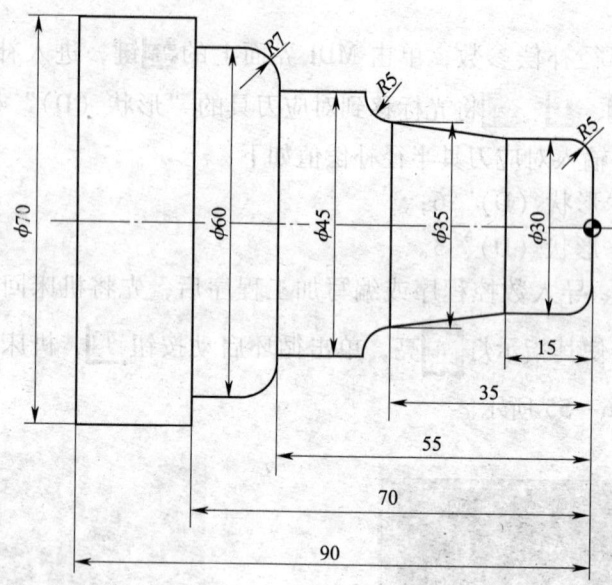

图 6—57　车削图样二

2. 加工如图 6—58 所示零件，毛坯为 φ90 mm×70 mm 的 45 钢棒料，手工编写加工程序，数控车床仿真加工外圆与内孔。

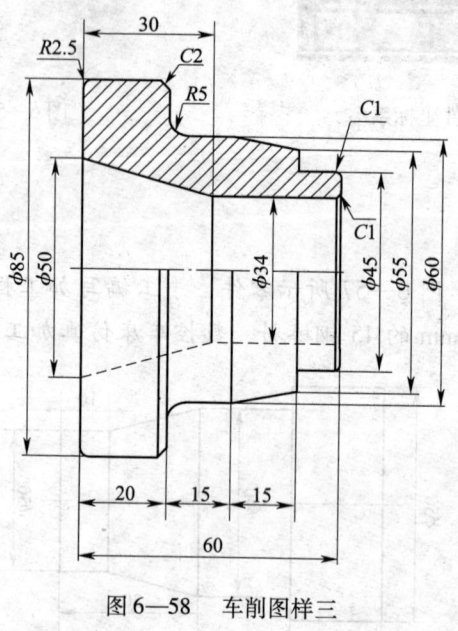

图 6—58　车削图样三

3. 加工如图 6—59 所示零件，毛坯为 φ70 mm×55 mm 的 45 钢棒料，手工编写加工程序，数控车床仿真加工外圆与内孔。

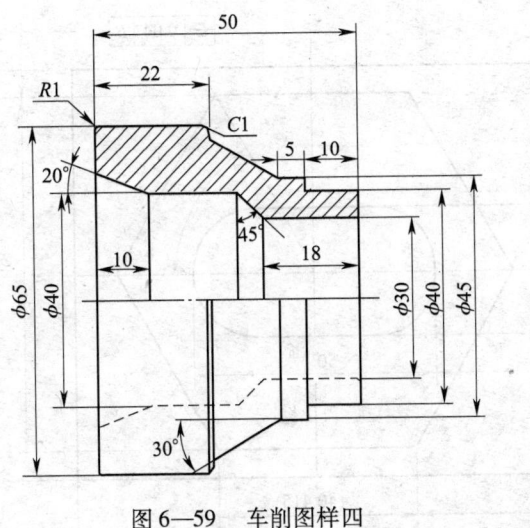

图 6—59　车削图样四

4. 加工如图 6—60 所示零件，毛坯为 135 mm×85 mm×20 mm 的 45 钢板料，手工编写加工程序，数控铣床仿真轮廓加工。

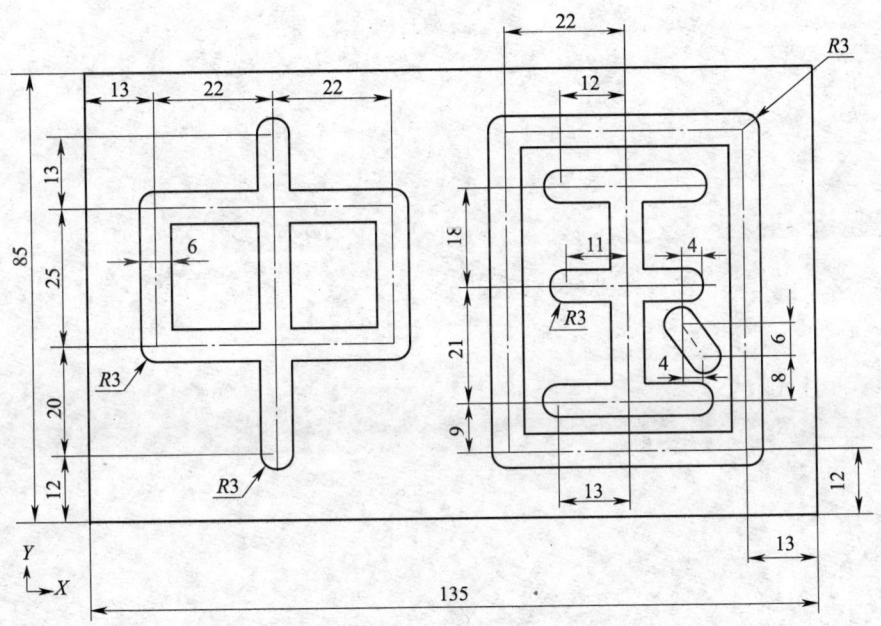

图 6—60　铣削图样一

5. 加工如图 6—61 所示零件，毛坯为 100 mm×80 mm×20 mm 的 45 钢板料，手工编写加工程序，数控铣床仿真加工。

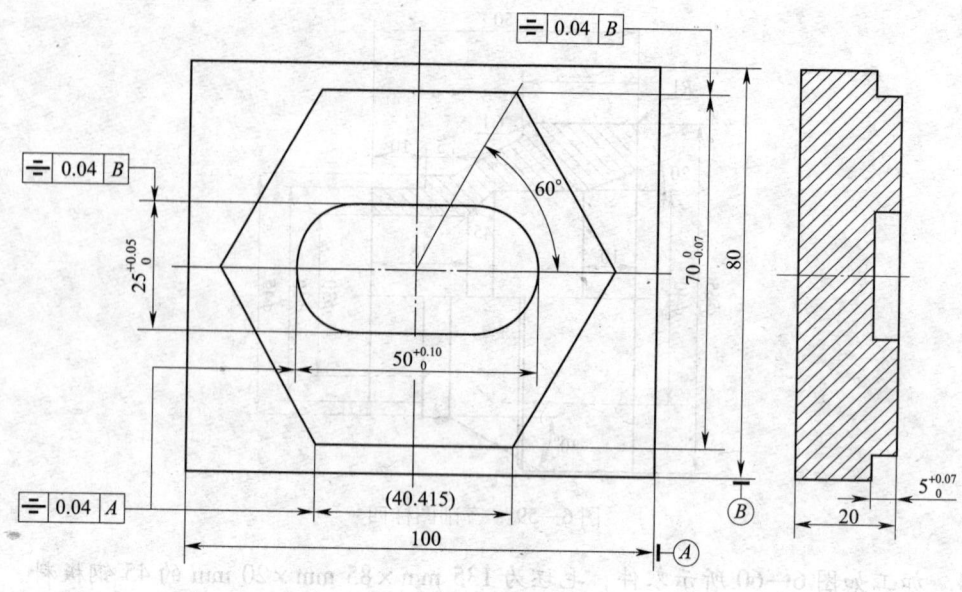

图 6—61 铣削图样二

参 考 文 献

[1] 刘虹. 数控设备与编程［M］. 北京：机械工业出版社，2003.

[2] 眭润舟. 数控编程与加工技术［M］. 北京：机械工业出版社，2001.

[3] 王荣兴. 加工中心培训教程［M］. 北京：机械工业出版社，2005.

[4] 韩鸿鸾. 数控加工工艺［M］. 北京：中国劳动社会保障出版社，2005.

[5] 龚仲华. 数控机床编程与操作［M］. 北京：机械工业出版社，2004.

[6] 明兴祖. 数控加工技术［M］. 北京：化学工业出版社，2003.

[7] 方沂. 数控机床编程与操作［M］. 北京：国防工业出版社，1999.

[8] 张铁城. 加工中心操作工［M］. 北京：中国劳动社会保障出版社，2001.

[9] 刘雄伟. 数控机床操作与编程培训教程［M］. 北京：机械工业出版社，2001.

[10] 毛之颖. 机械制图［M］. 北京：高等教育出版社，1991.

[11] 沈建峰. 数控车床编程与操作实训［M］. 北京：国防工业出版社，2005.

[12] 戴忠民，孟富森. 数控机床工［M］. 北京：中国劳动社会保障出版社，2007.

[13] 朱勇，吴敏，周芸. 数控机床仿真加工［M］. 上海：上海科学技术出版社，2009.

[14] 韩鸿鸾. 数控加工技师手册［M］. 北京：中国劳动社会保障出版社，2005.

[15] 顾京. 数控加工编程及操作［M］. 北京：高等教育出版社，2003.

[16] 胡育辉. 数控加工中心［M］. 北京：化学工业出版社，2005.